LA PRATIQUE

DE

L'HYDROTHÉRAPIE

PAR

E. DUVAL

Médecin en chef et fondateur de l'Institut hydrothérapique
de l'Arc-de-Triomphe, etc.
Lauréat de l'Institut de France
(Académie des sciences)

PRÉFACE PAR M. LE PROFESSEUR PETER

OUVRAGE COURONNÉ PAR L'INSTITUT DE FRANCE
(ACADÉMIE DES SCIENCES)
Avec figures intercalées dans le texte

PARIS

LIBRAIRIE J.-B. BAILLIÈRE ET FILS
Rue Hautefeuille, 19, près du boulevard Saint-Germain
1891

LA PRATIQUE

DE L'HYDROTHÉRAPIE

OUVRAGES DU MÊME AUTEUR

Traité pratique et clinique d'hydrothérapie. Paris, 1888, 1 vol. in-8. de 911 pages, avec figures, et Préface de M. le Professeur Peter, ouvrage couronné par l'Institut de France (Académie des sciences).   10 fr.

Traité pratique du pied bot, Paris, 1891, 1 vol. in-8, 372 p., avec 46 figures, et Préface de M. le Docteur Péan...   6 fr.

De la Chorée ; sa définition, de ses différents traitements et spécialement de sa cure par l'hydrothérapie.

De l'Hydrothérapie appliquée au traitement de *l'épilepsie* et aux *affections paralytiques généralisées*. Paris, 1859, in-8, 15 p.

De la Constipation et de son traitement par l'hydrothérapie.

Du traitement de la Fièvre typhoïde par l'hydrothérapie.

La Fièvre typhoïde et ses divers traitements, et la doctrine Pasteur à l'Académie de médecine. Paris, 1883, in-8, 80 p.   2 fr. 25

Des avantages de l'Hydrothérapie hivernale, avec observations à l'appui. Paris, 1885, in-8, 32 p.   1 fr. 25

Mémoires sur l'Orthopédie. Des diverses déviations de la colonne vertébrale (Scolioses et mal de Pott). Paris, 1885, in-8, 52 p. avec 13 pl.   2 fr. 50

De l'intervention du médecin dans les applications hydrothérapiques.

La Médecine contemporaine, Journal de l'Hydrothérapie, paraissant le 1er et le 15 de chaque mois. Rédacteur en chef : E. DUVAL, Médecin en chef de l'Institut hydrothérapique de l'Arc-de-Triomphe, etc. Avec la collaboration de plusieurs professeurs de la Faculté de médecine et de médecins et chirurgiens des hôpitaux. 32e année, un an. France 10 fr. Etranger, 12 fr.

PRÉFACE

M. Émile Duval dit quelque part dans son excellent livre : « Je ne sais pas comment agit l'hydrothérapie, il me suffit qu'elle agisse. » Il fait ainsi de l'hydrothérapie empirique, de l'hydrothérapie pratique, qui est la meilleure, puisqu'elle repose sur la seule observation.

M. Emile Duval n'essaye donc pas de théoriser les faits qu'il observe, ni de dire que le merveilleux de cette médication, où il est passé maître, c'est d'y voir un fait physique se transformer en acte vital.

Le fait physique est le contact de l'eau sur la peau ; l'acte vital est ce qui se passe aussitôt après dans l'organisme. Et d'abord, impression produite et sur les nerfs sensitifs propres de la peau et sur les nerfs sensitifs des vaisseaux de la peau ; puis nécessairement, transmission simultanée de l'impression ainsi produite au cerveau et à la moelle par le premier ordre de nerfs, au grand sympathique par le second ordre de nerfs (nerfs vasomoteurs). Et voilà la totalité du système nerveux

mise en branle par le simple contact d'un liquide
à une température différente de celle de notre
revêtement cutané ! l'organisme se défend contre
la soustraction du calorique qui lui est faite, — il
se sent stimulé par ce choc exercé sur lui, — c'est
la *réaction*.

Après l'innervation, deux grandes fonctions sont
immédiatement modifiées : la circulation et la respiration ; la contracture des petits vaisseaux cutanés retentit de proche en proche sur le cœur,
dont les contractions se font plus énergiques. L'é-
motion ressentie, physique et physiologique à la
fois, provoque des inspirations plus profondes et
plus rapides, l'air pénètre jusqu'aux dernières
vésicules des poumons. — Excitation nerveuse,
circulation plus active, hématose plus parfaite,
l'organisme soumis à l'hydrothérapie en sort
excité de toutes parts, mais de la bonne façon.

A mon avis, ce qui rend l'hydrothérapie supérieure à toutes les autres médications (j'allais dire
« médicamentations »), c'est qu'elle n'introduit
pas des médicaments (j'allais dire des « poisons »)
dans l'organisme ; — celui-ci reste après ce qu'il
était avant ; nulle molécule de son être n'a été
altérée, ce qui est bien quelque chose.

Et voilà pourquoi j'en use si volontiers.

Tout médecin fera comme moi, qui aura lu les
chapitres que M. E. Duval consacre aux effets de

l'hydrothérapie dans l'anémie, la chlorose, les affections nerveuses (toutes maladies où l'hydrothérapie est surtout triomphante) ; les maladies organiques du cœur et la tuberculisation pulmonaire
(où on ne la redoute que parce qu'on ne sait pas
l'y utiliser) ; les affections de l'appareil digestif
(où son action est si rapidement bienfaisante),
la syphilis même (dont elle combat l'influence
cachectisante).

Il résulte de tout cela que, employée seule, l'hydrothérapie suffit dans bien des cas morbides et
que, ajoutée à d'autres médications, elle en est le
plus puissant auxiliaire.

Qu'en peut-on dire de plus et de mieux ?

MICHEL PETER.

LA PRATIQUE

DE L'HYDROTHÉRAPIE

INTRODUCTION

Ce livre sera exclusivement pratique, autant du moins que cela se peut. Mon unique ambition est de communiquer aux lecteurs qui voudront bien le lire les résultats d'une expérience de plus de trente années, dans l'application d'une médication puissante, qui a déjà rendu d'immenses services, et qui en rendra de plus grands encore, quand tous les praticiens en connaîtront bien les ressources, et qu'ils en prescriront et en feront eux-mêmes de plus fréquentes applications.

Tout en conservant à notre œuvre son caractère exclusivement pratique, nous nous croyons cependant obligé de résumer l'histoire, — au moins l'histoire moderne, — d'une méthode curative qui occupe dans la thérapeutique une place déjà si large et qui est destinée pourtant à grandir encore ; ce devoir nous est imposé non moins par le respect de la vérité historique que par le sentiment de la justice distributive : *suum cui-que,* telle sera notre devise, qui n'exclura pas l'indulgence, mais qui exclura la faiblesse, et, autant qu'il nous sera possible, l'erreur.

Notre but ainsi expliqué, voici le plan que nous avons cru devoir suivre pour l'atteindre :

Dans un premier chapitre, nous tracerons l'*his-torique* de la nouvelle méthode ;

Dans un second chapitre, nous en étudierons la *pratique.*

Dans un troisième chapitre, *Clinique de l'hy-drothérapie,* nous exposerons par ordre alphabé-tique les faits dans lesquels la nouvelle méthode a été pratiquée. Le grand nombre des observa-tions dont se composait ce chapitre dans notre *Traité pratique et clinique d'hydrothérapie,* lui donnait nécessairement une étendue considérable ; nous les avons supprimées; mais nous pouvons constater ici, que ces observations justifiaient pleinement toutes les propositions pratiques con-servées intactes dans ce résumé.

Enfin, dans un quatrième et dernier chapitre, nous essaierons de tirer des faits cliniques les dé-ductions de pathologie et de thérapeutique géné-rales qui nous paraissent en découler naturelle-ment, et nous discuterons s'il y a ou non deux hy-drothérapies, l'une empirique et l'autre ration-nelle ou scientifique.

CHAPITRE PREMIER

HISTORIQUE DE L'HYDROTHÉRAPIE

Dans l'histoire des applications médicales de l'eau, on doit diviser d'abord les travaux en deux grandes classes :

1° Ceux qui sont étrangers à la véritable hydrothérapie ou hydrothérapie priessnitzenne ;

2° Ceux qui rentrent dans cette méthode.

Ces derniers doivent être divisés eux-mêmes en deux sous-classes :

a. — Ceux qui sont antérieurs à Priessnitz et à la constitution de la méthode hydrothérapique ;

b. — Ceux qui sont contemporains du grand initiateur ou qui lui sont postérieurs, et qui, par conséquent, se sont produits pendant que l'hydrothérapie se constituait ou depuis qu'elle est constituée.

On a tenté d'établir dans ces derniers travaux une autre sous-division, suivant qu'ils auraient pour objet l'hydrothérapie *empirique* ou l'hydrothérapie *rationnelle* ou scientifique ; mais cette division ne saurait se justifier par aucun motif raisonnable ni équitable.

Enfin, on a encore rangé les observations de toutes ces catégories en deux grandes sections, suivant que l'eau a été appliquée aux maladies dites médicales ou à celles dites chirurgicales, division peu importante et médiocrement juste, car l'hydrothérapie vraie est, à proprement parler, toujours *médicale*. Nous conserverons, cependant, les traces de cette division, que Scoutetten (1) a cru devoir établir, et qui n'est pas absolument dénuée de toute utilité.

ARTICLE I

HISTORIQUE DES APPLICATIONS MÉDICALES

§ 1. — HYDROTHÉRAPIE ANTÉRIEURE A PRIESSNITZ

John Floyer (2), le premier, appliqua, ou essaya d'appliquer l'eau assez exclusivement et sur une échelle assez vaste pour faire de cet agent, non plus un auxiliaire, un accessoire d'une autre médication quelconque, mais, au contraire, une médication principale ou même exclusive, une véritable méthode thérapeutique. Les maladies contre lesquelles il préconisa l'eau froide furent tellement nombreuses, que Haller crut devoir faire de Floyer

1. Scoutetten, *De l'eau, sous le rapport hygiénique et médical ou de l'hydrothérapie.* Strasbourg, 1843.

2. Floyer. *An inquiry into the right use of the hot, cold and temperate baths in England,* London, 1697, in-8.

une critique dans des termes que le grand physiologiste considérait évidemment comme très sanglants : « *Denique ipsam pestem* », dit-il, « *balneo frigido expugnare vult.* » Tout savant qu'il fût, Haller ignorait sans doute que plusieurs médecins, avant Floyer, avaient déjà proposé de traiter la peste par l'eau, et que beaucoup d'autres, après lui, prétendirent la guérir par le même moyen; il n'y avait donc pas même innovation, là où Haller voyait le comble de l'exagération.

Floyer ne prêcha pas seulement d'exemple, il publia des écrits, soit pour propager, soit pour défendre sa méthode (1); il réussit à faire un grand nombre de prosélytes, médecins et non médecins. Ceux-ci, en tête desquels John Hancock et Smith, soutinrent l'agitation créée par Floyer; mais, cette agitation se calma, et l'eau retomba bientôt, en hygiène et en thérapeutique, au niveau du discrédit d'où John Floyer l'avait tirée.

Fr. Hoffmann, le médecin le plus illustre de l'Allemagne, on peut même dire de l'Europe, au commencement du xviii° siècle, consacra à l'étude ou plutôt à l'éloge de la nouvelle panacée (2), un travail qui produisit un effet immense sur les médecins, aussi bien que sur le public; une foule d'écrits émanant de médecins, disciples, imitateurs ou émules d'Hoffmann parurent, en Allemagne, à la suite de ceux du maître.

L'Italie suivit bientôt le mouvement, et un grand

---

1. Floyer et Baynard, *Psychrolusy or the history of cold bathing*, 2° édition. London, 1706. C'est la seconde édition de son ouvrage.

2. Hoffmann, *De aqua, medicina universali*, 1712.

nombre de médecins publièrent divers écrits, les uns pour confirmer, les autres pour modifier, les autres encore pour restreindre plus ou moins les applications conseillées par Hoffmann, nous ne dirons pas pour les étendre, car le maître n'avait laissé à peu près aucune maladie en dehors de la médication hydrique.

Sans occuper autant les esprits qu'en Italie, l'eau trouva en France des partisans ; quelques-uns même, tel que Hecquet et Pomme, firent beaucoup de bruit.

L'Espagne elle-même ne resta pas tout à fait étrangère à l'agitation générale, et l'Angleterre, qui en avait été en quelque sorte l'instigatrice, par l'initiative de Floyer, et qui semblait, ensuite, s'en être désintéressée, reprit à la fin du siècle la tête du mouvement, par le caractère des travaux qu'elle produisit. Il suffit de citer les noms de Wright et de Currie, comme auteurs de ces travaux pour prouver qu'ils étaient marqués au coin de la vraie science.

<hr>

§ 2. — HYDROTHÉRAPIE CONTEMPORAINE OU DE PRIESSNITZ.

La naissance de l'hydrothéraphie nouvelle ressemble à une légende ; c'est pourtant une histoire, la plus positive et la plus intéressante peut-être de toutes celles dont se compose l'ensemble de la thérapeutique.

Vers l'an 1826, le silence qui se faisait depuis assez longtemps déjà sur les applications médicales de l'eau n'était troublé que par quelques voix peu retentissantes et peu influentes. Un bruit venu d'un coin perdu des montagnes de la Silésie autrichienne vint troubler ce silence, exciter l'attention des malades, et réveiller l'apathie des médecins.

Dans un infime village, se trouvait un paysan du nom de Vincent Priessnitz, qui, chargé d'éponges et accompagné d'un sien cousin, Gaspard Priessnitz, parcourait les villages voisins, et y opérait des cures merveilleuses, à l'aide de frictions avec des éponges imbibées d'eau froide.

Bientôt, le bruit de ses cures franchit les limites des montagnes de Silésie ; de nombreux malades *abandonnés*, ou qui avaient plus de confiance dans le paysan que dans les médecins, vinrent, de divers points de l'Europe, réclamer ses soins et accroître le nombre et l'importance de ses succès.

Mais avec le succès arrivèrent les persécutions. Lorsque, dans ses excursions, il sortait des limites de la Silésie autrichienne pour entrer sur celles de Prusse, la police, sur les plaintes des médecins, se mettait aux trousses de Priessnitz, qui, heureusement pour lui, toujours averti par les populations sympathiques, trouvait les moyens de s'esquiver et de rentrer sur un sol protecteur. Mais la sécurité du sol autrichien lui-même devenait incertaine : dénoncé plusieurs fois pour exercice illégal de la médecine, Priessnitz s'était vu menacé d'interdiction ; seulement, comme les persécuteurs engendrèrent des protecteurs, et qu'il était assez difficile d'empêcher même le premier venu d'administrer une sorte de bains plus ou moins modifiés, il triompha de ces premières tracasseries. Pendant ce temps, ses succès se multipliaient ; ils s'opéraient sur des personnages importants, de façon qu'il n'était plus possible de les révoquer en doute et de les nier. Les médecins eurent alors une malheureuse inspiration : ce fut, ne pouvant plus nier les cures, de les attribuer à des médicaments que Priessnitz introduisait subrepticement dans l'eau et dans les éponges. Éponges et eau furent, sur la plainte des médecins, saisies et analysées, et il fut constaté, qu'à l'eau pure seule on devait attribuer les cures magnifiques opérées par Priessnitz.

A partir de ce moment le triomphe du paysan fut complet. L'autorisation de traiter les malades par l'eau lui fut accordée par le gouvernement. De nombreux écrits furent publiés en sa faveur par toutes sortes de personnes, étrangères ou non à la médecine ; des médecins et même de grande célébrités médicales allèrent demander la santé à l'hydrothérapie, soit à Græfenberg, soit ailleurs ; de nombreux établissements ne tardèrent pas à s'élever dans diverses parties de l'Europe, mais surtout en Allemagne, la plupart dirigés par des médecins.

Voyons, en quoi consiste cette méthode, qui avait produit de si merveilleux résultats.

Priessnitz ne s'en tint pas longtemps aux éponges mouillées et aux frictions, qui étaient, paraît-il, en honneur chez les populations rustiques au milieu desquelles il vivait et auxquelles même il appartenait ; il multiplia bientôt les procédés d'application de l'eau ; mais nous en exposerons, d'après Scoutetten, le tableau général, qui suffira pour donner une idée de la manière d'opérer de Priessnitz.

. « Les formes du traitement hydriatique, dit Scoutetten, varient beaucoup ; l'eau en fait constamment la base, mais les applications en sont nuancées de façons très diverses. Les formes les plus ordinaires sont les demi-bains, bains de siège, les bains de pieds dont il y a trois espèces, les bains de la partie postérieure ou latérale de la tête, les lavements, les douches, dont la force et les dispositions se modifient, selon les exigences, depuis la douche en poussière aqueuse jusqu'aux jets de la grosseur de deux ou trois doigts (et même beaucoup plus; (1) puis viennent la ceinture mouillée, servant à envelopper le malade ; les frictions avec un autre drap, enfin le grand bain dans l'eau froide et courante.

« La température de l'eau varie depuis 5 ou 6 degrés Réaumur jusqu'à 15 et quelquefois 20 ; ce dernier chiffre est très rarement atteint ; ce n'est que dans des cas très exceptionnels et quand le malade est très impressionnable ou extrêmement faible.

« L'eau est aussi administrée à l'intérieur ; les malades en boivent de douze à trente verres par jour. Priessnitz s'élève contre les exagérations qui entraînent quelques personnes à en boire quarante et cinquante verres. A ces moyens il faut ajouter

1. *Voy.* Schedel, *Examen clinique de l'hydrothérapie,* p. 88, où il est dit que le jet de la grosse douche avait la *grosseur de la jambe.*

la privation des aliments excitants, l'exercice en plein air, et la sueur dans un certain nombre des maladies.

« Il n'est pas facile de donner une idée générale du traitement hydriatrique, car tout varie selon la nature de la maladie, l'âge du sujet, sa constitution, son irritabilité et les maladies antérieures qu'il a éprouvées. Malgré son apparente simplicité, jamais moyen thérapeutique ne fut d'une application plus difficile pour être juste, quand la maladie est grave, et n'a réclamé un tact médical plus exercé. Il ne faut donc pas s'étonner si des fautes ont été commises. Cependant, afin de présenter une description et de donner une idée de la vie de Græfenberg, je vais admettre qu'un malade, âgé de cinquante ans, est atteint d'un rhumatisme chronique à l'épaule gauche.

« A quatre heures du matin en été, à cinq heures en hiver, le malade est éveillé par le garçon de bain, qui, après l'avoir fait sortir du lit, l'y replace pour l'envelopper, comme un enfant au maillot, dans deux ou trois couvertures de laine, sur lesquelles il jette souvent encore un plumon. Le malade, ainsi enveloppé, reste immobile sur son lit. Après un temps qui varie depuis une demi-heure jusqu'à une heure et plus, la sueur commence à paraître ; elle se manifeste d'abord sur la poitrine et l'abdomen, puis elle s'empare successivement de tout le corps ; le domestique ouvre alors les fenêtres de la chambre, et il présente au malade, de quart d'heure en quart d'heure, un verre d'eau fraîche. La sueur devient de plus en plus abondante ; elle est quelquefois si considérable qu'elle pénètre les couvertures, les matelas et paillasse. Le temps fixé pour la durée de la sueur étant écoulé, le domestique dégage les jambes enveloppées dans les couvertures; il met aux pieds des sandales en jonc et il aide le malade à descendre au bain. C'est une grande cuve de 1ᵐ 30 de profondeur et de largeur sur 2 mètres de longueur; une eau de source y coule sans cesse. Le malade se dépouille tout à coup des couvertures qui l'enveloppent, il se mouille les mains et la poitrine avec l'eau froide et il se précipite immédiatement dans le bain, où il reste une ou deux minutes, en s'agitant et en se donnant beaucoup de mouvement. Lorsqu'il en sort, sa peau devient rouge; l'eau, qui se vaporise, forme un nuage qui environne le corps, et bientôt il éprouve un bien-être inconnu jusqu'alors. Le malade s'essuie fortement, s'habille aussitôt, et va se promener à grands pas sur la montagne.

« Toutes ces opérations conduisent à sept heures du matin, la promenade dure une heure et demie; pendant ce temps le malade doit boire six ou huit verres d'une eau fraîche et pure, qui s'échappe des fontaines et des sources qu'il rencontre presque à chaque pas. A huit heures le déjeûner est servi; il est de la plus grande simplicité : c'est un verre de lait froid et un morceau de pain bis ; on peut recommencer si l'appétit le réclame, car il ne faut pas compter sur les accessoires. Après le déjeûner, promenade nouvelle; elle dure une heure. A onze heures le malade se déshabille complètement, et on lui jette sur le corps un drap mouillé, mais bien tordu. Le domestique fric-

tionne avec force et rapidité la partie postérieure
du corps pendant que le malade se frotte la partie antérieure ; cette opération dure de cinq à dix
minutes. Un drap sec sert à essuyer le corps, qui
devient tout rouge. Le malade s'habille, puis il
sort ou se donne du mouvement dans sa chambre.

« A une heure la cloche annonce le dîner : presque tous les malades qui habitent Græfenberg et
quelques-uns venus du Freywaldau se rendent
dans la vaste salle à manger de l'établissement.

« Lorsque le dîner est terminé le malade doit
se promener de nouveau sans être jamais arrêté
par le mauvais temps. Entre trois et quatre heures il se rend à la douche. C'est ici qu'il faut
reconnaître que Priessnitz n'a rien fait pour sé-
duire l'imagination.

« Les douches, au nombre de cinq, sont au milieu d'un bois de sapins plantés sur la montagne,
au-dessus et à un quart de lieue de Græfenberg.
Ce sont des baraques en planches formant une espèce de chambre fermée, dans laquelle on se
déshabille. Dans une pièce attenante tombe un
filet d'eau d'un diamètre de deux ou trois doigts,
amené par un conduit en bois, qu'alimentent
de petits ruisseaux qui rampent sur le flanc de la
montagne. Depuis la fin de l'année 1882, l'une d'elles, élevée aux frais des malades, offre une construction satisfaisante ; on y a même mis un poêle
pour l'hiver.

« L'une de ces baraques, celle qui est exclusivement destinée aux femmes, est ouverte par le haut ;
c'est là, quelque temps qu'il fasse, été comme hiver, que les dames les plus délicates s'exposent,

le corps complètement nu, à l'action de la douche.

« La première impression produite par la chute de l'eau est pénible, mais bientôt l'effet de la percussion et la réaction de l'organisme contre le froid rougissent la peau, rétablissent l'équilibre et font éprouver à beaucoup de personnes une sensation si agréable, qu'on est obligé de prendre des précautions pour qu'elles ne dépassent pas le temps prescrit, qui ordinairement est de quatre à cinq minutes. Après la douche, le malade s'essuie, s'habille, remet la ceinture abdominale, et retourne à grands pas dans son appartement. Il jouira de sa liberté jusqu'à sept heures et demie; à ce moment la cloche sonne pour l'appeler au souper. Ce repas est la répétition exacte du déjeuner : un ou deux verres de lait froid et un morceau de pain bis en font tous les frais.

« La journée du lendemain ramène les obligations et les fatigues de la veille. On roule ainsi dans un cercle d'occupations qui absorbent tous les instants, et les malades, sans cesse occupés des soins à donner à leur personne, sont rarement atteints d'ennui.

« Le traitement qui vient d'être rapidement décrit, pour un cas supposé de rhumatisme chronique, ne sera plus exactement le même si le malade souffre du foie, des intestins, de la tête, ou si on doit combattre une syphilis invétérée, les scrofules, les dartres. Il peut varier à ce point qu'il ne soit pas nécessaire d'employer les bains froids, les douches, ou de recourir aux sueurs... » (1).

---

1. Scoutetten, *loc. cit.*, p. 35 et suiv.

Schedel expose dans le même sens, sinon dans les mêmes termes, l'ensemble du traitement de Priessnitz, qu'il examine ensuite en détail.

Résumons en deux mots la pratique de Priessnitz : Des informations directes et sincères de Scoutetten, de Schedel, de Baldou, et de beaucoup d'autres, il résulte que Priessnitz, qui avait commencé l'hydrothérapie par les affusions avec des éponges, les frictions et les sudations, avait, soit par les motifs réellement médicaux, soit par savoir faire, multiplié considérablement et, suivant nous, trop multiplié, les procédés d'application de l'eau ; qu'il ne pût appliquer lui-même ses procédés à cinq cents malades à la fois et même à douze cents, cela est matériellement évident, mais, en cela, la position de Priessnitz n'était pas autre que celle où se trouverait le médecin le plus attentif et le plus instruit, qui aurait le même succès ou, si l'on veut, la même vogue.

En Allemagne l'hydrothérapie s'était imposée à l'immense majorité des médecins. En 1840, soixante-dix établissements hydrothérapiques environ s'étaient déjà fondés, la plupart en Allemagne, un petit nombre en Belgique, en Hollande, en Angleterre, et même en Russie ; beaucoup d'entre eux étaient dirigés par des médecins.

La France presque seule avait été sourde à l'immense retentissement des cures de Græfenberg, lorsque deux médecins étrangers MM. Engel et Wertheim, qui avaient visité et étudié Græfenberg, en juin 1839, pendant deux ans, présentèrent à l'Académie de médecine de Paris, sur la nouvelle méthode, un mémoire (1) qui fut renvoyé à l'examen d'une commission composée de MM. Bouillaud, Velpeau et Roche (2).

MM. Engel et Wertheim firent des instances auprès de l'administration pour pouvoir expérimenter l'hydrothérapie dans les hôpitaux. Ils furent autorisés à faire, sous la surveillance et dans les services de Gibert et Devergie, à l'hôpital Saint-Louis, des essais qui commencèrent dans la première moitié de 1841. Devergie publia sur ces essais un rapport dont il est indispensable de reproduire un extrait.

« Onze malades, dit le rapporteur, ont été soumis à cette médication ; neuf étaient atteints de maladie de même forme, et deux de rhumatisme chronique.

« Nous avons dû expérimenter cette méthode sur le même genre d'affections, attendu la nécessité de comparer ses résultats sur des variétés différentes de cette maladie, soit sous le rapport de son ancienneté, soit sous celui des causes diverses qui avaient pu la produire.

« Tous les malades appartenaient à la classe des affections *squameuses*. Elles comprenaient les variétés de *psoriasis* et de *lèpre*.

« Sur ces neuf malades, l'affection était récente dans trois cas, et ancienne dans les six autres.

« Les affections squameuses de date ancienne

1. Engel et Wertheim, *Esquisse du traitement hydrothérapeutique* (*Bulletin de l'Académie de médecine*, 1839, tome IV, p. 159).

2. Roche, *Rapport sur le mémoire de MM. Engel et Wertheim* (*Bulletin de l'Académie de médecine* 1840, tome V, p. 496).

remontaient une à onze ans, deux à dix ans une à cinq ans et demi, et une à deux ans ; c'est assez dire que tous ces malades avaient été soumis à de nombreux traitements de diverse nature, soit pour combattre la maladie récidivée à plusieurs reprises, soit pour faire disparaître la gale et les formes variées de maladies vénériennes que ces individus contractent le plus souvent. Je dois ajouter que plusieurs d'entre eux avaient été soumis à nos soins à l'hôpital avant d'entreprendre le traitement hydrothérapique, que leur affection avait été modifiée ou guérie, mais qu'elle avait reparu peu de temps après.

« Chez quelques-uns la santé générale avait subi quelque atteinte, soit de la part des médications actives qui avaient été mises en usage, soit par le séjour prolongé à l'hôpital.

« Les trois autres malades ont, au contraire, été mis au traitement hydrothérapique dès leur entrée à l'hôpital, afin qu'on n'eût pas à attribuer un insuccès aux médications antérieures à l'usage de cette thérapeutique.

« Ainsi j'ai soumis à cette méthode les formes les plus invétérées comme les formes les plus récentes des affections squameuses ; j'ai fait porter les essais sur des malades qui avaient été soumis aux médications variées que l'on emploie ordinairement pour combattre ses affections comme aussi sur des malades vierges de tout traitement.

« Quant aux résultats obtenus, ils peuvent être rattachés à deux points à la fois importants : 1° la santé générale des malades en traitement; 2° la maladie dont ils étaient atteints.

« La santé générale d'un seul malade a paru influencée d'une manière fâcheuse, sans que la maladie de la peau ait été amendée. Au bout de trois mois d'essais, j'ai dû faire cesser l'hydrothérapie, et j'ai été assez heureux pour guérir ce malade après un repos et un régime fortifiant de six semaines de durée et l'usage du goudron à l'extérieur. Ce malade est sorti en état parfait de santé, au mois de mars dernier, la maladie datait de cinq ans et demi (Bissaun, trente-huit ans, entré en juillet 1841).

« A l'exception de ce malade, où il n'est survenu chez les autres qu'une légère diarrhée de peu de durée, où, au contraire, la santé générale a été notablement améliorée ; ils ont pour la plupart repris de l'embonpoint, un appétit excellent, et même chez l'un d'eux, qui était resté six mois dans un autre service de l'hôpital, qui était rentré dans le mien et y avait passé sept mois, dont la santé générale s'était notablement affaiblie, chez lequel, enfin, il s'était développé une ophthalmie scrofuleuse rebelle, l'influence de l'hydrothérapie a été fort remarquable, en ce sens qu'elle a amené le rétablissement complet de la santé.

« Nous citerons encore l'exemple d'un enfant de treize ans, très débile, chez lequel il se développa des accidents inflammatoires, avec angine peu de temps après son entrée à l'hôpital, et dont la convalescence se faisait avec peine. Il fut mis à l'hydrothérapie, et sortit de l'hôpital six semaines après dans un état parfait de santé.

« Ainsi, loin de regarder cette méthode comme perturbatrice de la santé générale, nous sommes

porté à la considérer comme propre, dans certains
cas, à opérer des modifications fort avantageuses
sous ce rapport.

« Quant aux résultats obtenus, eu égard à la
maladie de la peau en elle-même, nous déclarons d'abord que l'hydrothérapie ne l'a jamais
aggravée ; ensuite que trois malades seulement sont sortis guéris sous l'influence seule de
cette médication ; encore y a-t-il eu récidive chez
l'un d'eux trois semaines après ; c'était un des
malades dont l'affection n'avait pas encore été traitée à l'hôpital ; cette affection datait de dix ans.
Un enfant fut complètement guéri en six semaines ; un autre en quatre mois et demi.

« Chez les autres malades, j'ai dû suspendre
l'hydrothérapie : ou elle n'opérait pas d'effet avantageux, ou elle modifiait la maladie sans la guérir.
Néanmoins cette modification sans guérison nous
a paru heureuse ; car, dans la plupart des cas, j'ai
pu opérer la guérison de l'affection à l'aide de
moyens que je considère comme ayant dû être
sans résultat avant l'emploi de la méthode hydrothérapique.

« Quant aux deux malades affectés de rhumatismes chroniques, ils sont sortis de l'hôpital avec
une amélioration très notable dans leur position.

« Je ne terminerai pas ces données générales
sans rappeler que la méthode hydrothérapique
ne produit ses effets qu'après un laps de temps
souvent très long ; qu'ainsi plusieurs de nos malades ont été traités pendant sept à huit mois, et
que, dans l'intérêt des malades comme dans celui
de l'administration, elle ne doit être employée en

général que là où il y a eu insuccès par d'autres moyens curatifs.

« En résumé :

« La méthode hydrothérapique ne me paraît pas capable d'influencer la santé générale d'une manière fâcheuse. Elle peut souvent l'améliorer très notablement.

« Appliquée au traitement des affections squameuses de la peau, elle compte quelques succès, et lorsqu'elle ne fait pas disparaître la maladie, elle peut, dans certaines circonstances, modifier heureusement la peau.

« Les guérisons qu'elle opère auront-elles de la durée ? C'est une question que l'expérience seule peut résoudre.

« L'hydrothérapie doit être considérée comme une médication de plus, comme une ressource nouvelle à employer dans le traitement des maladies cutanées, et nous désirons que loin d'arrêter les essais qui ont été entrepris, l'administration veuille bien les encourager, et étendre même les moyens qui ont déjà été mis à cet effet à la disposition des médecins de l'hôpital. »

Devergie termine en félicitant Wertheim de sa persévérance et de son zèle extrême à suivre les expériences de l'hôpital Saint-Louis, et au « nom du conseil général des hospices *qui l'en a chargé*, il adresse à l'honorable médecin des remerciements pour les soins empressés qu'il a prodigués aux malades (1). »

Le rapport de Devergie ne resta pas longtemps seul ; huit ans plus tard, Gibert fit à l'Acadé-

1. Devergie, *Gaz. méd. de Paris*, année 1843, p. 319 et suiv.

mie de médecine un nouveau rapport. A cette
époque plusieurs médecins pratiquaient l'hydrothérapie en France, et déjà quelques-uns, entre
autres notre maître le Dr Lubanski, y avaient
fondé des établissements ; la méthode nouvelle
avait déjà produit des résultats remarquables ;
Gibert le constate hautement (1).

A partir du rapport de Gibert à l'Académie,
il n'y a plus à suivre l'histoire médicale de l'hydrothérapie ; l'hydrothérapie était d'une application universelle, mais l'hydrothérapie elle-même
était encore à étudier et à perfectionner ; ç'a été
la tâche de ceux qui sont venus après Wertheim
et Lubanski.

ARTICLE II

HISTORIQUE DES APPLICATIONS CHIRURGICALES

L'origine des applications chirurgicales de l'eau
remonte jusqu'à Hippocrate, tout comme celle des
applications médicales. On y trouve même le conseil d'entourer les articulations enflammées d'une
vessie contenant de l'eau tiède, tant il est vrai,
comme le fait justement remarquer Scoutetten
après d'autres, que les inventions modernes sont
souvent renouvelées des Grecs, lesquels les avaient
probablement renouvelées de plus anciens qu'eux.

Après Hippocrate, vinrent Celse, Galien, Aétius,
qui répétèrent avec moins de détails ce qu'avait
dit le père de la médecine.

1. Gibert, *Bulletin de l'Académie de médecine*, Paris, 1851,
Tome XVI, p. 1244.

Les Arabes et le moyen-âge laissèrent l'eau chirurgicale dans l'oubli ; elle ne reparut qu'au xvie siècle, mais *charmée* ou *conjurée*, par des paroles magiques, alors en grand crédit. A. Paré, sut rapporter à l'eau pure les vertus que des charlatans ou des crédules attribuaient aux *charmes* : « Je ne veux laisser dire, écrit Paré (1), qu'aucuns guarissent les playes avec eau pure, après avoir dit dessus certaines paroles, puis trempent en l'eau des linges en croix et les renouvellent souvent. Je dy que ce ne sont les paroles ni les croix, mais l'eau qui nétoye la playe, et par sa froideur garde l'inflammation et la fluxion qui pourraient venir à la partie offensée, à cause de la douleur. Cette guarison se peut faire lorsque la playe est en une partie charneuse, et en un corps jeune et de bonne habitude et aux playes simples. »

En Italie, Biondo ou Blondus, Fallopio, disciple de Vésale, surtout Palazzo, et, en France, Martel, chirurgien de Henri III, apprécièrent l'eau comme A. Paré ; mais le remède tomba à peu près dans un complet oubli.

Lamorier essaya de le réhabiliter (2) et n'y réussit que faiblement.

En Allemagne, plusieurs chirurgiens firent les mêmes tentatives sans beaucoup plus de succès ; ce n'est qu'en 1785 qu'un meunier alsacien vint proposer à l'intendant de la province d'Alsace de panser avec de l'eau *charmée* des blessures graves reçues par des militaires pendant des expérien-

1. Paré. *Œuvres.* Édit. Malgaigne. Paris, 1840.
2. Lamorier, Dissertation. Montpellier, 1732.

ces d'artillerie. Lombard, chirurgien en chef, et Percy, alors chirurgien de régiment, assistèrent aux pansements faits par autorisation de M. l'intendant. Ces essais ayant paru avantageux, douteux tout au moins, Lombard les reprit avec de l'eau non *charmée*, et obtint les résultats les plus avantageux ; ce qui n'empêcha pas le Dr Kern, chirurgien de Londres, de s'attribuer la priorité du pansement des blessures par l'eau froide.

Percy, qui, avec Lombard, avait été témoin des expériences du meunier alsacien, et qui était devenu chirurgien en chef de l'armée française, appliquait les pansements à l'eau froide sur la plus vaste échelle, et avec un tel succès, qu'il s'écriait, dans son enthousiasme : « Sydenham disait qu'il renoncerait à la médecine si on lui ôtait l'opium ; pour moi, j'aurais abandonné la chirurgie des armées si l'ont m'eût interdit l'usage de l'eau. »

Et pourtant, on vit encore une fois l'eau *chirurgicale* tomber presque dans l'oubli comme l'eau *médicale*, après Hoffmann, Giannini et Currie !

Ce n'est qu'en 1830 que quelques chirurgiens, mais surtout Josse, d'Amiens, insistent de nouveau sur les applications chirurgicales de l'eau, adoptées peu de temps après par Breschet. Nous devons nous contenter de signaler ce retour aux pansements hydriques, qui ne peuvent, en résumé, occuper qu'une bien petite place dans l'histoire de l'hydrothérapie.

CHAPITRE II

PRATIQUE DE L'HYDROTHÉRAPIE

ARTICLE I

AGENTS DE L'HYDROTHÉRAPIE

---

§ 1ᵉʳ. — DU FROID.

I. — Action du froid en lui-même.

Les applications hydrothérapiques froides ont
été l'objet de dissertations étranges, fastidieuses
et, par-dessus tout, inutiles, d'expériences oiseuses
pour expliquer les effets de l'hydrothérapie. Nous
n'y insisterons pas.

II. — Actions sédatives de l'eau ou pseudo-hydrothérapie.

Le froid en hydrothérapie ne s'applique qu'associé à l'eau. Qu'on veuille faire tour à tour de
l'hydrothérapie une médication *altérante, anti-
périodique, dépurative, excitatrice, hémosta-*

tique, prophylactique, reconstitutive, résolutive révulsive, spoliative, sudorifique, *tonique et sédative,* c'est une exagération ; ce qu'il y a de sûr, c'est que c'est une méthode *perturbatrice,* au moins quand il s'agit de l'hydrothérapie vraie, de celle de Priessnitz, celle qui consiste dans les applications externes que nous aurons à étudier plus loin.

Il n'en est pas de même de l'hydrothérapie, — si l'on doit lui donner ce nom, — appliquée avant celle du paysan de Silésie par quelques médecins et chirurgiens et plus spécialement par Currie, Lombard, Percy et leurs imitateurs ; à cette fausse hydrothérapie, qui agit d'une manière toute différente de la vraie, on a donné le nom de *sédative* (de *sedare,* apaiser, calmer, etc.) ; ce nom que Fleury s'imaginait presque avoir créé, n'est pas plus convenable que tous les autres. Sans doute l'application du froid et par conséquent de l'eau froide, calme la douleur d'une brûlure, et même en empêche le retour, si l'application est convenablement faite et suffisamment prolongée ; dans ce cas, on peut à la rigueur l'appeler *sédative.* Mais en quoi serait-elle *sédative* si on l'appliquait pendant le tremblement du premier stade d'une fièvre pernicieuse ? en quoi serait-elle *sédative,* si l'application en était faite pendant la terrible agitation d'un accès de rage, etc. ? Pour que le mot de *sédative* convînt à peu près aux applications dont il s'agit, il faudrait que sédatif fût synonyme de soustracteur ou d'absorbant de calorique, car lorsque ces applications sont faites, c'est dans le but de soustraire une certaine quantité de cet agent dans les maladies où il est un excès ou est censé devoir y être bientôt. Ce qui constitue essentiellement l'hydrothérapie vraie, la réaction contre l'impression du froid manque donc ici, et, au lieu d'être instantanée, ou presque instantanée, l'application hydrothérapique doit avoir une durée plus ou moins longue, comme, par exemple, plusieurs heures.

La conséquence nécessaire de la durée, c'est que l'eau qui sert à l'application ne saurait être à une température aussi basse que dans les vraies applications hydrothérapiques, au moins pendant tout le temps de l'application ; elle ne doit pas davantage être à un degré constant ou à peu près constant ; c'est ici qu'il faut varier la température et avec la nature du mal et avec la susceptibilité des malades. Frœlich avait dressé une double échelle qui indiquait quelle devait être la température de l'eau suivant celle des malades ; mais c'est là une conception, dont le moindre défaut est de ne tenir aucun compte de la sensibilité de chaque malade, chose essentielle ici, puisque l'application du froid doit être prolongée.

Quelles sont les formes ou les procédés qui doivent être préférés pour les applications dont il s'agit ? Fleury, qui reconnaissait la nécessité des applications prolongées, et « l'importance *capitale* de la *forme* » de ces applications ; qui dit que c'est pour avoir « transgressé les conditions les plus indispensables au succès » qu'on a échoué, conditions qui consistent surtout à « éloigner toutes les causes d'excitation, dé stimulation, de réaction ; » Fleury, prétend que « l'immersion dans la piscine est la forme la plus favorable, et qu'il faut y recourir *toutes les fois qu'elle n'entraîne pas ces inconvenients fâcheux.* » On comprend donc sans trop de peine qu'on doive s'abstenir de l'immersion quand elle doit avoir des inconvénients *fâcheux*, mais quand doit-elle avoir ces inconvénients? elle doit les avoir presque dans tous les cas, surtout si on limite les températures de l'eau entre 5 et 15 degrés cent. Une température de 15 degrés est trop élevée et impropre aux applications de l'hydrothérapie vraie ; mais, dans la presque totalité des cas, elle ne le serait pas assez pour obtenir des effets sédatifs généraux, et pour éviter des phénomènes de réaction, c'est-à-dire en réalité d'excitation, au sortir de la piscine ; si le malade devait rester dans le bain « jusqu'à la disparition de la douleur, de la fièvre générale ou locale, en un mot, des principaux symptômes de la maladie », on ne trouverait pas un malade sur mille qui pût impunément prolonger son séjour le temps voulu dans de l'eau, même à la limite extrême de 15 degrés, à plus forte raison à celle de 5 degrés. Ce qu'il y a d'étrange, c'est que Fleury signale lui-même le danger des immersions trop prolongées.

Pour résumer nous dirons que loin d'être la meilleure forme, c'est la plus mauvaise ; nous n'en concevons guère l'indication que dans des cas de vastes brûlures.

Outre l'immersion qui, sauf les cas que nous venons de spécifier, doit être exclue de l'hydrothérapie sédative, on emploie encore les bains partiels, les ablutions, les affusions, qui en diffèrent très peu, les irrigations continues, qui ne sont qu'une sorte de bain local, et les applications de corps froids, soit compresses ou draps mouillés, soit vessies ou poches de caoutchouc, qui appliquent le froid à sec. Toutes ces applications, qui, nous le répétons, ne font point partie de l'hydrothérapie vraie, exigent la surveillance la plus attentive de la part du médecin ou du chirurgien, sous peine de devenir des moyens très dangereux.

Le principe le plus général à formuler, c'est que l'application qu'on veut faire ne provoque aucune sensation de malaise, mais au contraire produise autant que possible un soulagement immédiat ; c'est ce qui arrive toujours pour les brûlures limitées, et pour les maladies à douleurs locales très prononcées, telles que la goutte, le rhumatisme, l'érysipèle, l'eczéma aigu, etc.

Le second principe, c'est qu'il faut obtenir ce soulagement avec de l'eau la moins froide possible, car plus sa température est basse, plus la réaction a de la tendance à se manifester.

Le troisième principe, c'est qu'on doit s'efforcer d'éviter cette réaction avec autant de soin qu'on doit la rechercher dans l'hydrothéraphie vraie.

Pour éviter cette réaction on sera quelquefois obligé de prolonger la réfrigération pendant des journées entières, comme on le fait dans les irrigations continues ; d'autres fois, on se contentera d'applications intermittentes qu'on aura le plus grand soin de renouveler dès que les premiers indices de réaction se montreront.

Dans les maladies non fébriles comme la goutte, certains rhumatismes légers, les brûlures limitées, l'état local sera pour le médecin un guide suffisant ; dans les cas de maladies fébriles et surtout de maladies graves, comme le typhus, la fièvre typhoïde, la variole, etc., l'état général devra être interrogé avec le soin le plus scrupuleux ; toute la sagacité du médecin le plus expérimenté sera ici nécessaire pour que la réfrigération, au lieu d'être utile, ne devienne pas nuisible ; il pourra être utile, dans ces cas, de constater la température du corps à l'aide du thermomètre ; mais il faudra se garder d'accorder à cette constatation une valeur exclusive ; l'état du pouls et de la peau, les symptômes, les sensations qu'éprouve le malade, constituent un ensemble qui, plus que le thermomètre seul, éclaire et guide fidèlement le médecin.

La réaction est le principal danger des applications sédatives, mais il n'est pas le seul. Lorsque, pour amener la sédation, elles doivent se prolonger très longtemps, comme c'est le cas, dans les irrigations continues, elles peuvent, avant que le médecin ne soit tout à fait assuré contre le développement de phénomènes inflammatoires, produire sur les parties irriguées une sorte de macération, qui affaiblit les mouvements vitaux nécessaires au bon fonctionnement des organes ; il peut se développer un état local qui semble tenir à la fois de l'anémie et du scorbut, qui peut altérer les tissus et même, dans des cas heureusement fort rares, déterminer la gangrène. En outre, le contact de l'eau même pure modifie à la longue certaines peaux au point d'en suspendre les sécrétions, même la sécrétion épidermique, et il en résulte alors des irritations, des ulcérations même dont on peut éprouver beaucoup de difficultés à obtenir la guérison.

Les conséquences pratiques à tirer de tous ces faits et des considérations qui les accompagnent, c'est que toutes les fois que des applications intermittentes pourront être pratiquées sans amener de réaction trop sensible, on devra les préférer aux applications continues.

Répétons encore une fois, que toutes ces applications de pseudo-hydrothérapie doivent être surveillées avec le soin le plus scrupuleux, et exigent l'emploi de la plus grande sagacité médicale.

III. — Action perturbatrice de l'eau ou hydrothérapie vraie.

La véritable hydrothérapie est donc l'hydrothérapie perturbatrice ou à réaction; elle se pratique par des projections d'eau froide sur la peau, particulièrement à l'aide de douches; c'est par cet élément de l'hydrothérapie que nous allons commencer.

§ 2. — Des divers modes d'administration de l'eau froide.

I. — Des Douches.

Les douches ont une telle importance en hydrothérapie, que, tous les autres procédés viendraient à manquer, la douche parviendrait à les remplacer presque complètement, et que la médication y perdrait peu de chose, surtout par le traitement des maladies chroniques.

Il y a à considérer dans la douche :

La force de projection de l'eau ;

Sa température ;

La durée de son application ;

Sa composition chimique ;

L'étendue de la surface de peau qu'elle frappe, douches générales et locales ;

Sa direction ;

La forme du jet ;

Son volume.

1° *Force de projection de l'eau.* — La force de projection dépend de l'élévation des réservoirs qui alimentent les appareils hydrothérapiques ; nous n'entendons parler par là que de la force *maximum*. A quelle limite doit s'arrêter ce maximum ? Fleury fait observer que, si une douche trop faible peut avoir l'inconvénient de rester inefficace, une douche trop forte est toujours dan--gereuse ; elle peut même être contusive ; mais quelle est l'élévation qui donne la force la plus convenable ? C'est, dit Fleury, celle qui est donnée par un réservoir placé à 15 mètres du sol, et, comme pour les doucher, il faisait descendre les malades dans une fosse de 1 mètre en contre-bas du sol, le réservoir qu'il préfère serait en défini-tive, placé à *seize* mètres d'élévation. Certains établissements annoncent que les réservoirs des douches sont placés à *cinquante* mètres d'éléva-tion ; or, une douche en colonne, dont le réservoir aurait 50 mètres de hauteur, assommerait un ma-lade, si elle tombait sur sa tête, et contondrait certainement sa peau, ou même la transpercerait, si le jet n'avait pas plus de quelques millimètres de diamètre. Mais nous devons dire aussi qu'une élévation de 15 mètres est déjà beaucoup trop considérable, et qu'une douche en colonne venant de cette hauteur serait contusive pour beaucoup de peaux, si ce n'est pour presque toutes. La hauteur qui nous paraît la plus convenable est de 10 à 12 mètres ; c'est celle que nous avons adoptée pour le réservoir de notre établissement. A cette hauteur, le jet donne toujours une percussion suffisante et même trop forte pour certaines peaux ou pour certains individus très sensibles. Mais il est toujours facile de modérer la force de projection en rétrécissant plus ou moins le calibre de la veine liquide à une certaine distance au-dessus de sa sortie de l'appareil ; avec un peu de tact et d'habitude, on arrive bien vite à trouver le degré de force qui convient à chaque malade ; en rétrécissant ainsi le conduit par où l'eau passe, avant sa sortie de l'orifice de l'appareil, la force du courant s'amoindrit comme il s'amoindrit dans une rivière, quand il passe d'un endroit étroit dans un lit plus large. Il n'est donc nullement nécessaire, pour avoir divers degrés de force de projection, d'avoir quatre, cinq, dix ou quinze réservoirs placés à différentes hauteurs.

A la hauteur que nous avons adoptée, la percussion associe seulement à l'action du froid un massage particulier plus parfait que celui que l'on pourrait pratiquer avec les mains, et qui facilite considérablement la réaction et les mouvements intimes des tissus cutanés et sous-cutanés, mouvements qui sont sans aucun doute un des principaux éléments de l'action curative de l'hydrothérapie. Presque tous les malades, y compris les femmes, supportent très bien cette sorte de massage, et en éprouvent un bien-être très sensible, quelques minutes après chaque séance hydrothérapique.

2° *Température de l'eau.* — Si la douche est l'arme essentielle de l'hydrothérapie, la température est la qualité essentielle de l'arme. Fleury dit que la température la plus convenable est celle de 8 à 10 degrés. Cette dernière limite est trop élevée. Certes, on peut faire de l'hydrothérapie avec de l'eau à 10 degrés, même à 12 et jusqu'à 14; mais à cette température, la réaction est faible, et par conséquent de peu d'efficacité. Les températures les plus convenables sont celles de 4 à 7 ou 8 degrés ; au-dessous de 4 degrés, on fait encore de très bonnes hydrothérapies chez certains malades ; seulement, chez d'autres, chez beaucoup de femmes surtout, l'eau au-dessous de 4 degrés, notamment si la douche est répétée un grand nombre de fois, irrite la peau, peut même y déterminer des gerçures, qui, si on n'élevait pas la température, se termineraient inévitablement par des excoriations. Pour éviter ces inconvénients, on est obligé d'abréger outre mesure la durée des applications, et l'on ne provoque qu'une réaction insuffisante. Il ne faut pas oublier cependant, qu'à Graefenberg, l'eau, en hiver, était presque constamment à zéro; mais nous ne savons pas exactement si, chez les femmes surtout, les petits accidents que nous avons signalés du côté de la peau n'ont pas été observés.

Quant à l'impression désagréable que produit l'application de l'eau froide, on pourrait supposer qu'elle est beaucoup plus prononcée à 2 ou 3 degrés qu'à 7 ou 8 ; ce serait une erreur : une fois que la température est descendue à 7 degrés la sensation est à peu près la même dans les degrés inférieurs ; au-dessus de 7 à 8 degrés, au contraire, on sent une différence qui se continue, par degrés, jusqu'à la température tiède ou chaude. Nous dirons tout à l'heure si cette température elle-même peut être quelquefois convenable pour les applications hydrothérapiques.

. Il résulte donc de là que la meilleure eau pour le traitement hydrothérapique est celle qui présente une température constante de 4 à 8 degrés « mais une telle eau est rare, car elle ne peut être fournie que par des sources émanant directement, comme à Bellevue, à Schwalheim, à Mondorf, etc., de couches souterraines profondes. La température des sources superficielles produites par les infiltrations pluviales, comme celles des sources qui, dans les montagnes, parcourent de longs trajets à ciel ouvert, varient suivant les saisons, suivant les vicissitudes de la température atmosphérique.

Quant aux eaux de la mer, des lacs et des rivières, ces eaux peuvent pécher par leur température, surtout en été, mais en le faisant séjourner assez longtemps dans un réservoir souterrain suffisamment profond, on peut leur donner la température constante la plus convenable aux applications hydrothérapiques, et, alors, elles valent les eaux de source, pour les applications externes, bien entendu, car pour l'usage interne il est indispensable que l'eau de l'hydrothérapie ait toutes les qualités de la meilleure eau potable.

Ces qualités, l'eau qui alimente notre établissement les possède : fournie par une source très profonde, elle est à une température sensiblement constante de 9 degrés, et a la composition des meilleures eaux potables ; malgré la constance de sa température, nous la faisons arriver d'abord dans un réservoir souterrain, où elle conserve sa fraîcheur et nous ne la faisons monter dans le réservoir qui alimente les appareils hydrothérapiques qu'au moment où ceux-ci doivent fonctionner.

Quant aux établissements urbains, sous le rapport de l'air, nous reconnaissons que leurs inconvénients sont généralement très réels; mais ils ne sauraient exister dans notre établissement; il en est mis à l'abri par sa situation élevée, par son entourage de végétation presque aussi abondante que celle d'une campagne boisée, et par la très grande fréquence, à Paris, des vents d'ouest et de sud-ouest qui passent sur l'avenue Victor-Hugo, après s'être chargés de l'oxygène que dégagent les bois de Meudon, de Saint-Cloud et de Ville d'Avray, et le bois de Boulogne ; c'est un ensemble de conditions de salubrité qu'aucune localité ne saurait guère surpasser, si ce n'est peut-être quelques localités de pays de montagnes.

Revenons maintenant à la température.

Sous divers prétextes, mais tous également mauvais, certains baigneurs hydropathes préconisent les douches tièdes ou chaudes, seules ou associées aux douches froides, soit pour accoutumer les malades à celles-ci, soit pour les faire alterner avec elles, une ou plusieurs fois ; quand elles n'alternent qu'une fois, elles prennent le nom de *douches écossaises* ; quand elles alternent plusieurs fois, par conséquent pendant un temps plus ou moins long, mais indéterminé, on ne leur a pas, que nous sachions, donné de nom déterminé. Une fois lancés dans cette voie, les baigneurs ne s'arrêtent plus, ils traitent des bains chauds et froids, des bains de rivière, des bains de mer, etc., comme s'ils avaient dans leurs établissements des rivières et même la mer ; avec les douches écossaises, qui ont surtout leurs préférences, ils font des bains de jambes écossais, des bains de pieds écossais, des bains de siège écossais, des douches vaginales et rectales écossaises ! Qu'un baigneur s'occupe de toute cette balnéologie fantaisiste, cela s'explique ; mais un hydrothérapeute sérieux doit la proscrire, car rien de tout cela n'est de l'hydrothérapie, rien de tout cela n'est utile, médicalement parlant ; si cela est utile, ce n'est que pour jeter de la poudre aux yeux de quelques médecins qui, faute d'une étude suffisante de l'hydrothérapie, n'y voient déjà pas bien clair; c'est de la part des baigneurs un pur moyen de charlatanisme. Cette balnéologie a pourtant une autre utilité encore... pour les baigneurs, c'est de retenir plus longtemps les malades dans leurs établissements, car pendant qu'on s'amuse aux bains chauds ou mitigés, et qu'on se distrait aux douches écossaises, la véritable hydrothérapie n'agit pas, et la cure se prolonge d'autant.

Ici, nous devons faire une confession qui nous coûte quelque peu : il nous est arrivé souvent de recevoir des malades, qui nous étaient adressés par des confrères jouissant de toute notre estime, avec une consultation où se trouvait une prescription dans ce genre : « *Soumettre M. ou M*^me^ *X...* *à des douches écossaises* » ; ou bien : « Faire à M. ou à Mme X... des applications hydrothérapiques en commençant par des douches avec de l'eau tiède ou dégourdie. » Nous n'avons pas cru pouvoir dans ces cas, — comme nous l'avons fait pour d'autres, que nous spécifierons plus loin, — refuser d'exécuter ces prescriptions de confrères estimés, de même que, dans quelques cas rares, nous avons cru devoir céder aux prières de malades pusillanimes, et faire précéder chez eux, d'une ou de quelques douches dégourdies, l'application des douches froides. Mais, nous devons le déclarer en toute conscience et aussi en toute humilité, si nous cédons aux idées de nos honorables confrères et aux exigences de certains malades, c'est avec la conviction profonde que c'est sans utilité thérapeutique aucune et par pure faiblesse : d'une part, en effet, nous avons la certitude que les douches écossaises ne servent à rien ou à peu près à rien, si ce n'est à amuser les malades, et quant à la nécessité d'une ou de plusieurs douches mitigées pour conjurer les dangers des douches froides données d'emblée ou pour y habituer les malades, nous pouvons affirmer, en nous fondant sur une expérience de plus de vingt-cinq ans :

1° Que les douches tièdes ne préparent nullement, — si ce n'est au point de vue des appréhensions purement morales, — les malades à l'application des douches froides, l'impression de ces dernières étant exactement la même, qu'on ait ou qu'on n'ait pas pris antérieurement des douches mitigées ;

2ᵒ Que les dangers des douches froides sont absolument imaginaires, quand ces douches sont administrées par des hydrothérapeutes prudents et imbus de véritables principes hydrothérapiques. Dans une pratique de plus de vingt-cinq ans, jamais il ne nous est arrivé d'observer un exemple de ces dangers, et c'est tout au plus si nous avons rencontré deux cas dans lesquels nous n'avons pu faire supporter la douche, et pour des motifs que nous dirons plus loin, mais auxquels les douches mitigées n'auraient pu en rien remédier.

Ainsi, pour en revenir à notre point de départ, toute cette balnéologie écossaise n'a d'autres raisons d'être, que des raisons de charlatanisme ou d'intérêt industriel, sans aucun rapport avec l'intérêt scientifique ou humanitaire.

3ᵒ *Composition chimique de l'eau.* — L'eau n'est pas rare dans la nature, et on la trouve dans les mers, les fleuves, les lacs et les rivières ! Elle jaillit aussi quelquefois de sources. Mais toutes ces eaux de mers, de lacs, de fleuves et de sources, sont-elles également bonnes pour l'hydrothérapie ? Nous devons déclarer que, dans une douche de deux, de quinze, de soixante secondes et même de deux minutes, les éléments chimiques d'une eau minérale quelconque et de l'eau de mer ne peuvent exercer aucune action sur la peau, encore moins sur les tissus sous-jacents, et que les seules qualités de l'eau requises par l'hydrothérapie scientifique, c'est, ainsi que nous l'avons dit précédemment, pour l'usage extérieur, une température constante de 4 à 8 degrés, et, pour l'usage interne, les qualités connues d'une bonne eau potable.

4° *Eau électrisée.* — Quoique l'état électrique d'un corps ne soit pas une propriété chimique, nous parlerons ici des douches avec de l'eau électrisée.

Les bains électriques sont connus et employés depuis assez longtemps déjà, mais personne n'avait songé à électriser l'eau des applications hydrothérapiques, lorsque nous en eûmes la pensée, en 1865. Dès le mois de mars 1866, nous appelions sur cette application nouvelle l'attention de nos confrères, et nous annoncions sommairement quelques résultats heureux que nous pensions avoir obtenus. Depuis lors, nous avons renouvelé plusieurs fois nos tentatives, mais les effets n'ayant point répondu à notre attente, nous y avons à peu près complètement renoncé.

5° *Durée des applications hydrothérapiques.* — Il est facile de fixer approximativement quelle doit être la durée d'une application hydrothérapique ; il est impossible de la fixer d'une manière absolue, car cela dépend des dispositions morbides et physiologiques du sujet soumis à l'application. Tout ce qu'il est permis de dire de général, c'est que l'application doit être faite de façon à ce que la première impression et action que

produit l'eau froide, impression d'atténuation, de
constriction, si l'on peut ainsi dire du système
nerveux et de ses forces, action de refoulement du
sang vers les organes intérieurs par la contraction
des capillaires cutanés, que cette impression et
cette action soient remplacées le plus facilement
possible par l'impression et l'action contraires,
c'est-à-dire par un sentiment d'expansion, de
douce chaleur à la peau, de force, de bien-être ; le
temps nécessaire pour que ce double mouvement
s'opère est variable suivant les sujets, suivant la
maladie dont ils sont atteints, et suivant l'état de
faiblesse où elle les a jetés ; en général, ce temps
est d'autant plus court que le malade est plus
faible ; il ne varie guère davantage qu'entre deux
ou trois secondes et quatre ou cinq minutes ; pour
saisir le moment favorable, le médecin doit observer attentivement son malade. Si nous avons
repoussé ailleurs l'usage du thermomètre, l'immer
sion des mains dans l'eau de telle ou telle température, ce n'est pas que nous soyons en principe
opposé à tout ce qui peut apporter plus de précision dans notre science, encore plongée, malheureusement, dans le vague et les à peu près,
sur tant de poisnt importants ; seulement, ce que
nous voulons avant tout, c'est d'exclure de la pathologie et surtout de la clinique le charlatanisme
de la précision, car cette précision appliquée à
des choses qui n'en sont pas susceptibles est un
charlatanisme qui ne vaut pas mieux que les autres. Ainsi, il est bien entendu que pour limiter
la durée d'une application hydrothérapique, le
médecin ne doit compter que sur son coup d'œil,

sur son habitude de la méthode, sur les changements d'aspect que peut présenter la peau, surtout sur l'état de la respiration du malade.

Fleury reconnaît lui-même que le médecin n'a d'autre guide que ceux que nous venons d'énumérer : il a d'ailleurs posé à ce sujet un excellent précepte que l'hydrothérapeute ne doit jamais perdre de vue : « *Une douche trop courte n'a jamais d'inconvénients ; une douche trop longue est toujours dangereuse.* » Les raisons de cet aphorisme se devinent sans peine : une douche trop courte ne peut avoir que le très faible inconvénient de rendre une réaction trop facile, par conséquent trop peu énergique, et, par suite, moins efficace qu'une réaction plus intense ; une douche trop longue peut rendre la réaction difficile, même impossible, dans certains cas, et, alors, on doit toujours craindre quelque congestion interne plus ou moins dangereuse, mortelle même. A cet égard, le médecin hydrothérapeute doit être plus en garde qu'on ne pourrait le supposer, au premier abord, et pour deux motifs.

Les malades qui ne se placent souvent sous la douche qu'avec appréhension, une fois qu'ils y sont demandent parfois à y rester et même insistent pour qu'on les y laisse un certain temps : ils sont guidés en cela, tantôt parce qu'ils pensent que plus une douche est longue plus elle est efficace, tantôt, mus par un motif moins scientifique, ils trouvent qu'une douche de quelques secondes est bien chèrement rémunérée par le prix qu'on leur demande dans les établissements hydrothérapiques dirigés par des médecins, et ils veulent prolonger l'application, afin *d'en avoir pour leur argent*. C'est là le danger de l'hydrothérapie des établissements de bains où les malades se font eux-mêmes à leur gré les applications hydrothérapiques ; ce serait aussi le danger des véritables établissements scientifiques qui laisseraient le soin de ces applications à des garçons de douche ou à des femmes, quelque bonnes instructions qu'ils aient reçues ; un garçon ou une femme de douches ne peut guère résister aux impérieuses exigences des malades. Cette raison seule justifierait l'intervention directe du médecin toutes les fois qu'elle est possible.

Nous venons de parler dans ce qui précède de l'application des douches générales et de la piscine ; les douches spéciales peuvent avoir d'autres règles dont nous traiterons en parlant de chaque douche en particulier.

6° *Etendue des applications hydrothérapiques.* — Suivant que les applications se font sur toute la surface du corps ou sur quelqu'une de ses parties, on leur donne tout naturellement le nom *d'applications générales* et *d'applications locales ;* nous disons *applications* et non *douches,* comme on a le tort de le faire généralement, car l'immersion dans la piscine est une application générale, mais n'est pas une douche. Nous étudierons successivement ces deux catégories d'applications.

II. — Applications générales.

1° *Piscine.* — La piscine hydrothérapique est un réservoir, un bassin, une cuve, comme on voudra, destinée aux immersions. Ce n'est pas

sans motifs que nous parlons de piscine hydrothérapique, parce qu'à propos d'hydrothérapie,
certains baigneurs qui se donnent pour hydrothérapeutes débitent les plus incroyables hâbleries
ou commettent les plus grossières bévues ; ils
parlent de natation, de courants, de rivières, voire
de reproduction de vagues de la mer, tout cela
dans une excavation de quelques mètres de surface, et dans une eau où, d'après les principes les
mieux établis de l'hydrothérapie, on doit rester
de quelques secondes à quelques minutes, deux,
trois, cinq au plus ! Il est vrai que les baigneurs
dont il s'agit semblent surtout préoccupés de justifier leurs titres de balnéologues ; mais alors, pourquoi prétendre à la pratique de l'hydrothérapie ?
La vérité est que les immersions sont soumises,
sous le rapport de la durée, aux mêmes règles
que les autres applications hydrothérapiques
générales, et que toutes ces conditions à réaliser
par les piscines de pouvoir être remplies à volonté
d'eau chaude, d'eau tiède et d'eau froide, d'être
transformées en rivières, etc., sont du pur charlatanisme. Qu'une piscine soit disposée de telle
façon qu'elle permette à tous les malades une
immersion facile, et que l'eau puisse y être à la
température précédemment indiquée, et facilement et promptement renouvelée, c'est tout ce
qu'on doit exiger d'elle ; ce sont les conditions
que nous avons réalisées dans celle de notre établissement.

2° *Drap mouillé*. — Cette application hydrothérapique consiste à appliquer sur le corps un drap
plus ou moins imbibé d'eau. On doit distinguer

l'application suivant que le drap est en pleine imbibition, ou préalablement tordu.

Dans les deux cas, on pose le drap de façon à ce qu'il couvre la tête du malade et le corps tout entier.

Mais, quand le drap est aussi imbibé que possible, le malade le saisit en avant et se frictionne avec, aussi énergiquement que possible, la partie antérieure du corps, tandis qu'un baigneur exerce les mêmes frictions sur la partie postérieure avec le drap qu'il a aussi saisi. Ces frictions et la chaleur du corps échauffent le drap dans l'espace de deux à cinq minutes ; on l'enlève alors, et on le remplace par un autre drap sec en grosse toile avec lequel on exerce encore des frictions jusqu'à ce qu'une réaction soit bien établie. Lorsque le temps est froid ou l'atmosphère humide, on remplace le drap sec par une couverture de laine ou une étoffe de flanelle, pour pratiquer les frictions. — Le drap mouillé ainsi appliqué est excitant et assez puissamment révulsif.

Quand on veut obtenir des effets sédatifs, on applique d'abord un drap tordu qu'on enlève presque aussitôt, et qu'on remplace par un drap sec, sans pratiquer de frictions ; on recommence, ensuite, les deux mêmes opérations jusqu'à ce que la température du corps soit notablement abaissée et la fréquence du pouls diminuée. On peut continuer ainsi ces substitutions pendant deux heures à deux heures et demie. Il y a même des hydropathes qui disent les avoir continuées pendant une demi-journée ; mais nous ne les avons jamais poussées aussi loin.

Chez les personnes sujettes aux congestions encéphaliques ou chez lesquelles on peut craindre cet accident, il faut éviter de couvrir la tête avec le drap, et il faut laisser circuler l'air autour d'elle ; on se contente, dans ces cas, d'humecter la tête avant de jeter le drap sur les épaules.

Sans vouloir poser ici dès à présent toutes les indications particulières de ces deux applications, nous pouvons dire que la première s'emploie spécialement dans les névroses, les rhumatismes, les affections intestinales chroniques et les maladies chroniques en général, etc., et la seconde, dans les maladies inflammatoires aiguës, les fièvres continues, et que, dans ces diverses applications, notamment dans le traitement de la fièvre typhoïde, elle donne d'excellents résultats.

3° *Compresses.* — Nous n'avons pas besoin de décrire des compresses ; il nous suffira de dire qu'on les applique comme le drap mouillé tordu, mais seulement sur des régions limitées ; on les fait, par conséquent, plus ou moins étendues pour couvrir la région malade ou même un peu plus ; on les renouvelle souvent si l'on veut obtenir des effets sédatifs, et on les laisse plus ou moins longtemps en place, sans les renouveler, quand on a en vue une action révulsive ou stimulante ; il faut être averti que dans ces derniers cas, — les compresses étant alors appliquées pendant plusieurs jours, renouvelées seulement quand elles sont sèches, — il se manifeste assez souvent sous elles des éruptions que Priessnitz et même Baldou considéraient comme un moyen d'expulsion du principe morbide, mais qui ne sont sans doute qu'un simple moyen de révulsion.

Quoi qu'il en soit, elles nous ont rendu et nous rendent encore les plus grands services dans le traitement de la dyspepsie, des vieilles douleurs chroniques lombaires et autres, dans les eczémas locaux, dans les engorgements du cou, etc. C'est à l'aide des compresses que nous avons pu débarrasser de douleurs très anciennes et gênantes, qui avaient résisté à de longs et nombreux traitements, y compris des cures thermales, le fils d'un ancien ministre à qui elles avaient rendu le travail impossible.

Dans les cas de dyspepsie, nous appliquons ces compresses sur le creux de l'estomac, surtout avant les repas, et nous les laissons en place, pendant sa durée.

4° *Ceinture hydrothérapique.* — Cette ceinture à laquelle on a aussi donné le nom de *ceinture de Neptune*, s'emploie surtout dans les maladies des organes abdominaux ; nous en retirons les meilleurs effets dans les constipations opiniâtres.

Voici la construction à laquelle nous nous sommes arrêtés pour en rendre l'emploi facile. Nous composons une sorte de plaque, formée de plusieurs doubles de toile, solidarisés par quelques lignes de couture qui se croisent, pour empêcher qu'elles ne se dérangent dans les mouvements ; cette plaque doit avoir à peu près la même étendue que la partie antérieure de l'abdomen (en moyenne 30 centimètres de large, sur 25 à 28 de haut) ; elle offre à son bord supérieur deux ou trois boutons, qui s'adaptent à une ceinture en

toile, de la largeur de 25 à 30 centimètres, faisant
le tour du corps au niveau de l'abdomen, et fixant
ainsi la plaque mouillée de plusieurs doubles de
toile ; cette plaque est, en outre, entourée d'un
mince taffetas gommé, afin qu'elle ne puisse pas
mouiller la chemise et après elle les vêtements ; ce
taffetas empêche, en outre, le dessèchement de la
plaque et rend la nécessité de son remplacement
plus rare ; ce remplacement est d'ailleurs très
facile, grâce à la mobilité de la plaque, qui ne tient
à la ceinture que par des boutons.

§ 3. — DES ÉTABLISSEMENTS D'HYDROTHÉRAPIE.

Les sommités médicales de Vienne et même
d'ailleurs, qui avaient commencé par nier les
succès de Priessnitz, obligées plus tard de les reconnaître, s'étaient imaginé, comme on l'a vu (1),
de les attribuer à des médicaments que l'ingénieux
paysan aurait subrepticement introduits dans
l'eau qu'il donnait en boisson à ses malades ; forcées de renoncer à cette explication par les ana-
lyses chimiques officiellement exécutées sous la
surveillance de l'autorité, elles se rejetèrent sur
l'influence de l'air pur des montagnes de Silésie
et ne craignirent pas de prédire que l'hydrothérapie n'aurait plus les mêmes succès, pratiquée
dans des conditions climatériques moins favorables.

De même Fleury écrivait : « Il faut à l'hydro-

1. Voy. p. 8.

thérapie le concours d'un air salubre, pur, vif, sec, incessamment renouvelé par les vents ; tel, en un mot, qu'on le rencontre sur les montagnes ou dans certaines localités, — vallée ou plaines, — vastes, bien aérées, à sol perméable aux eaux, à végétation abondante et robuste.

« Les établissements placés dans le sein ou très près des grandes villes seront toujours inférieurs à ceux qui s'élèvent au milieu d'une campagne bien choisie. »

Les lois de l'hygiène ne sont point chimériques et nous avons la conviction profonde que l'influence des conditions climatériques où se trouvait Priessnitz, a été pour beaucoup dans les admirables cures qu'il a opérées ; mais ce qui pour nous est certain aussi, c'est que la plus grande, la beaucoup plus grande part dans ces cures appartient aux applications hydrothérapiques ; et, cela étant, ces cures peuvent se renouveler dans les établissements urbains, quand ces établissements sont d'ailleurs dans une situation que l'hygiène démontre être la plus favorable possible : c'est-à-dire sur un point élevé, sur un sol perméable, et particulièrement sur un terrain calcaire, par conséquent sec, presque constamment balayé par des vents qui ne passent pas sur la cité, mais, au contraire, sur des localités abondamment boisées ; dont les habitations ne sont pas accumulées les unes sur les autres, mais distancées de façon à permettre une très facile circulation de l'air ; c'est, précisément, dans cette situation, réunissant toutes les conditions d'une excellente hygiène, que nous avons placé notre établissement.

§ 4. — DES APPAREILS QUI SERVENT AUX APPLICATIONS HYDROTHÉRAPIQUES.

Décrivons maintenant les installations intérieures.

1° *Salles de douches.* — La salle de douches est le champ de bataille de l'hydrothérapeute ; c'est là que sont réunies presque toutes ses armes. La figure (*fig.* 1) représente celle de notre établissement. En procédant de gauche à droite, voici ce que nous y trouvons :

2° *Piscine.* — D'abord la piscine, longue de 2 mètres, large de 1 et demi, et profonde de 1 mètre et demi aussi. Elle peut être facilement vidée et remplie, de façon à ce qu'en été surtout, l'eau y arrive à la température froide du réservoir souterrain où on la conserve. Dans certains établissements de bains, on a donné à la piscine des dimensions beaucoup plus étendues, de façon à ce qu'on pût s'y livrer, dit-on, à l'exercice de la natation. Nous n'avons pas à répéter ici que la piscine n'est destinée qu'aux immersions, parce que les immersions appartiennent seules à l'hydrothérapie ; le reste est de la balnéologie que les hydrothérapeutes doivent laisser aux baigneurs. Sans doute, quand les malades sont libres dans leurs mouvements, ils doivent s'agiter dans la piscine pendant les quelques secondes ou tout au plus faire même quelques brassées pendant les deux ou trois minutes au plus qu'ils doivent y rester ; mais de ces mouvements à la véritable na-

Fig. 1. Salle de douches.

tation il y a un monde, car ce dernier exercice suppose un séjour dans la piscine qui serait toujours dangereux, à moins que l'eau ne soit chaude et, nous ne saurions trop le répéter, l'emploi de l'eau chaude doit être proscrit de la véritable hydrothérapie.

Au-devant de la piscine, on voit des marches que les malades montent pour se plonger dans l'eau, car la piscine est en élévation du sol. Quand la surface de l'eau est au niveau du sol, on est obligé de faire les marches en dedans de la piscine, ce qui a le petit inconvénient d'empêcher le malade de se plonger brusquement dans l'eau comme il doit le faire dans toute bonne immersion. Pour se servir de cet escalier comme de celui de l'intérieur de la piscine, quand l'eau de celle-ci est au niveau du sol, il faut naturellement que le malade puisse marcher ; si les mouvements lui sont impossibles, les immersions sont pour lui très difficiles ; il faut que des infirmiers le plongent dans l'eau et l'en retirent, soit à l'aide d'un drap en forme de hamac, soit autrement ; mais, de toute façon la manœuvre est pénible et difficultueuse pour celui qui la subit comme pour ceux qui l'opèrent ; afin de parer à ces inconvénients, nous avons fait disposer au-dessus de notre piscine une sorte de nacelle (*fig.* 2) qu'on monte et qu'on descend à l'aide d'un treuil annexé à une potence ; on voit, d'un seul coup d'œil, la nacelle, la potence et le treuil au-dessus et à droite de la piscine. Cet appareil auxiliaire rend seul faciles, et par conséquent pratiques, les immersions, dont il est presque impossible de régler la durée sans son concours, et même d'en faire une très bonne application. Nous considérons donc cet auxiliaire comme indispensable.

Fig. 2.
Nacelle de la piscine.

Immédiatement à droite du poteau qui forme la pièce principale de la potence, et au fond, se voit le grand bain de cercle, formé de six grands cer-

cles percés d'une infinité de petits trous, et en haut
de la colonne creuse qui les alimente, une pomme
d'arrosoir qui permet d'ajouter à volonté à la pluie
horizontale des cercles une douche en pluie descen-
dante.

3° *Bain de cercle.* — A droite du grand bain de
cercle, on en voit un plus petit, mais plus puissant,
par cela même qu'il y a moins d'issues à l'eau et
que la force de projection de celle-ci y est, par
suite, moins divisée. Le petit bain de cercle ne
comprend que quatre cercles moins développés
que ceux du grand : deux correspondant aux jambes, un aux cuisses et un au bassin ; un cinquième, plus court que les autres, correspond au cou
d'un homme d'une taille moyenne ; et, enfin, entre
ce petit tiers de cercle et le plus élevé des quatre
autres, est placée une pomme d'arrosoir que j'appelle *stomacale* qui lance une douche en pluie horizontale à la hauteur de l'épigastre d'un homme
de taille ordinaire, plutôt plus bas que plus haut,
car on peut toujours se baisser un peu pour se
placer au niveau voulu, tandis qu'il serait plus
difficile de s'élever. Il est bien entendu que tous
les organes dont se compose l'appareil peuvent
fonctionner ensemble ou séparément, à la volonté
de l'opérateur. Cette indépendance d'action est
souvent utilisée ; c'est ainsi qu'on applique la douche de l'un, des deux ou des trois cercles inférieurs,
pour appeler ou rappeler l'écoulement menstruel ;
c'est, pour atteindre ce but, un moyen d'une grande puissance.

La *figure* 3, qui représente l'appareil en profil,
en fera bien comprendre le mécanisme. Nous

devons faire remarquer qu'à la place de la pomme
d'arrosoir placée entre les deux cercles supérieurs
on peut visser un cinquième cercle, qui douche
la poitrine ; l'action de ce cercle est une action révulsive puissante, notamment pour arrêter les
métrorrhargies.

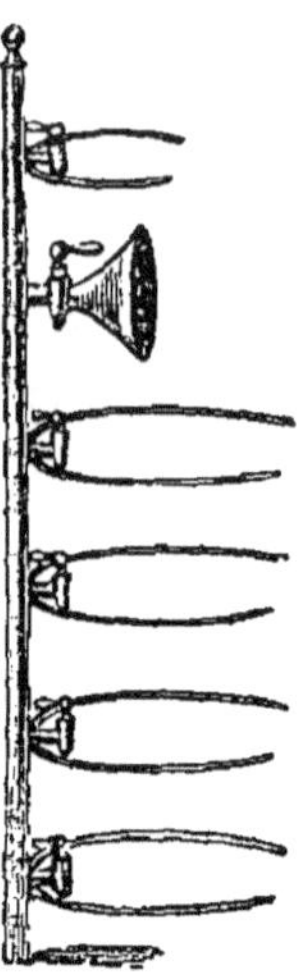

Fig. 3.
Bain de cercle.

Au-devant des deux bains de cercles — (ou
plutôt des deux douches en cercles, car c'est bien
mal à propos qu'on donne à ces douches le nom
de *bains*), — et sur le premier plan, on voit comme
une vaste cuvette très évasée qu'on désigne sous
le nom de *tob*, et dans laquelle le malade peut
s'asseoir pour recevoir des tiolons ou affusions,
notamment les affusions d'eau dégourdie que nous
administrons quelquefois aux malades trop pusillanimes et à ceux à qui ces applications prépara-

toires sont prescrites sur les consultations de quelques confrères dont nous respectons les opinions, ainsi que nous l'avons dit, alors même que nous ne les partageons pas.

Retournant au fond de la salle (*fig.* 1) et allant toujours de gauche à droite, nous trouvons, située non loin du plafond, une première pomme d'arrosoir qui donne la douche en pluie verticale, et, plus à droite encore, une seconde pomme d'arrosoir qui donne aussi une douche en pluie de même direction, mais dont les trous sont d'un diamètre différent ; la dernière est représentée fonctionnant, et un malade est placé au-dessous pour la recevoir, sans caleçon, nous n'avons pas besoin de le dire, car nous ne voyons nullement l'utilité de mettre des caleçons à nos malades.

4° *Douches en jet.* — Entre ces deux douches en pluie, on voit un autre tuyau terminé par un embout droit ; c'est la douche en colonne ou jet vertical.

Quel doit être le calibre de ce jet? On trouve sur cette question dans Schedel un renseignement qui nous a étrangement surpris : « Les douches à Græfenberg, dit-il, ont environ 18 pieds de chute, et leur grosseur varie d'un demi-pouce jusqu'à *quatre pouces* de diamètre.

Quoique Schedel ne dise pas avoir vu la douche, sa véracité est telle qu'il n'est guère possible de suspecter ce qu'il écrit, et cependant nous avouons que son renseignement nous confond. Une douche de 18 pieds, soit sensiblement 6 mètres, n'est sans doute pas bien considérable, et nous la trouvons même insuffisante dans bien des cas ; cependant, si l'on veut bien réfléchir ce qu'est une colonne de *quatre pouces* de diamètre, c'est-à-dire de tout près de 11 centimètres (exactement, 10 centimètres 83) tombant de 6 mètres de haut, on reconnaîtra qu'il y a dans un pareil choc presque de quoi assommer un bœuf. Il est vrai que Schedel ajoute « que l'eau y tombe » — (y tombe, où) — « un peu obliquement, et que presque jamais on ne la reçoit sur la tête ; » mais nous pensons que, même avec ce correctif, une telle douche serait moins une application hydrothérapique qu'un assommoir, et pour dire toute notre pensée, comme Schedel ne dit pas avoir vu appliquer cette douche de 11 centimètres de diamètre, nous doutons franchement qu'elle l'ait jamais été. Il n'est pas impossible que le rusé Priessnitz n'eût établi cette douche que pour frapper l'attention des visiteurs ou même des malades : on sait que l'ingénieux paysan ne dédaignait pas un brin de charlatanisme.

Fleury fixe le diamètre de la douche verticale en colonne à deux centimètres et demi ; ce diamètre serait encore beaucoup trop considérable si le réservoir qui l'alimente était, comme il le prescrit, à *quinze* mètres d'élévation ; tout au plus pouvait-il être convenable pour un réservoir de *quatre* mètres de haut.

Quant à nous, l'expérience nous a démontré qu'un diamètre de un centimètre à un centimètre et demi est celui qui convient le mieux pour une chute de 11 à 12 mètres, qui est celle de nos douches.

A cette hauteur, la douche en colonne verticale

produit encore une action si puissante, que nous
nous gardons bien de jamais l'appliquer sur la
tête, — et que nous ne saurions trop recommander à nos confrères de s'en abstenir également.
La douche en colonne est d'ailleurs d'un usage
peu fréquent ; nous ne l'appliquons guère que
dans les cas de lumbagos chroniques, anciens,
rebelles, dans les vieilles douleurs rhumatismales des épaules, dans les fausses ankyloses,
dans quelques hémorrhagies tenaces, dans quelques cas très rares d'anémie, dans la phthisie. La
douche en jet mobile peut presque toujours la
remplacer avec avantage, car, avec elle, le médecin frappe le point précis qu'il veut, et c'est là
une des conditions pour produire l'effet désiré.

L'arme par excellence de l'hydrothérapeute est,
en effet, la douche mobile, soit en jet plein, soit
en arrosoir ou en jet brisé avec le pouce qu'on
met sur la lumière du conduit par où l'eau s'é-
chappe. On peut donner ainsi à la douche mobile
toutes les formes utiles. On voit dans la *figure* 1,
cette douche mise en action sur le sujet qui reçoit
en même temps la douche verticale en pluie. On
remarquera que le médecin qui applique la douche est placé de plain-pied dans la salle de douches, au même niveau que le sujet douché. Quelques brèves remarques à ce sujet.

Fleury conseille au médecin de se placer sur
une estrade haute de trois, quatre, ou même cinq
marches, pour administrer les douches mobiles.
Cette position élevée au-dessus du malade a un
inconvénient : c'est de rendre très difficile l'horizontalité du jet liquide, horizontalité assez sou-

vent nécessaire, quand il faut que l'eau frappe perpendiculairement, par conséquent avec force, la partie douchée ; quand cette partie surtout est située plus ou moins inférieurement, il est impossible de la frapper autrement que d'une manière très oblique. De plus, si le malade se trouvait plus ou moins indisposé, le médecin ne peut lui apporter un secours immédiat, car l'entrée de la tribune n'est pas toujours dans la salle des douches. Le seul et bien léger avantage que présente la disposition conseillée par Fleury, — et c'était, disait-il, le seul motif qui la lui avait fait adopter, — c'est qu'elle met le médecin à l'abri des éclaboussures de l'eau ; mais le médecin obtient cet avantage très mince, en plaçant entre lui et le malade un écran mobile que l'on voit dans la *figure* 4, représentant notre salle de douches, placé au-devant du médecin qui applique la

Fig. 4.
Ecran mobile.

douche en jet et horizontalement. Nous représentons isolément (*fig.* 4), cet écran mobile; il a même le léger avantage de permettre au médecin de se placer à la distance qu'il veut du malade et dans la direction qu'il juge la plus favorable. Sur le bord supérieur de l'écran on voit les deux extrémités des douches mobiles, chaude et froide.

A droite du médecin, toujours sur la *figure* 1, représentant notre salle de douches, se voient, scellés dans le mur, deux conduits métalliques de quatre à cinq centimètres de diamètre, dont l'un correspond avec le réservoir d'eau froide, placé, comme nous l'avons dit, à douze mètres d'élévation, et l'autre à un réservoir d'eau chaude, de

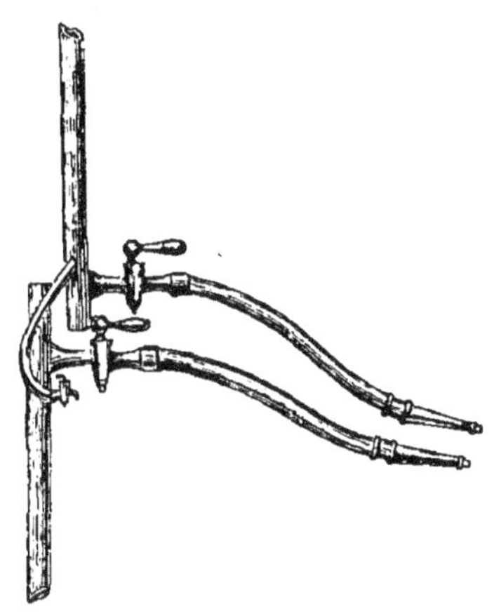

Fig. 5.

Conduite d'eau froide et d'eau chaude

même élévation. Ces deux tuyaux communiquent l'un avec l'autre à l'aide d'un troisième tuyau dont il suffit d'ouvrir le robinet plus ou moins largement pour que l'eau chaude entre plus abondamment dans la colonne d'eau froide et lui donne la température que le médecin désire. Ce petit tuyau de communication ne se voit pas bien sur la figure d'ensemble de la salle de douches, mais on le voit parfaitement sur la *figure* 5.

Les *figures* 6 et 7 représentent les embouts des douches en arrosoir. Dans la pomme représentée par la *figure* 6, les trous de l'arrosoir sont très petits, de moins d'un millimètre de diamètre ; dans la pomme représentée par la *figure* 7, au contraire, les trous sont plus larges, de un à deux millimètres de diamètre ; cet arrosoir frappe la peau avec beaucoup plus de force que le premier·

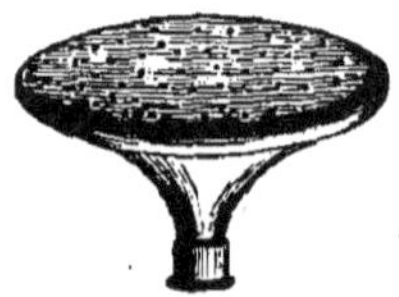  

Fig. 6.
Pomme de la douche en arrosoir avec trous très petits.

Fig. 7.
Pomme de la douche avec trous de 1 à 2 millimètres.

Fig. 8.
Embout de la douche en jet.

La plaque métallique, ou écran, dans laquelle les trous sont percés, doit être parfaitement plane pour que les jets d'eau de chaque trou arrivent en faisceau parallèle sur la surface douchée ; si cette plaque était tant soit peu convexe, les jets arriveraient sur la peau, divergents comme ceux d'une pomme d'arrosoir de jardin, et ce qui est un avantage pour l'horticulteur serait un grave inconvénient pour l'hydrothérapeute, qui ne pourrait frapper les points qu'il vise sans frapper tous les points environnants.

La *figure* 8 représente un embout ou ajutage de la douche en jet, comme les *figures* 6 et 7 représentent des ajutages de la douche mobile en arrosoir. Les petits trous qui sont au-dessus du dessin indiquent les divers calibres des ajutages : le plus gros a un centimètre et demi de diamètre, le moyen, un centimètre, et le plus petit un demi-centimètre.

Quelques hydrothérapeutes ont ajouté à ces embouts ronds d'autres accessoires qui permettent de diviser la veine d'eau en lames de diverses formes auxquelles Fleury a donné le nom de *douche en éventail*, etc. Ces ajutages n'ont d'autre effet que de compliquer l'appareil instrumental de l'hydrothérapie ; on remplace avantageusement ces organes inutiles avec le doigt appuyé de diverses façons sur la lumière de l'ajutage, et avec un peu d'habitude, on peut donner ainsi au jet d'eau toutes les formes qu'on désire. C'est ce que nous appelons la *douche en jet brisé*, les brisures pouvant avoir d'ailleurs diverses formes.

Les ajutages mis à la douche verticale en colonne pour lui donner une forme à lame circulaire, simple ou double, ne sont pas moins inutiles que les précédents pour la douche mobile ; il n'y a jamais de motif réel pour faire tomber la douche verticale en lame circulaire plutôt qu'en pluie, et, si elle n'a pour but que d'affaiblir la percussion, celle-ci le remplit parfaitement, d'autant plus que, comme par la douche en pluie mobile, on a deux pommes dont les trous sont différents. Le luxe d'or-

ganes d'ajutage peut donc avoir quelque avantage
de mise en scène, mais ses avantages thérapeutiques sont nuls.

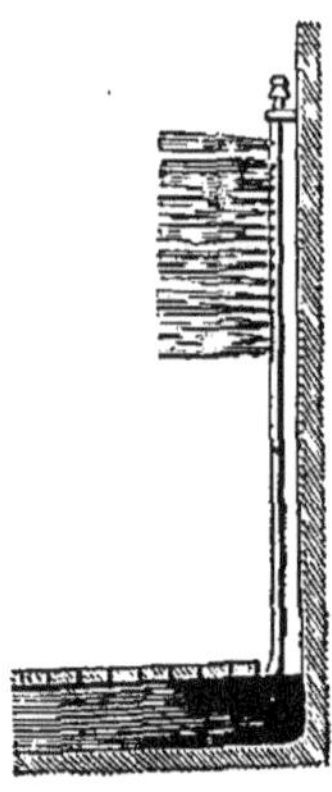

Fig. 9.
Douche en jets
paralèlles

Fig. 10.
Fauteuil à douche ascen-
dante.

5° *Douche vertébrale spéciale.* — Un appareil
qui a des avantages curatifs très réels, et même
importants, est celui que nous représentons dans la
figure 9 ; c'est une douche en fins jets parallèles qui
peuvent frapper perpendiculairement la colonne
vertébrale dans sa région cervicale, dorsale ou
lombaire, à volonté. Elle nous procure d'excellents
résultats dans les affections de la moelle en général, et aussi dans les affections hypocondriaques
rebelles, dans lesquelles les troubles cérébraux
jouent toujours un si grand rôle, primitif ou con-
sécutif.

Nous arrivons maintenant aux appareils affectés
au traitement des nombreuses maladies dont peu-

vent être atteints les organes situés dans le bassin ou à son alentour.

6° *Fauteuil à douche ascendante.* — Le premier, que nous représente la *figure* 10, est le fauteuil à douche ascendante. Elle s'emploie principalement dans les constipations rebelles, surtout dans celles des hypocondriaques, souvent si opiniâtres.

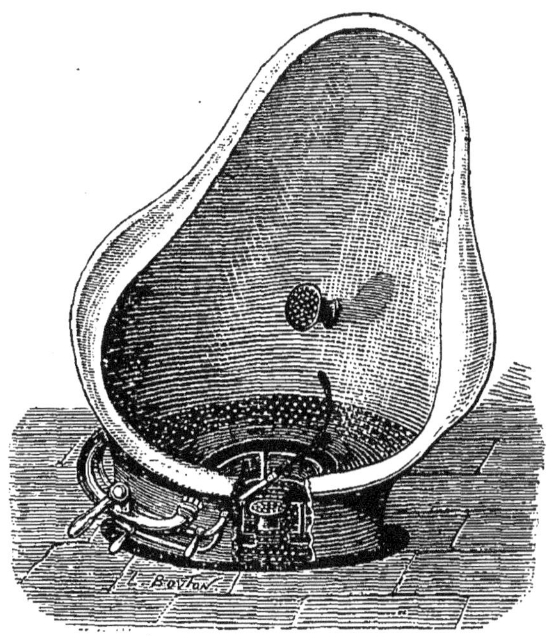

Fig. 11.
Bain de siège à douche vaginale.

7° *Bain de siège.* — La *figure* 11 est le bain de siège à douche vaginale, utérine, rectale et périnéale. Il offre aussi une douche en cercle à eau courante pour la partie inférieure du bassin et une douche en arrosoir pour les reins.

Les organes qui servent à l'administration de ces diverses douches se voient à première inspection de la *figure* 11.

Au milieu et un peu en bas se voit un cercle ouvert en avant : c'est le siège où s'asseoit la malade.

Tout autour de l'appareil et en bas se voit un second cercle formé de petits trous : c'est le bain de cercle ou plutôt la douche, dont tous les petits jets frappent la partie inférieure du siège.

Tout à fait en avant se voit une canule métallique sur laquelle est adaptée une canule en caoutchouc pour la douche vaginale.

Au centre de l'appareil en bas se trouve indiquée la place de la douche rectale et périnéale.

Enfin, au milieu de la paroi postérieure de l'appareil est figurée la douche lombaire en pluie.

En dehors, sont figurés les conduits et les robinets qui permettent d'alimenter, à volonté, chacune des douches ou plusieurs à la fois, suivant les indications.

Le conduit de décharge pour l'écoulement des eaux se trouve au centre et en bas. Ce conduit est, naturellement, calculé de façon à permettre l'écoulement, même quand la plupart, ou même tous les organes, fonctionnent à eau courante.

La *figure* 12 est, pour les hommes, la répétition de la *figure* 11 pour les femmes; on comprend bien, en effet, que les bains de siège, pouvant durer un grand nombre de minutes, on ne peut placer les appareils dans une salle commune aux deux sexes; il y a donc des appareils du côté des hommes et du côté des femmes.

Dans la *figure* 12, comme dans la précédente,
on voit le petit cercle qui représente le siège où
s'asseoit le malade, le grand cercle formé de petits
trous qui forment la douche en cercles du bassin ;
au centre et en bas, la douche périnéale qui est en
action, et, enfin, en arrière et au milieu de l'appareil, la douche lombaire en pluie.

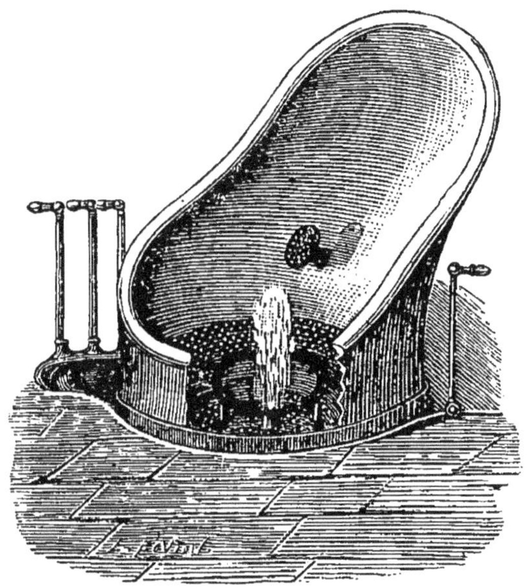

Fig. 12.
Bain de siège pour homme.

Sur les côtés se voient, à gauche, les clés qui
servent à ouvrir ou à fermer les robinets d'alimentation de l'appareil, et à droite, celle du robinet de décharge.

La *figure* 13 représente la douche de siège en
action, à eau courante ; la douche est très puissante et, comme la figure en donne une idée, très

abondante quand on donne une pleine ouverture au robinet d'alimentation.

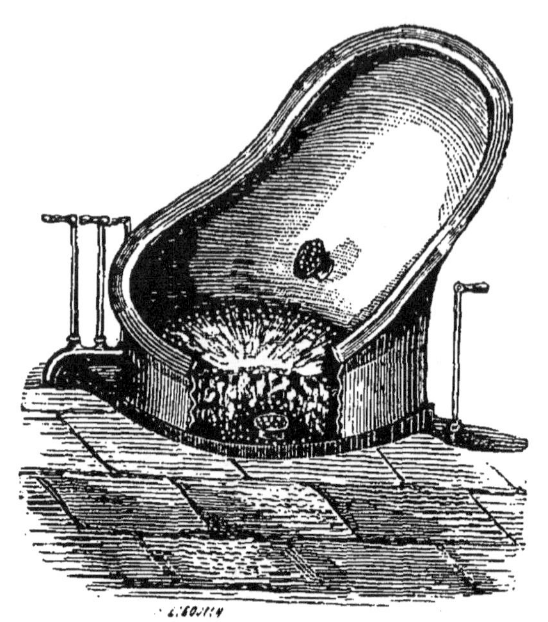

Fig. 13.
Douche de siège en action.

Derrière la douche de siège se trouve toujours la douche du bassin en cercle, figurée par les petits trous habituels ; et, enfin, au milieu et à la partie postérieure de l'appareil, la douche lombaire en pluie, comme dans les autres bains de siège.

Dans la *figure* 14, on voit en action la douche en pluie lombaire.

Au-dessous, se trouvent les petits trous du bain de cercle, du bassin, et, tout à fait en bas et au centre, l'orifice d'alimentation de la douche périnéale.

DUVAL, Hydr.

5

Le cercle de petits trous qui entourent cet orifice sert simplement à l'écoulement de l'eau qui se rend dans le tuyau de décharge.

8° *Pulvérisation de l'eau et appareils pulvérisateurs*. — Les bains d'eaux minérales ne peuvent naturellement être pris que là où l'eau minérale prescrite est en grande abondance, c'est-à-dire dans les stations même d'eaux minérales. Mais tous les malades, pour des motifs divers, ne peuvent pas se rendre aux eaux.

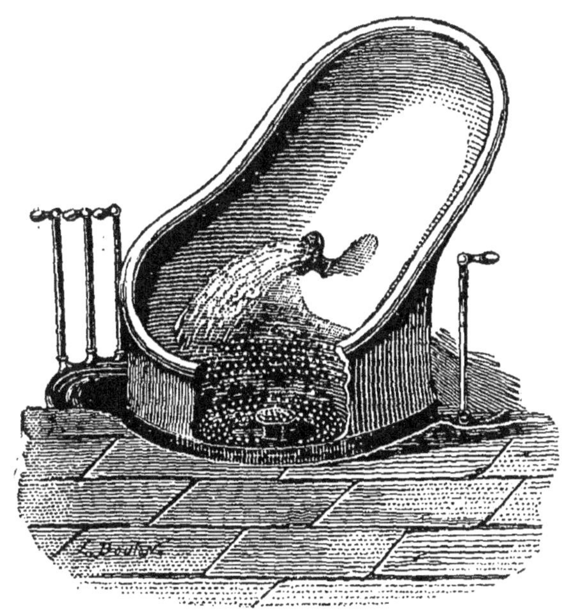

Fig. 14.
Douche en pleine lombaire.

Pour rendre les bains minéraux possibles aux malades de cette catégorie, Mathieu (de la Drôme) imagina, en 1859, un appareil qu'il désigna sous le nom d'*hydrofère*, et qui, par le moyen de la pulvérisation de l'eau, c'est-à-dire de sa réduction en véritable brouillard, permettait de donner un bain avec un ou deux litres, bain qui consistait à entourer le malade d'un brouillard minéral, dans une espèce d'armoire ou de guérite en verre. Nous n'avons pas à examiner ici jusqu'à quel point ce prétendu bain pouvait ou peut remplacer le bain ordinaire où le malade est plongé dans l'eau liquide (1) ; le bain à l'hydrofère pas plus que toutes les autres pulvérisations d'eau (inhalations diverses) n'appartient à la médication hydrothérapique.

Nous ne ferons même pas une exception pour la *douche* filiforme, imaginée par Sales-Girons, laquelle n'agit nullement comme douche, mais comme une sorte de scarification, quand elle est forte et prolongée ; et comme rien, quand elle est faible ou courte.

Nous donnons ces explications pour que le lecteur ne soit pas surpris de ne pas trouver ici des renseignements sur les diverses applications (en grande partie abandonnées aujourd'hui) de l'eau pulvérisée, et qu'il sache bien que nous ne faisons ici que de la véritable hydrothérapie.

1. Nous disons *liquide*, sans vouloir prétendre, bien entendu, que l'eau *pulvérisée* par l'hydrofère ou tout autre pulvérisateur soit à l'état de gaz, pas plus que l'eau de nos brouillards, où l'eau est divisée en particules encore plus fines que dans la pulvérisation artificielle.

ARTICLE II

MOYENS AUXILIAIRES DE L'HYDROTHÉRAPIE

Les applications hydrothérapiques n'ont d'action favorable qu'à la condition d'être faites dans des circonstances déterminées ; on a donné à ces circonstances le nom d'*auxiliaires* de l'hydrothérapie ; mais, en réalité, elles font partie de la méthode au même titre que les applications d'eau froide elles-mêmes.

On considère comme auxiliaires : 1º *La chaleur;* 2º *La sudation ; 3º L'exercice ; 4º Le régime.*

---

§ 1er. — DE LA CHALEUR.

Sur l'auxiliaire chaleur, nous serons très bref, car nous avons bien peu de chose à ajouter à ce que nous avons dit à propos de la température de l'eau, dans les applications hydrothérapiques. « La devise de l'hydrothérapie rationnelle, disait l'inventeur de cette prétendue hydrothérapie, est EAU FROIDE, AIR CHAUD, » et c'est lui qui souligne deux fois cette devise, pour en bien marquer l'importance. Mais, par cette devise obscure, et qui pourrait comprendre beaucoup de choses, il entend seulement que le local ou les locaux dans lesquels se tiennent les malades avant, pendant et après les applications hydrothérapiques, doivent être en tout temps à une douce température. Tout cela aboutit à cette règle, savoir que les cabinets de toilette, et les salles de douches de l'hydrothérapie *rationnelle* doivent être chauffées, pendant les saisons fraîches ou froides, à 16, 18 et 20 degrés centigrades.

Nous nous expliquerons amplement à cet égard en traitant de l'état dans lequel doivent être les malades qui suivent le traitement hydrothérapique.

Il y a toutefois un mode d'application de la chaleur qui demande une étude spéciale, c'est celui qui fait l'objet de l'article qui va suivre.

———

§ 2. — DE LA SUDATION.

La provocation des sueurs ou sudation précédant les applications hydrothérapiques, avait une telle importance pour Priessnitz, au début de sa pratique, que Scoutetten nous informe, que l'hydrothérapie consiste dans l'emploi méthodique de *l'eau froide*, du *régime* et des *sueurs,* mettant ainsi sur la même ligne chacun de ces trois moyens de la médication hydrothérapique. Cependant, quoique le troisième de ces moyens lui appartienne comme le premier, au moins considéré dans la généralisation de son emploi, Priessnitz n'en réduisit pas moins considérablement l'application, après quelques années d'exercice. Ainsi, Schedel, qui visita Græfenberg quelques années seulement après Scoutetten, nous apprend que « ce procédé, tant prôné et encore tant employé dans les établissements hydrothérapiques, paraît comparativement abandonné par son auteur à qui l'on reproche même son abandon. Actuellement, tel malade qu'autrefois il faisait transpirer deux fois par jour, est tout surpris de se voir défendre ce moyen, et, dans les cas où Priessnitz y a recours, c'est évidemment avec beaucoup moins d'exagération. Il se défend, il est vrai, du reproche qu'on lui adresse, en faisant observer qu'il avait jadis affaire à des paysans robustes, tandis que, maintenant, les citadins affaiblis constituent la grande majorité de ses malades, et que même un grand nombre d'entre eux ne lui arrivent qu'après avoir été soumis à des transpirations pendant des mois entiers. Il est cependant plus probable que certaines conséquences fâcheuses bien avérées l'auront rendu plus circonspect ; car jamais *aux* malades qui lui arrivent d'autres établissements, jamais il ne *leur* adresse (*leur* est de trop, mais passons cette faute au bon Schedel, qui était resté un peu allemand) « de question sur ce qui a été fait antérieurement. Toutefois, si sa remarque est fondée, et elle doit l'être en partie, il est évident que ses imitateurs empressés n'ont pas eu le bon sens de réfléchir à la distinction très pratique qu'il établit entre les paysans sur lesquels il a débuté et les citadins qui se placent maintenant entre ses mains. »

Et dans cette critique très modérée, quoique

non encore exempte de tout préjugé professionnel,
on reconnaît avec plaisir l'esprit d'équité et de
modération de Schedel ; on voit que si Priessnitz
a eu des exagérations et des défauts dans l'application de la sudation, ce qui, du reste, n'est pas
absolument démontré, il s'en est du moins corrigé. Il ne s'est pas corrigé, par exemple, non
plus que beaucoup de ses imitateurs, du procédé employé pour provoquer les sueurs ; mais en
cela il est excusable, car il est douteux qu'il ait
jamais connu un autre procédé que celui qu'il
avait inventé. On sait qu'à Græfenberg, on obtenait la sudation en enveloppant étroitement le
malade dans une double et même une triple couverture de laine, et en recouvrant d'un édredon
couvertures et malade ; d'autres fois, on envelop-
pait d'abord le malade dans un drap mouillé et
tordu par-dessus lequel on plaçait les couvertures ; on a donné à ce procédé le nom juste d'*emmaillottement*. Dans l'un comme dans l'autre cas,
on provoque avec plus ou moins de difficultés et
surtout de temps une sueur abondante.

Le procédé de l'emmaillottement a de nombreux
inconvénients, qui l'ont fait abandonner à peu
près universellement. Nous dirons seulement qu'il
doit être conservé pour les cas où l'on juge les sudations utiles et où le malade ne peut se tenir
debout ni assis.

Fleury a substitué au procédé de l'emmaillottement la sudation dans l'étuve sèche, et, en cela, il
a rendu un réel service à la nouvelle méthode hydrothérapique.

Son procédé est aujourd'hui à peu près universellement suivi. Voici comment il en décrit lui-même l'application :

« Le malade, entièrement nu, est placé sur une chaise dite *chaise à sudation*, dont le siège est élevé de 65 centimètres au-dessus du sol ; les pieds reposent sur un escabeau adhérent à la chaise ; entre les pieds de devant est placée une planche destinée à préserver les mollets d'une grande chaleur ; mais cette planche, le siège et l'escabeau sont percés de trous d'un centimètre de diamètre, destinés à donner passage au calorique ; sur le siège est placé un drap plié en plusieurs doubles, de façon à ne déborder dans aucun sens ; il est destiné à préserver les fesses du malade.

« Le malade étant assis, la chaise est entourée d'arrière en avant par une grande couverture en laine que plusieurs arcs de bois ou en acajou, maintiennent écartée du malade, de sorte que celui-ci se trouve enfermé dans une atmosphère close, d'une étendue déterminée par les dimensions de la chaise et des arcs qui l'entourent.

« La couverture est fixée supérieurement autour du cou du malade par une forte épingle ; inférieurement les deux bouts sont ramenés en avant et fixés également par une épingle.

« Une seconde couverture est disposée de la même manière, et recouverte à son tour par un large manteau imperméable attaché autour du cou par des cordons.

« Une lampe à alcool munie de quatre becs est alors placée sur le sol, au milieu de l'espace circonscrit par les quatre pieds de la chaise, et l'opération commence. Le pouvoir calorique de la lam-

pe peut être augmenté ou diminué à volonté, soit
en élevant ou en abaissant les mèches, soit en étei-
gnant un ou plusieurs becs avec un éteignoir qu'on
laisse en place, afin que les mèches ne se rallument
pas spontanément.

« Lorsque l'on veut mettre fin à l'opération, l'on
enlève le manteau imperméable, le premier ; la
première couverture et les épingles de la deuxième ; le malade se lève en croisant sur sa poitrine
la troisième couverture que l'infirmier soulève par
derrière et fait passer par-dessus le dossier et les
arcs de la chaise ; ainsi enveloppé, le malade se
dirige vers la piscine ou la douche, suivant que
l'opération doit être terminée par une immersion
ou une douche générale en pluie, en jet ou en
nappe. La durée de l'application froide ne doit
guère dépasser deux minutes. »

Comparativement aux boîtes ou caisses qu'on
avait employées autrefois pour administrer des
sudations, la chaise que décrit Fleury est un progrès ; mais cette chaise à sudation, comme il l'appelle, peut être parfaitement remplacée par une
chaise ordinaire en bois, en ayant soin, toutefois,
de mettre entre les pieds de devant une serviette
pour préserver les jambes d'une chaleur trop
intense. Le malade, dans cet appareil, écarte le
contact des couvertures avec son corps ou ses
membres, en tenant dans ses mains un cerceau
d'un diamètre suffisant.

Tout étant disposé comme il a été dit ci-dessus,
soit à l'aide d'une chaise simple, soit à l'aide de la
chaise de Fleury, il ne reste plus qu'à mettre
l'appareil en fonction. Il y a quelques nuances à

observer suivant le but que se propose le médecin, par la sudation. Ce but peut être simple.:

1° On se propose seulement d'exciter et d'échauffer la peau, de façon à augmenter le contraste entre la température de l'enveloppe cutanée et celle de l'eau froide, et d'obtenir ainsi des effets perturbateurs plus prononcés ; c'est ce qu'on appelle la *sudation simplement excitante ;*

2° Dans cette sudation comme dans les autres, on obtient aussi, ainsi que nous l'avons dit, une très grande atténuation dans l'impression désagréable que produit le contact de l'eau froide, contrairement à ce que l'on pourrait croire *a priori,* et à ce que croient, en effet, beaucoup de personnes ; or, il est si loin d'en être ainsi que, lorsque la sudation et, par conséquent, le séjour dans l'étuve, ont été poussés un peu loin, ce n'est pas avec appréhension et douleur qu'on reçoit l'application de l'eau froide, mais avec un véritable plaisir.

Quand on ne recherche dans la sudation que l'effet excitant et l'atténuation de l'impression désagréable de l'eau froide, le malade doit sortir de l'étuve dès que la sudation est bien établie, ce qui a lieu d'habitude au bout de vingt ou trente minutes, très rarement quarante au plus.

La race nègre serait-elle plus réfractaire que la blanche à la sudation? Voici pourquoi nous posons cette question : Chez un nègre de Cayenne qui nous avait été adressé par le professeur Béhier et que nous crûmes devoir soumettre à la sudation, nous ne pûmes pas obtenir la sueur même après deux heures d'étuve. Cette résistance appartenait-elle à l'individu ou à la race ? Comme nous n'avons pas appliqué la sudation à d'autres nègres, nous ne pouvons que rester dans le doute ; mais nous ne serions nullement étonné qu'une race destinée à vivre sous le soleil des tropiques fût, en effet, très réfractaire à la sudation ; il est clair que si les naturels des tropiques suaient sous l'action du soleil comme nous y transpirerions nous-mêmes, ils seraient constamment dans un état d'affaiblissement incompatible avec l'état de santé et probablement avec une longue durée de la vie.

On a conseillé, lorsqu'on ne cherche que l'effet excitant, calorifiant de l'étuve et l'atténuation de la sensation pénible que produit l'eau froide, de faire marcher la calorification rapidement, et pour cela d'allumer les quatre ou même cinq becs de lampe. Le conseil est rationnel et bon à suivre ; seulement cet échauffement rapide doit être attentivement surveillé ; l'atmosphère de l'étuve portée rapidement à 50 ou 55 degrés centigrades, provoque d'habitude, quand on ne prend pas les précautions que nous indiquerons plus loin, une vive chaleur à la peau, une accélération considérable du pouls, et bientôt des battements incommodes des artères temporales, quelquefois un gonflement des veines frontales ; bientôt, la température intérieure du corps augmente elle-même, la face se congestionne, la respiration se précipite, des bourdonnements d'oreilles se manifestent ; des nausées même peuvent survenir, et l'on a bientôt les symptômes menaçants d'une congestion cérébrale. Avant donc que ces symptômes soient arrivés même au degré que nous venons de décrire, il faut arrêter la sudation, qui doit être depuis assez longtemps nettement établie. Est-il nécessaire, pour préciser le moment de la suspension, de placer un thermomètre sous la langue comme le conseille Fleury, et d'arrêter la sudation au plus tard quand la température de la bouche a augmenté de 2 degrés centigrades ? Nous répondrons que non seulement cette constatation n'est nullement utile, mais qu'elle n'a jamais été faite sur le malade par celui qui la conseille. L'observation attentive du facies du malade placé dans l'étuve, le toucher de la peau de son visage et surtout du cou ; au besoin, les pulsations des artères temporales, assez faciles à palper, l'apparition de la sueur, sont des indices très suffisants pour indiquer au médecin attentif le moment de suspendre l'opération ; ajoutons que ce moment précède toujours d'assez longtemps, de dix minutes au moins, celui où les symptômes que nous avons énumérés peuvent devenir menaçants. Mais, répétons-le, on peut toujours empêcher le développement de ces symptômes en employant les précautions que nous allons indiquer.

Fleury a fait remarquer que Priessnitz n'a jamais appliqué la sudation comme calorifiante, excitante, révulsive, ainsi qu'il l'appelle aussi (1), et que même le procédé de Græfenberg ne comptait pas une seule application de cette espèce.

1. Nous glisserons rapidement ici sur toutes ces dénominations de l'hydrothérapie dite rationnelle. La légitimité de toutes ces appellations sera discutée et jugée au chapitre où nous étudierons la doctrine hydrothérapique.

Nous avons pour règle de donner au malade soumis à la sudation des gorgées d'eau froide toutes les cinq ou au plus dix minutes, même plus souvent, s'il se sent disposé à les prendre ; la température de l'eau ne doit pas être de plus de 10 degrés ; si elle a moins, cela n'en vaut que mieux. En même temps nous faisons toujours appliquer sur la tête des linges mouillés, constamment renouvelés, de façon à empêcher l'échauffement de la tête. Ces simples précautions nous ont toujours suffi pour empêcher le développement des phénomènes que nous avons signalés, notamment les menaces de congestion cérébrale. Il faut ajouter que cette absorption fréquente de petites quantités d'eau froide, loin de contrarier la sudation, la favorise, au contraire. Les précautions que nous indiquons sont donc avantageuses à tous les points de vue. Quelle quantité d'eau le malade doit-il boire pour ne pas dépasser la dose convenable ? C'est ce qu'il n'est pas facile de fixer d'une manière absolue. C'est évidemment la quantité de liquide exhalé qui détermine la soif du malade, et il est indiqué que cette soif doit être satisfaite ; mais si cependant cette soif était poussée à un point extrême, et que pour l'apaiser le patient bût des quantités d'eau considérables, n'en pourrait-il pas résulter des inconvénients plus ou moins graves? On a accusé Græfenberg d'avoir causé nombre de dyspepsies par la grande quantité d'eau qu'on y buvait ; mais il faut remarquer d'abord qu'il ne s'agit pas, dans ces cas, d'eau prise pendant les sudations, mais bien dans le cours de la journée ; il est juste d'ajouter, à l'exemple de Schedel, que les malades qui se livraient à une consommation exagérée d'eau ne le faisaient point par ordonnance de Priessnitz, mais, au contraire, en outrepassant ses prescriptions. Nous ne savons, du reste, si ces dyspepsies étaient réelles ou non; nous n'avons guère sur ce point que des assertions, mais point de preuves positives.

En ce qui nous concerne, nous pouvons affirmer qu'en donnant l'eau comme nous venons de le conseiller, nous n'avons jamais eu l'occasion de constater la moindre action fâcheuse sur l'estomac, encore moins de véritables dyspepsies.

Il nous paraît, d'après cela, assez inutile de disserter, sur les dangers de l'ingestion de l'eau froide pendant que le corps est en sueur ? Nous sommes loin de contester ces dangers, sur lesquels beaucoup de médecins ont insisté; mais ce serait une confusion bien regrettable que de confondre les circonstances qu'avaient en vue les médecins dont il s'agit et celles dans lesquelles l'hydrothérapie place les malades : les bains froids ordinaires aussi sont fort dangereux pris lorsque le corps est en sueur ; cependant, il est bien avéré aujourd'hui que la douche prise après la sudation n'a jamais d'inconvénients.

Mais certains insistent et parlent aussi d'indigestions observées à Græfenberg ; nous ferons, à propos de ces indigestions, vraies ou fausses, la même réponse qu'à propos des dyspepsies.

Est-il nécessaire d'ouvrir les fenêtres de la pièce où se donne la sudation, dès que la transpiration est bien établie, pour que le malade respire l'air frais? Cela dépend de la température à laquelle se trouve cette pièce : si la température y est de 20°, par exemple, ou au-dessus, il est possible que le malade se trouve bien de respirer un air plus frais ; mais, en cela, c'est sa convenance qu'on doit prendre pour guide ; on ne saurait formuler un précepte qui doive être suivi dans tous les cas.

Nous avons dit que les précautions que nous recommandons ont le grand avantage, lorsque la sudation a pour but principal ou exclusif la provocation d'une transpiration abondante, de permettre de prolonger l'opération pendant longtemps. Quelle doit être la limite maximum de sa durée? Nous la portons volontiers à quarante, cinquante minutes et même une heure, mais nous ne pensons pas qu'on doive jamais passer deux heures.

La sudation étant, ainsi, exempte de tout accident, peut-on la répéter pendant plusieurs semaines ou même plusieurs mois, renouvelé tous les jours.

« Les sudations trop fréquentes ou trop prolongées, dit Fleury en parlant de l'hydrothérapie *empirique* (celle de Priessnitz), amènent des pertes trop considérables, et jettent souvent les malades dans la faiblesse et l'amaigrissement. » Mais pourquoi à Græfenberg les sudations étaient-elles *trop* fréquentes et *trop* prolongées? C'est ce que Fleury ne dit pas.

Baldou n'est pas beaucoup plus explicite : « L'expérience m'a démontré, dit-il, qu'une sudation d'une heure et même moins, continuée pendant quelque temps, occasionne une plus grande déperdition de forces que le bain froid qui suit ne peut en donner, quel que soit son degré de froid ou de durée ; d'où il suit que si ces applications sont longtemps continuées, chaque jour apporte un déficit dans les forces du malade, qui arrive ainsi à un résultat opposé à celui qu'on espérait, et même qu'il devait légitimement se croire en droit d'espérer, d'après ce qu'il avait éprouvé dans le commencement du traitement (1). »

On voit que cet honorable hydropathe, tout en disant un peu plus que Fleury, n'en dit pas encore assez : *quelque temps* et *longtemps* sont des locutions trop élastiques pour fixer le praticien. Mais était-il possible de préciser davantage ? Nous ne le pensons pas ; il n'y a donc pas, à notre avis, de reproches à faire à Baldou ; ce qu'on pourrait lui reprocher, c'est de n'avoir pas recommandé à ceux de ses confrères qui voudraient se livrer à la pratique de l'hydrothérapie de surveiller attentivement les malades soumis à la sudation, et de suspendre l'usage de ce moyen dès qu'on s'apercevait d'un affaiblissement quelconque de leurs forces, surtout si cet affaiblissement avait lieu sans que la maladie contre laquelle on dirige les sudations fût atténuée. L'hydrothérapie, d'ailleurs, a généralement pour effet de fortifier les malades, elle ne doit jamais les affaiblir. Nous ne pouvons, au surplus, que rappeler ici la remarque que nous aurons encore bien des fois l'occasion d'exprimer, c'est l'observation scrupuleuse du malade qui doit servir de guide au

1. Baldou, *Instruction pratique sur l'hydrothérapie*, Paris, 1857, p. 608.

médecin, et non le thermomètre, le baromètre ou le calendrier. Et à ce propos nous dirons que, connaissant la prudence de notre premier et excellent maître, ce n'est pas sans étonnement que nous avons pu lire dans son ouvrage les lignes suivantes : « Les sudations longtemps continuées affaiblissent chaque jour les malades... » Est-ce que Baldou aurait continué longtemps les sudations *après* qu'il se serait aperçu que le malade s'affaiblissait? Nous osons répondre du contraire. C'est donc, assurément, en se fondant sur l'induction ou sur l'observation de ce qu'il a vu chez les autres que notre maître a pu écrire les lignes que nous venons de citer, qui prononcent en apparence, mais en apparence seulement, sa condamnation.

Lors de l'innovation de l'étuve sèche, des dissentiments se sont élevés sur la *nature* de la transpiration provoquée par le nouveau procédé et celle du procédé Priessnitzien de l'emmaillottement; les uns prétendaient que la chaleur et la transpiration, résultant de la concentration et du rayonnement du calorique du corps, étaient plus *naturelles* et avaient de meilleures conséquences curatives que celles qui étaient dues à un échauffement en partie artificiel. Cette discussion byzantine prouve une fois de plus que toutes les absurdités sont possibles en médecine; Fleury a démontré la fausseté de la distinction qui a été établie par des esprits mystiques, et que, malgré son argumentation irréfutable, quelques hydropathes allemands et même quelques médecins français continuent encore à admettre.

Quelle que soit l'espèce de sudation, excitante, spoliatrice, dépurative..., elle est toujours, bien entendu, suivie d'une application d'eau froide ; il est essentiel que cette application se fasse immédiatement après la sortie de l'étuve ; par conséquent, on ne doit soumettre à la sudation que les malades qui n'éprouvent aucune hésitation à recevoir l'application de l'eau froide, et avec lesquels on n'est pas quelquefois obligé de parlementer une ou plusieurs minutes ; quand on veut ne pas éprouver de déceptions et d'accidents, il faut, en hydrothérapie comme en toute autre chose, savoir prendre les mesures qui assurent le succès.

---

§ 3. — De l'exercice.

« L'exercice à Græfenberg, dit Schedel, consiste en longues promenades, et en divers mouvements destinés à fortifier les membres supérieurs, tels que l'action de scier et couper du bois. Aussi, tous les malades sont pourvus d'une scie, d'un chevalet et d'une hache. Les dames et les jeunes personnes doivent aussi se livrer aux mêmes exercices. »

Ce qu'il faut retenir de la pratique de Priessnitz, c'est que l'exercice est le meilleur moyen de déterminer la réaction, indispensable après les applications hydrothérapiques ; c'est que la marche est le meilleur des exercices, mais que, lorsque le temps est contraire à la promenade, qu'on n'a pas un promenoir couvert, ou que, pour un motif quelconque, les malades ne peuvent ou ne veulent pas se livrer à la marche, les exercices gymnastiques ou tout travail corporel, fût-ce celui de scier du bois ou de bêcher la terre, peuvent remplacer la marche, sinon avec avantage, au moins sans trop d'inconvénients. Il est à peine utile d'ajouter que, si les exercices gymnastiques sont très bons pour les enfants et les jeunes gens, ils sont pour la plupart interdits aux personnes d'un certain âge, et que leur application est, par conséquent, bien plus bornée que celle des travaux manuels.

§ 4. — DU RÉGIME DANS LE TRAITEMENT HYDRO-THÉRAPIQUE.

Fleury avait dit : « Le traitement hydrothérapique excite singulièrement l'appétit. Les applications de l'eau froide stimulent les organes ; l'exercice musculaire et les sudations augmentent le chiffre matériel, des pertes quotidiennes que subit l'économie par combustion, les sécrétions, etc... »

« Loin de prescrire la diète, dit Schedel, Priessnitz conseille aux malades qui sont en traitement à Græfenberg de *manger beaucoup*, et de prendre des aliments substantiels, pour remédier à la perte de forces que produit le travail hydrothérapique, et pour faciliter les efforts de la nature,

qui cherche à repousser au dehors les humeurs
peccantes. Aussi les malades *dévorent-ils* plutôt
qu'ils ne mangent... »

Scoutetten, de son côté, avait écrit huit ans
avant Schedel :

« Le repas est très frugal : un plat de viande,
des légumes, des fruits selon la saison, de l'eau en
abondance, voilà tout le dîner. On varie les mets ;
quant au nombre, il n'augmente que dans de
rares occasions. Les aliments sont préparés avec
une simplicité rustique, qui serait intolérable
dans les conditions ordinaires de la vie ; mais
« à Græfenberg, la vigueur de l'appétit ne connaît pas d'obstacle, et, *ce qu'on y mange est
effrayant.* »

Quelquefois seulement, Priessnitz conseillait de
manger moins, et, pour arriver plus facilement à
faire observer cette prescription, il recomman-
dait de commencer le dîner par boire en peu de
temps quatre ou cinq verres d'eau froide.

On voit que ce n'est point par excès de parci-
monie que péchait Priessnitz, et Schedel fait
encore remarquer que les malades qui venaient à
Græfenberg « reprochaient *tous* à leurs médecins
de les avoir tenus plus ou moins à la diète, *même
dans d'autres établissements hydrothérapiques*
où ils avaient suivi le traitement. »

On ne péchait donc pas par abstinence chez
Priessnitz ; n'y péchait-on pas par un excès contraire ? S'il s'agissait d'établissements situés dans
nos grandes villes et même dans beaucoup de campagnes, nous n'hésiterions pas un instant à répondre affirmativement ; mais il est bien possible

que dans l'atmosphère pure, vive et fraîche des montagnes, les malades digérassent une quantité d'aliments dont la digestion serait bien pénible et bien incomplète dans nos conditions urbaines ou même de plates campagnes. Encore est-il douteux que *tous* les malades mangeassent autant qu'on s'est plu à l'écrire : quand les repas se bornent à un petit nombre de mets substantiels et de préparation simple, il est rare que l'estomac ne se contente pas de ce qui lui est nécessaire, et, sous ce rapport, on ne saurait trop approuver la pratique de Priessnitz ; quand il y a abondance de mets, c'est moins l'estomac que le palais qui commande l'appétit, et, dans ces cas, nous n'hésitons pas à affirmer que les malades mangent trop, et que l'efficacité du traitement en est ralentie, sinon parfois empêchée ; c'était aussi l'avis de Fleury.

« Sous l'influence du traitement hydrothérapique, dit Fleury, les malades mangent en général beaucoup trop, soit d'une façon absolue, soit d'une façon relative, et le médecin doit à cet égard exercer une surveillance sévère.

« Il ne suffit pas, en effet, d'ingérer une quantité considérable d'aliments ; il faut digérer et assimiler ; or, d'une part, la faculté de digestion et d'assimilation n'est pas illimitée, et, d'autre part, elle n'est pas toujours en rapport avec les excitations de l'appétit, et se développe moins rapidement que ce dernier.

Les sujets qui mangent trop, absolument ou relativement, sont exposés, sans aucun profit pour leur état général, à se donner une maladie de l'estomac, s'ils ne l'ont pas, ou à exaspérer celle dont ils souffrent ; l'excès d'alimentation est une cause puissante de gastralgie, de dyspepsie, d'embarras gastrique, d'indigestion, de troubles nerveux de toute sorte ; souvent j'ai été obligé d'en combattre les résultats chez des malades indociles par la diète, les purgatifs, les vomitifs ; par des moyens qui enrayent le traitement hydrothérapique et en retardent les bons effets. »

« Sauf peut-être une légère exagération, et une de ces redondances chères à Fleury dans les mots *gastralgie, dyspepsie, embarras gastrique...*, presque tout est vrai dans ce passage, et la conséquence à en tirer, c'est qu'il faut, comme il le dit encore aux malades soumis au traitement hydrothérapique, un bon régime analeptique, des aliments substantiels bien préparés, mais des mets peu nombreux.

Toutefois, c'est en fait de régime surtout que le médecin doit interroger attentivement les besoins, les appétits et les susceptibilités morbides de chaque malade ; il est évident qu'il ne prescrira pas exactement le même régime à un goutteux, à un dyspeptique, à un choréïque... etc. On ne peut tracer ici, en fait de régime, que des préceptes généraux ; le praticien observateur doit toujours mettre plus ou moins du sien dans l'application. Maintenant, le médecin qui dirige un établissement prescrit ce qu'il veut ; mais ce qu'il veut n'est pas toujours ce qu'il peut : par exemple il peut croire, comme Priessnitz, et avec raison, que la meilleure boisson est, pour la plupart des malades au moins, l'eau pure et fraîche ; mais quand les malades prennent leur repas dans la maison dont le médecin traitant est le chef, on comprend combien il lui est difficile d'insister auprès des malades qui aiment le vin, pour qu'ils s'en abstiennent : aussi les malades indociles ne sont-ils pas très rares, et l'on s'explique facilement, sans que nous ayons besoin de fournir d'autres explications qu'on soit trop souvent obligé de respecter, ou tout au moins de tolérer leurs goûts et leurs habitudes. Nous conseillons donc pour la pratique de l'hydrothérapie un régime qui se rapproche de celui de Priessnitz ; mais nous conseillons ce que nous croyons utile, et non pas ce que nous faisons toujours, sans qu'il y ait de notre faute dans ce manquement à nos principes.

Il ne paraît pas qu'on se soit préoccupé à Græfenberg, où l'eau froide était en si grand honneur, de la température de l'alimentation solide. C'est un tort grave. « La température des aliments, dit Fleury, n'est pas indifférente ; c'est une question qui présente de l'intérêt. Le régime froid ne doit être ni érigé en règle générale ni complétement abandonné ; plusieurs fois *il nous a paru* avoir des avantages. »

Il y a un peu de bon dans ses paroles ; mais il s'en faut de beaucoup que ce soit là tout ce qu'il y avait à dire. Si le régime froid n'a que *paru* avoir du bon plusieurs fois, c'est qu'assurément l'observateur a mal regardé ; nous sommes certains, nous, que ce régime n'a pas seulement *paru* avoir, mais a positivement eu des avantages dans *beaucoup* de cas, et qu'il devrait être érigé en règle générale, si les habitudes prises n'opposaient trop souvent à cette prescription un obstacle insurmontable. Nous sommes certains, par exemple, qu'il nous a procuré dans la chlorose, des guérisons beaucoup plus promptes que nous ne les aurions obtenues par le régime chaud, et même des guérisons que nous aurions eu beaucoup de peine à obtenir. Dans les affections gastriques il est également indiqué chèz la plupart des malades et indispensable chez quelques-uns. Il faudra donc, suivant nous, prescrire ce régime toutes les fois qu'on le pourra, car les contre-indications viennent toujours des répugnances des malades et presque jamais de la nature des maladies. Cela, comme on voit, ne veut pas dire que ces répugnances ne devront jamais être respectées ; mais on devra toujours les combattre par des conseils, et, dans quelques cas, les vaincre absolument, peu à peu sinon brusquement, par exemple quand des maladies sérieuses, ordinairement curables par l'hydrothérapie, auront résisté trop longtemps, à un traitement hydrothérapique, d'ailleurs bien dirigé.

Nous n'aurions rien à ajouter à ce que nous avons dit précédemment de l'usage de l'eau froide, si on ne lisait dans l'ouvrage de Fleury les lignes suivantes :

« L'eau froide pour unique boisson peut être prescrite avec avantage aux individus pléthoriques, aux malades qui ont commis de grands excès de table, qui sont atteints d'une gastrite chronique, d'une affection du foie, aux goutteux, aux graveleux ; mais elle est moins salutaire lorsqu'on l'applique aux sujets chlorotiques, anémiques, scrofuleux, névropathiques, etc. ; »

« Nous avons vu des personnes atteintes de gastralgie, d'entéralgie, dont les souffrances avaient été notablement exaspérées par le régime aqueux et dont nous n'avons obtenu la guérison qu'en substituant à celui-ci l'usage modéré du vin et même de certaines liqueurs alcooliques, telles que l'anisette, le curaçao, usage qui peut parfaitement s'allier avec la médication hydrothérapique.

« Nous devons ajouter, néanmoins, que les cas de ce genre sont très exceptionnels, et qu'une eau pure, fraîche, à dose modérée, est, en général, la meilleure de toutes les boissons.

« Ici, *comme partout et toujours*, il n'existe pas de règle générale ; c'est au médecin qu'il appartient de saisir les indications et de s'y conformer. Le vin, même à petites doses, est funeste aux goutteux, aux malades atteints de congestion chronique du foie, mais il peut être prescrit avec avantage dans certains cas de convalescence, d'anémie, de cachexie.

« Dans les établissements publics où l'usage devient si facilement abus, où il est impossible d'établir parmi des malades assis à une table commune des mesures d'exception, le vin ne doit être permis que sous forme de vin médicinal : vin de quinquina, vin de gentiane, etc.

« Il faut d'ailleurs se rappeler et apprendre aux malades que le vin n'est pas un reconstitutif ni même un véritable tonique, mais seulement un excitant, et un excitant plus souvent nuisible qu'utile.

« En l'absence de tout véritable reconstitutif pharmaceutique, la thérapeutique usuelle fait un véritable abus du vin ; à tout malade anémique, cachectique, affaibli, dyspeptique, scrofuleux phthisique, etc. Elle prescrit le vin de Bordeaux, et elle croit avoir satisfait à toutes les indications. Le malade commence par ne boire qu'une petite quantité de vin, et il en éprouve une certaine quantité de force et de bien-être ; mais bientôt l'effet cesse de se produire, et une quantité plus considérable de vin est ingérée ; les doses sont ainsi progressivement augmentées ; mais, à un certain moment, l'effet désiré n'est plus obtenu, et le vin, loin de fortifier le malade, semble l'affaiblir de plus en plus.

« Que de fois n'ai-je pas vu le vin exaspérer les accidents qu'il était destiné à combattre, chez des sujets affectés de dyspepsie, de congestion chronique du foie, d'irritation gastrique, rénale, vésicale, spinale, etc., de nervosisme, de pertes séminales, de palpitations nerveuses, d'hypochondrie, etc., etc. ? Peut-on s'en étonner lorsqu'on connaît l'action physiologique des boissons alcooliques ? »

Comment se fait-il qu'on ne puisse établir une règle *générale* sur le régime de l'eau, quand le vin n'est que *très exceptionnellement* utile ? Il y a beaucoup de règles qui passent pour générales quoiqu'elles souffrent d'assez nombreuses exceptions, à plus forte raison quand ces exceptions sont très rares. Nous affirmons, de par notre expérience, que le vin n'est jamais utile dans le traitement de la chlorose, et que l'eau l'est à peu près toujours.

Est-il nécessaire, à propos du régime hydrothérapique, de parler de la diète lactée, des diverses eaux minérales, etc. ? En aucune façon. Il est bien entendu que lorsque le médecin croira avoir des raisons suffisantes pour prescrire un de ces moyens, il le fera comme il le ferait si le malade se trouvait dans les conditions ordinaires ; l'hydrothérapie n'est pas une contre indication des purgatifs, quand ceux-si sont jugés nécessaires.

Priessnitz ne proscrivait pas seulement du régime hydrothérapique le vin et les liqueurs alcooliques, il en proscrivait aussi les épices, la moutarde, le thé, le café, les acides, par conséquent le vinaigre ; en un mot, tous les excitants ou ce qu'il considérait comme tel. Tous les hydropathes ou à peu près ont maintenu ces exclusions, quoique leurs inconvénients, ceux du café et du thé faibles, notamment, et aussi ceux du vinaigre en proportion très modérée, ne soient pas bien démontrés, au moins dans toutes les maladies, la scrofule par exemple. D'une manière, générale nous avons cependant suivi l'usage adopté, qui, s'il n'a pas des avantages bien prononcés, nous paraît du moins exempt d'inconvénients.

ARTICLE III

TRAITEMENT HYDROTHÉRAPIQUE

§ 1ᵉʳ. — DANS QUEL ÉTAT LES SUJETS SOUMIS AUX APPLICATIONS HYDROTHÉRAPIQUES DOIVENT-ILS SE TROUVER?

Il est bien entendu qu'il ne se peut agir ici que des conditions dans lesquelles le malade peut se placer, abstraction faite de sa maladie.

Qu'il soit à jeun ou du moins assez éloigné de l'heure de son dernier repas, c'est une condition qu'il est inutile de rappeler à quiconque a une notion élémentaire d'hygiène.

Une autre notion que l'on devinerait peut-être moins et qui est pourtant presque aussi essentielle, c'est que le sujet n'ait pas froid quand il arrive sous la douche ou à la piscine ; c'est cette condition presque seule qui justifie le chauffage des cabinets de toilette et des salles de douches. Priessnitz faisait marcher rapidement les malades avant de prendre la douche ; mais, outre que tous les malades ne peuvent pas marcher, le mauvais temps joint au froid met souvent un obstacle à la marche ; de plus, il faut conserver ses forces pour l'exercice après l'application, parce que cet exercice est une partie essentielle du traitement,

et par conséquent obligatoire. Quant à la raison
pour laquelle il est nécessaire d'avoir chaud avant
les applications hydrothérapiques, c'est que chez
le sujet qui prendrait la douche ayant froid, la
réaction serait souvent fort difficile, et parfois
même impossible, quand le malade est très faible.

Outre ces règles générales, qui s'appliquent à
tous les malades, il est une question qui concerne
spécialement les femmes : doit-on commencer ou
continuer les applications hydrothérapiques pendant l'époque menstruelle? Des milliers de faits
ont aujourd'hui répondu à la seconde de ces
questions : jamais les applications hydrothérapiques n'ont causé d'accident, quand on a continué
à les appliquer pendant la période menstruelle ;
nous ne croyons pas non plus qu'elles en aient
causé quand on a commencé à les appliquer pendant cette période. Nous verrons même qu'elles
constituent un moyen puissant pour régulariser
la fonction cataméniale quand elle est troublée.
Toutefois, quand le traitement hydrothérapique
n'est pas encore en train, nous pensons qu'à
moins qu'il n'y ait péril en la demeure, on fera
bien d'attendre la fin des règles avant de faire la
première application hydrothérapique, ne fût-ce
que pour ne pas exciter les appréhensions
qu'éprouvent beaucoup de malades dans ces circonstances.

Fleury, qui partage cette opinion et qui a beaucoup combattu pour la propager, fait une distinction entre les applications locales et les applications générales; il professe que ces dernières

seules sont inoffensives, et que les premières seules sont nuisibles.

§ 2. — Conditions atmosphériques les plus favorables aux applications hydrothérapiques. — Question des saisons.

Il y a vingt-cinq ans, nous annoncions déjà à nos confrères que l'hydrothérapie pouvait être appliquée dans toutes les saisons, mais que ses effets les plus puissants étaient surtout obtenus en hiver, au moins chez les malades qui peuvent profiter de l'hiver ; nous dirons un peu plus loin ce qu'il en est des autres.

Mais nous n'avons pas réussi à y convertir tous nos confrères, car il en est encore un certain nombre qui croient que l'hydrothérapie n'a d'avantages qu'appliquée pendant la belle saison, tandis qu'elle serait inefficace et même entourée de dangers, appliquée pendant la saison rigoureuse.

Qu'un pareil préjugé existe dans le public, qui n'est pas obligé de connaître la thérapeutique, pas plus la thérapeutique générale que la thérapeuthique spéciale, et dont les préventions sont d'ailleurs favorisées par les appréhensions que lui inspirent les applications hydrothérapiques administrées pendant que règne une température rigoureuse, cela se conçoit sans peine. Mais que le même préjugé hante encore l'esprit de certains médecins, c'est plus difficile à comprendre. Ceux-ci, en effet, ont été instruits depuis longtemps des conditions dans lesquelles l'inventeur de l'hydrothérapie a obtenu ses admirables succès. ·

Les baraques où se donnaient les douches, situées à plus d'un quart de lieue des maisons d'habitation, se trouvaient dans les montagnes de la Silésie, dans un climat rigoureux ; elles étaient construites en planches, étaient à peine closes, et celles où les hommes se déshabillaient et se rhabillaient n'étaient pas même couvertes. « Pourtant, nous apprend Scoutetten, dès cinq heures du matin, et quelque temps qu'il fît, les femmes les plus délicates, appartenant pour la plupart à la haute société, se rendaient à pied, — il n'y avait pas d'autre procédé de déambulation, — au sommet de la montagne, s'exposaient le corps complètement nu, à l'action de la douche, dont l'eau était de quelques degrés seulement au-dessus de zéro. Aussitôt rhabillées, elles faisaient, dans les bois de pins qui couvrent la montagne, une promenade la plus rapide possible, et redescendaient au village. Le soir elles recommençaient..., etc. » Or, tout le monde sait que la neige n'est rien moins que rare à Græfenberg ; néanmoins, ceux de nos consciencieux et savants confrères qui sont allés étudier l'établissement et la pratique de Priessnitz, n'ont nullement remarqué que l'application de ces rudes procédés d'hydrothérapie ait jamais eu d'inconvénients sérieux.

Si quelques accidents, les uns légers, les autres graves, ont été constatés à Græfenberg, par nos distingués prédécesseurs, ils ont toujours été dus

à des applications hydrothérapiques exagérées o u
intempestives, dont Priessnitz n'a pas toujours
su s'abstenir, surtout dans les commencements
de sa carrière, et alors que l'expérience n'avait
encore pu corriger les inspirations, souvent si
heureuses, mais parfois regrettables, de son pur
empirisme. Quant aux succès de cette pratique
hivernale si rude, ils ont été aussi nombreux,
aussi magnifiques qu'éclatants ; Scoutetten, Schedel et d'autres savants confrères sont unanimes
sur ce point.

Nous étions si convaincu nous-même de l'excellence des applications hivernales que, dans les trois
premières années de notre pratique, nous nous
étions abstenu de faire du feu dans notre salle de
douches et dans les cabinets de toilette de notre
établissement ; jamais il n'en est résulté le moindre inconvénient ; nous avons obtenu, au contraire,
pendant ces trois années, les cures les plus remarquables. Ce n'est donc pas par suite des inconvénients que nous lui aurions reconnus que nous
avons renoncé à la pratique rigoureuse des premières années, c'est, il nous faut bien l'avouer,
parce que, de quelque bonne volonté et quelque
fermeté de caractère que l'on soit doué, on est
parfois obligé de transiger avec les préjugés du
public, et surtout avec ceux de nos confrères, dont
quelques-uns n'en partagent pas moins les erreurs
du vulgaire, sous certains rapports, et peuvent
détourner les malades de recourir à une médication qui pourrait leur rendre la santé.

Comment expliquer que les savants confrères
auxquels nous faisons allusion puissent partager

les préjugés du vulgaire? Nous l'avons dit plus d'une fois, nous croyons trouver cette explication dans cette regrettable vérité, que certains médecins, même des plus recommandables à tous égards, ont pris habitude de ne guère s'intéresser qu'à la thérapeutique qu'ils peuvent appliquer eux-mêmes; que, par suite, ils ignorent les détails des thérapeutiques spéciales, et même souvent tiennent en suspicion les observations qui viennent des spécialistes.

Ceux qui ont échappé à cette fâcheuse disposition d'esprit savent que le préjugé que nous combattons en ce moment est contraire, à la fois, à la science et à l'intérêt des malades; en effet, tous ceux qui ont étudié un peu sérieusement l'hydrothérapie sont convaincus que cette puissante médication agit principalement, dans l'immense majorité de cas, en provoquant une vive réaction sur l'enveloppe cutanée, en excitant ainsi des mouvements intimes dans les actes de nutrition et de dénutrition, en provoquant des actions réflexes compliquées. Or, ces mouvements, ces actions, cette réaction sont d'autant plus prononcés qu'une différence plus grande existe entre la température extérieure et celle du corps, parce qu'alors il faut que celui-ci fasse un exercice plus énergique, ou, en d'autres termes, dépense plus d'activité pour ramener à la peau le calorique que l'application froide lui a instantanément enlevé.

Voilà pourquoi l'hydrothérapie hivernale est supérieure en beaux résultats à celle de l'été, et voilà pourquoi l'hydrothérapeute, s'il n'était guidé par d'autres considérations que celles de la

science, ne chaufferait ni ses douches ni ses cabinets de toilette, à la condition, bien entendu, que
ses malades arriveraient sous la douche en bonne
température, de façon à ce que le médecin ait
toujours la certitude que la réaction sera obtenue.

Mais, le préjugé que nous combattons ne reproche pas seulement à l'hydrothérapie hivernale son
inefficacité ; il l'accuse aussi d'offrir des dangers.
Nous déclarons de la manière la plus absolue
que ces dangers, sont purement imaginaires.
Qu'ils puissent exister, quand les applications
hydrothérapiques sont confiées à des garçons de
bains, nous ne le nions point, car nous en avons
vu des exemples ; mais que ces accidents aient été
observés après des applications hydrothérapiques
administrées par de véritables hydrothérapeutes,
nous le nions formellement.

Nous espérons donc que cette crainte chimérique de l'hydrothérapie hivernale disparaîtra, sinon
de l'esprit du public, au moins de celui des médecins.

§ 3. — LE TRAITEMENT DOIT-IL ÊTRE CONTINU OU INTERMITTENT ?

Naguère encore, le nombre était grand des thérapeutistes, qui pensaient que, dans le traitement des maladies chroniques, l'action d'un
médicament longtemps continué finissait par
s'user, et qu'il convenait d'en suspendre l'usage

pour le reprendre au besoin plus tard, soit en lui en substituant un autre, soit en s'abstenant de tout traitement, dans l'intervalle; nous croyons qu'aujourd'hui le nombre de praticiens qui suivent ce système est très réduit. En tous cas, s'il est abandonné, ce n'est pas en hydrothérapie qu'on peut le réhabiliter. Il arrive bien que les bons effets d'une cure hydrothérapique, prématurément interrompue, se continuent ou persistent après l'interruption ; mais le contraire arrive plus souvent encore, et ce qui peut arriver quelquefois aussi, c'est que l'avantage qu'on avait obtenu et qu'on a perdu ne soit reconquis qu'avec beaucoup plus de difficultés que la première fois. Il est donc de la plus grande prudence de ne suspendre la cure hydrothérapique que lorsqu'on en a obtenu tout ce qu'elle peut donner. Toutefois, si cette prudence, que nous ne saurions trop recommander, est une règle que tout malade soucieux de sa santé fera bien de suivre, il s'en faut que son observation soit une condition *sine qua non* de guérison; nous avons observé plusieurs cas où la cure, ayant été interrompue, même avec notre approbation, a été reprise avec succès, et a été suivie d'un rétablissement complet et persistant.

---

§ 4. — QUEL NOMBRE DE DOUCHES PEUT-ON DONNER EN 24 HEURES ?

On a dit que, chez Priessnitz, beaucoup de malades ne faisaient en quelque sorte que passer de la promenade à la douche et de la douche à la promenade, avec les intervalles voulus pour les repas.

Nous ne disons pas que, dans quelques rares circonstances, cette pratique ne puisse avoir des avantages ; mais, outre qu'ils sont problématiques, on devine sans peine que l'application n'en est pas possible avec des habitudes auxquelles nous ne pouvons nous soustraire : que l'on calcule le temps que prennent nécessairement les repas, les digestions — (à supposer que les malades ne prennent que deux repas par jour, et n'aient pas l'habitude d'un petit déjeûner dès le matin) ; que l'on tienne compte aussi des occupations forcées du médecin, et l'on verra que celui-ci ne peut guère faire que deux applications hydrothérapiques par jour. Pour que les malades en fissent un plus grand nombre, il faudrait qu'elles leur fussent administrées par des infirmiers hors de la surveillance du médecin, ou qu'ils se les administrassent eux-mêmes, ce que nous considérons, dans les deux cas, comme presque également dangereux.

§ 5. — Durée du traitement hydrothérapique.

Quelle sera la durée du traitement hydrothérapique c'est presque toujours la première question que les malades nous adressent quand ils viennent pour nous consulter ou pour commencer une cure, sur l'ordonnance de leur médecin. Quand on leur répond que la cure pourra durer des mois, ils se récrient souvent et hésitent à entreprendre le traitement. Ils trouveraient très naturel que leur maladie, qui remonte toujours à plusieurs mois et le plus souvent à plusieurs années, disparût après quelques semaines, si ce n'est après quelques jours d'applications hydrothérapiques.

A des malades qui souffrent, qui n'ont pas toujours leur parfaite liberté d'esprit, ou qui n'ont plus leur faculté de réflexion entière, soit par suite des préoccupations dont ils peuvent être obsédés, soit par d'autres motifs, à ces malades, disons-nous, on peut et l'on doit passer bien des choses.

Mais que dire à ces médecins qui vous envoient des malades avec une consultation rédigée à peu près en ces termes :

Essayer pendant huit jours l'usage des douches froides et revenir ensuite à la consultation.

Nous avons même des consultations où l'on conseillait un essai de *trois* ou *quatre* jours ! Quand nos confrères prescrivent de commencer le traitement hydrothérapique par des douches d'eau dégourdie, lors même qu'ils prescrivent des douches écossaises, nous nous rendons à leur opinion et nous exécutons leurs prescriptions, bien qu'elles soient contraires à notre manière de voir ; mais nous avouons que lorsqu'ils conseillent des essais d'hydrothérapie pendant *trois*, *quatre* et même *huit* jours, nous n'exécutons pas ces prescriptions-là ; nous les trouvons par trop absurdes.

Quels sont, en effet, les malades auxquels les médecins conseillent le plus souvent l'hydrothérapie? Des malades atteints d'affections chroniques et qui, souvent, nous dirions volontiers presque toujours, ont déjà subi un ou plusieurs traitements ayant duré ensemble pendant des mois, parfois pendant des années. Comment comprendre qu'il puisse entrer dans la tête d'un médecin que de telles maladies éprouveront un changement marqué après huit, quatre et même trois jours d'un traitement nouveau, ce traitement fût-il l'hydrothérapie ? C'est, assurément, lui faire un grand honneur que d'admettre une telle possibilité ; mais il est bien étrange que cet honneur lui soit fait par des hommes qui ont épuisé en vain, pendant des mois ou des années, toutes les ressources ordinaires de la thérapeutique sans songer à cette hydrothérapie, à laquelle ils accordent tout à coup un si merveilleux pouvoir ; nous, qui avons pour devoir de ne la jamais perdre de vue, nous ne pouvons pas espérer ces cures quasi-instantanées, qui seraient en quelque sorte des miracles. Nous avons des exemples de guérison qui peuvent passer pour être d'une rapidité fort inattendue et vraiment étonnante, mais jamais aussi merveilleuses que celles que sembleraient exiger les confrères dont nous critiquons les consultations. Ceux qui ont dans l'hydrothérapie une confiance raisonnable et éclairée, et qui veulent bien nous adresser leurs clients, doivent bien prévenir ces derniers que l'hydrothérapie, tout en étant une médication très puissante, n'opère pas des miracles, et qu'elle ne peut faire disparaître en quelques jours ni même

en quelques semaines des congestions du foie, de
la rate, de l'utérus, etc., qui datent souvent de
plusieurs années ; lorsqu'on a la ferme intention
d'être guéri, il faut savoir s'armer de patience et
de résolution ; ce qu'on peut légitimement espérer,
c'est de voir une amélioration se produire au bout
de quelques semaines, dans beaucoup de maladies,
telles que : anémies et chloroses, vertiges, gastralgies, rhumatismes chroniques ; mais il faut être
prévenu aussi que certains malades n'ont commencé à éprouver l'influence bienfaisante de la
médication qu'après plusieurs mois d'application,
et qu'ils n'en sont pas moins arrivés à une guérison radicale, complète, définitive, qui ne s'est
jamais démentie. Ce sont ces exemples que les
malades et même les confrères impatients doivent avoir devant les yeux, car ce sont les plus
utiles à méditer, pour que la médication conduise
à une issue favorable.

---

§ 6. — INTERVENTION DIRECTE DU MÉDECIN DANS LES APPLICATIONS HYDROTHÉRAPIQUES.

Le médecin doit-il appliquer lui-même les
douches et autres procédés hydrothérapiques, ou
doit-il confier cette application à des doucheurs,
qui, sauf de rares exceptions, ne sont que des infirmiers? S'il s'agissait d'une opération, même la
plus simple qu'on puisse imaginer, l'ouverture
d'un abcès, par exemple, la question pourrait pa-

raître étrange ; il y a même beaucoup de médecins qui seraient disposés à dénoncer et à faire poursuivre, pour exercice illégal de la médecine, le rebouteur ou le maréchal-ferrant qui se permettrait d'ouvrir un panaris avec un bistouri ou une lancette. Il est bien vrai que l'administration d'une douche n'a pas la même importance ni les mêmes difficultés qu'une amputation de cuisse ou l'opération d'une hernie étranglée ; il s'en faut, toutefois, qu'elle soit exempte de danger, car, mal ou intempestivement administrée, elle peut causer de graves accidents, et même la mort ; il en existe plus d'un exemple.

Ce que nous avons dit des diverses applications hydrothérapiques et des nuances qu'elles présentent prouve clairement qu'elles doivent être faites par le médecin. Pour les hommes, la question est depuis longtemps vidée ; mais, pour les femmes, à côté de la question médicale s'en présente une autre, qui est fort différente, et à propos de laquelle les transactions sont peut-être inévitables ; nous allons la traiter avec notre franchise et notre indépendance habituelles.

Fleury a écrit à ce sujet quelques pages qui sont, assurément, les plus remarquables de son livre ; nous allons en reproduire les principaux passages :

« .... Et maintenant, n'est-il pas évident que l'application des procédés hydrothérapiques exige non seulement une direction médicale de tous les instants, mais encore l'intervention d'un médecin instruit, intelligent, attentif et *consciencieux ?*

« N'est-il pas évident que l'hydrothérapie res-

tera souvent inefficace, qu'elle sera souvent compromise par des insuccès, des accidents, des revers,
si, dans les établissements hydrothérapiques, si,
dans les hôpitaux, l'administration des douches
est abandonnée aux connaissances scientifiques,
à l'intelligence, aux soins et à la conscience des
infirmiers?

« La question est résolue en ce qui concerne
les malades du sexe masculin, mais la difficulté
devient grande, dit Schedel, quand il s'agit d'une
personne du sexe.

« Eh bien, cette difficulté m'a sérieusement
préoccupé et j'ai fait maintes tentatives pour arriver à la meilleure des solutions. Beaucoup plus que
les hommes les femmes sont portées à abuser des
applications hydrothérapiques, à tomber dans les
exagérations, les excentricités; plus que ceux-là
encore elles sont imbues de préjugés, d'opinions
préconçues, de *systèmes médicaux* très arrêtés
dans leur esprit. Abandonner le traitement à leur
libre arbitre est donc chose complètement impossible ; mais beaucoup plus encore que les hommes,
elles sont impérieuses et indociles ; elles ne tiennent
ordinairement aucun compte des conseils, des
avertissements des baigneuses, elles se révoltent
contre leur autorité, et combien de fois celles-ci
ne sont-elles pas venues réclamer mon intervention pour avoir raison de malades qui, trans-
gressant les recommandations que je leur avais
faites moi-même, ouvraient de vive force les divers appareils et prétendaient se doucher à leur
guise.

« N'ai-je pas été obligé de refuser mes soins à

une dame appartenant aux classes les plus élevées de la société, parce que, sous prétexte de faiblesse de poitrine, elle ne voulait combattre une affection utérine que par des douches locales dirigées exclusivement sur le bassin, c'est-à-dire par les procédés les plus propres à congestionner les poumons et à exercer une influence fâcheuse sur les organes thoraciques? Aucun raisonnement ne put vaincre une osbtination appuyée sur des idées médicales aussi absurdes que profondément enracinées, et cette dame, ayant consulté ultérieurement Velpeau, ne craignit pas de transformer mon refus en une résistance de sa pudeur offensée !

« Pour obvier à tous ces inconvénients, à tous ces dangers, pour répondre à toutes ces indications, à toutes ces exigences impérieuses, suffira-t-il que le médecin se place, comme l'a vu faire Schedel, derrière une porte ou un paravent, et que, de cette cachette, il préside au traitement et en dirige les applications ? L'expédient est aussi insuffisant qu'il est peu convenable ; *il ne sera accepté par aucun médecin consciencieux ayant quelque respect pour sa personne.*

« Il est des femmes dont l'état général est tellement grave que la nécessité d'une intervention médicale directe ne saurait faire l'objet d'un doute ; il en est d'autres pour lesquelles la nécessité n'est pas moins évidente, bien qu'il ne s'agisse que d'une affection locale. Est-ce une baigneuse qu'on chargera de doucher le foie, la rate, un muscle, une articulation profondément altérée par une tumeur blanche, rendue immobile par une ankylose? Est-ce une baigneuse qui pourra administrer les douches pendant l'époque menstruelle? des douches destinées à prévenir ou à combattre une métrorrhagie? Or, croit-on qu'il soit possible au médecin, dans un grand établissement, de doucher lui-même certaines malades et de s'abstenir quant à certaines autres? Croit-on qu'il pourrait faire comprendre et admettre les motifs qui le dirigeraient dans son choix? Il est des nécessités qu'on ne subit qu'autant qu'elles pèsent également sur tout le monde ; pas une malade quelque gravement atteinte qu'elle fût, ne consentirait à se laisser doucher, si d'autres étaient autorisées à se soustraire à cette obligation. Une règle uniforme et strictement appliquée est le seul moyen de faire régner l'ordre dans cette république démocratique et sociale qu'on appelle une maison de santé.

« Il est moins pénible pour une femme de recevoir une douche des mains d'un médecin que de se soumettre à un examen au spéculum. Ai-je besoin de dire que la présence d'une baigneuse ou d'une parente, que mille détails impossibles à décrire, et que, par-dessus tout l'attitude d'un médecin qui a conscience de sa dignité et de la gravité de sa mission, donnent à la pudeur toutes les satisfactions conciliables avec les exigences de la maladie et de la médication.

« C'est maintenant avec fermeté en ces préceptes que j'ai pu vaincre les scrupules de la dévotion la plus exagérée, la sévérité des règlements monastiques, les appréhensions de la pruderie anglaise, les naturelles répugnances de la pudeur et

de la sollicitude maternelle ou conjugale, les insi-
nuations de la malveillance. Si quelques résis-
tances invincibles se sont présentées, elles ont
toutes été imposées à des femmes, peu autorisées
à se retrancher dans l'austérité de leurs principes, par une domination d'autant plus tyrannique
qu'elle était plus illicite et moins excusable.

« Je conseille à tous les médecins de renoncer
à appliquer l'hydrothérapie aux femmes, plutôt
que de transformer cette médication en une formule systématique et immuable, ou d'en livrer
la direction aux préjugés et aux caprices des malades, à l'inintelligence et à l'inhabileté des mains
mercenaires et vénales.

« Qu'ils abandonnent les profits de leur abs-
tention à ces marchands du Temple qui exploi-
tent leur industrie à l'enseigne de la morale et
de la religion ; Tartufes impudents qui se voilent
la face et demandent *leur haire avec leur disci-
pline*, lorsqu'il s'agit, non de doucher une femme
nue, mais de traiter un malade ; Zoïles cupides
et envieux, qui ne comprennent ni la chaste rési-
gnation de la véritable pudeur, ni l'austère dignité
de la véritable science. »

Ce qui doit nous occuper nous médecins c'est
le véritable intérêt des malades, la *véritable
science* dont parle justement notre auteur, la *véritable austérité*, et par-dessus tout encore la
véritable Vérité. Or, qu'y a-t-il de vrai dans ces
vertueuses tirades.

Voyons et commençons par l'intérêt des malades, puisqu'aussi bien c'est pour eux que la médecine est ou du moins devrait être faite. Faut-

il renoncer à l'hydrothérapie « plutôt que de transformer cette médication en une formule systématique et immuable ou d'*en livrer la direction aux préjugés* et aux caprices des malades, *à l'intelligence et à l'inhabileté des mains mercenaires et vénales ?* »

Nous n'hésitons pas à répondre affirmativement à cette multiple question.

Mais est-ce transformer la médication en une formule immuable que de faire administrer les douches aux femmes ou du moins à beaucoup de femmes par une doucheuse à laquelle on a donné des instructions précises et qui les applique sous la surveillance du médecin ? Celui-ci peut-il, sans avilir sa dignité, « *sans manquer au plus simple respect qu'il se doit à lui-même,* » surveiller l'administration d'une douche en se plaçant derrière une cloison ou un paravent ? Nous ignorons si jamais un médecin s'est placé derrière un paravent pour présider à l'administration d'une douche, mais nous en doutons fort, et il est facile en exagérant les circonstances et en inventant des romans, peu intéressants d'ailleurs, de ridiculiser des situations convenables sous tous les rapports et que soi-même, hélas ! on a rendues obligatoires. Quant à nous, nous sommes de ceux qui croient qu'il vaut mieux, *dans l'intérêt des malades,* faire administrer une douche par une doucheuse surveillée que de renoncer à l'hydrothérapie. Quant à la surveillance, ce n'est pas derrière un paravent que nous l'exerçons, mais de notre cabinet de consultation, séparé par un cloison de la salle de douches. Après avoir donné à notre doucheuse des instructions très précises, aussi bien pour les douches générales que pour les douches locales, nous en suivons, montre en main, l'application, et à l'instant voulu, par un coup énergique frappé sur la porte de séparation des deux pièces, ou par un coup de sifflet, nous faisons suspendre la douche.

Est-ce là *livrer* l'hydrothérapie à des mains inintelligentes et inhabiles ? Nous ne le pensons pas. Sans doute, nous préférerions encore administrer les douches nous-même, car nous partageons l'opinion de Fleury sur les avantages de l'intervention directe du médecin ; mais ce dont nous sommes non moins fermement convaincu, c'est que notre manière de procéder est préférable à l'abandon que conseille Fleury, abandon qu'il n'a pas fait lui-même, bien qu'il ait dû renoncer à l'observation de ses principes *absolus*, et qu'il ne les ait pas toujours appliqués, même quand rien ne le forçait à les enfreindre : ainsi, Fleury a eu successivement deux seuls aides, les *seuls* élèves qu'il ait jamais eus, tous deux médecins fort distingués, et des plus honorables, les docteurs Landry et Tartivel ; or, quand il s'absentait de son établissement, ils étaient naturellement chargés de le remplacer ; eh bien, ils administraient les douches aux malades du sexe fort, mais *jamais* à l'autre ; c'était toujours la doucheuse qui les administrait à celui-ci, sans surveillance aucune, par conséquent dans des conditions beaucoup plus défectueuses, assurément, que celles où se placent les hydrothérapeutes qui surveillent les applications à travers une cloison. —

Quant au motif qui a toujours empêché Fleury de laisser administrer les douches *féminines* par ses aides, il est sans intérêt de le rechercher. Chacun interprétera le fait comme il l'entendra.

Pour notre compte, si nous ne professons pas les principes *immuables*, nous ne manquons du moins jamais d'avertir nos malades du sexe féminin, surtout lorsque leur maladie est grave, de l'avantage qu'elles auraient à se faire administrer les procédés hydrothérapiques par le médecin ; mais nous n'insistons jamais outre mesure, et nous n'insistons pas, parce que c'est Fleury lui-même qui a rendu nécessaire la réserve du médecin.

Si la question était seulement de savoir si l'intervention du médecin est toujours utile, cette question ne serait évidemment pas un instant douteuse ; mais il s'agit de savoir si elle est toujours *obligatoire*, et alors la réponse doit être beaucoup moins absolue.

Quant à nous, nous n'avons jamais hésité à transiger avec les scrupules fort respectables de certains malades : pour peu que leur affection soit grave, ou que les applications qui leur conviennent soient difficiles ou exigent des précautions très particulières, nous ne manquons jamais de les prévenir que l'intervention directe du médecin serait utile pour assurer au traitement toutes les chances de succès ; mais, ce devoir accompli, si nous rencontrons une résistance tant soit peu énergique, nous n'hésitons pas à faire administrer les procédés hydrothérapiques par une doucheuse, sous notre surveillance, comme nous l'avons expliqué.

Naturellement, nous conseillons à nos confrères d'agir de même, et nous pensons que c'est ce qu'ils feront et ce qu'ils font déjà, sans compromettre en cela la dignité médicale, tout au contraire, et, — ce qui doit les préoccuper avant tout, — sans léser en quoi que ce soit les intérêts des malades qui se confient à leurs soins.

ARTICLE IV

HYDROTHÉRAPIE HYGIÉNIQUE

Le rôle thérapeutique de l'hydrothérapie est assez grand pour que nous ne cherchions pas à grandir démesurément son rôle hygiénique. Nous ne prétendrons donc pas qu'elle puisse, en trois ou quatre mois, pas même en quelques années, transformer un enfant héréditairement extra-lymphatique en un sujet du plus beau tempérament sanguin ; nous ne prétendrons pas davantage que l'hydrothérapie puisse préserver de toutes les maladies épidémiques et contagieuses ; c'est avec des exagérations de cette espèce que l'on compromet les meilleures causes, et celle de l'hydrothérapie hygiénique est assurément une des meilleures que l'on puisse avoir à défendre.

Si l'hydrothérapie en effet, ne peut être un préservatif contre le choléra, contre la variole ou la syphilis, il est hors de doute qu'en fortifiant l'économie, en donnant une grande activité à la circulation capillaire (où s'exécutent tant d'actes intimes relatifs à la nutrition), et, par contre-coup à la circulation générale, l'hydrothérapie met cette économie dans de meilleures conditions de résistance contre toutes les causes morbides ; car on sait bien que ces causes, qu'elles soient épidémiques ou sporadiques, atteignent plutôt les constitutions naturellement ou artificiellement débiles que celles qui sont naturellement ou artificiellement vigoureuses.

Ce n'est pas sans motifs que nous disons naturellement ou artificiellement, car il existe, dans les villes surtout, beaucoup de constitutions qui sont nées bonnes et que les excès ou seulement les mauvaises habitudes de la vie mondaine ont rendues mauvaises. Fleury a grandement raison, quand il dit que l'énorme fréquence, parmi les femmes du monde, de la chlorose, de l'anémie, des névroses, des névralgies, des gastralgies, en un mot des maladies nerveuses de toutes sortes, des avortements, des déplacements et des engorgements de l'utérus, etc., est due en très grande partie à la violation des premiers principes d'une bonne hygiène.

Quelle est, en effet, la vie de ces femmes ? Enfermées dans des appartements hermétiquement clos, encombrés de meubles, de rideaux, de portières, chauffés souvent par des calorifères qui y entretiennent une température trop élevée, sèche, viciée énervante, elles font, en outre, du jour la nuit et de la nuit le jour, s'épuisant en veilles, en bals, en spectacles, où elles respirent, par surcroît, une atmosphère viciée par les respirations humaines par la combustion des lampes et des bougies, par les émanations des essences à parfums, en un mot, par mille causes débilitantes. Et que font-elles pour neutraliser l'action de tant d'agents morbigènes?

Elles condamnent leur système musculaire à une inertie presque complète ; elles ne prennent qu'une alimentation insuffisante et souvent mal choisie ; elles usent et abusent des bains *tièdes*, des lavements *tièdes*, des injections *tièdes*, des ablutions *tièdes*, des agents émollients, toutes habitudes éminemment débilitantes et très propres à favoriser l'action des causes morbides, bien loin de la contrarier. C'est donc encore avec raison que Fleury pouvait ajouter que la substitution de l'eau froide à l'eau tiède, l'usage des applications froides, auraient des avantages considérables, et apporteraient les plus heureux changements dans des habitudes et une situation qui compromettent non seulement la santé des femmes et quelquefois leur bonheur domestique, mais assez souvent la santé des hommes.

Ajouterons-nous que l'usage des douches générales très courtes produira de bons effets au triple point de vue de l'énergie musculaire, des facultés digestives et de l'activité des *fonctions génitales*, chez les hommes de soixante-cinq, de soixante-dix, de soixante-douze et de quatre-vingts ans ? En retranchant les trois derniers âges, quant à l'activité des fonctions génitales, nous serions de l'avis de notre confrère, mais en maintenant ces trois âges, nous croyons devoir lui laisser la responsabilité de la proposition. Ce qui est certain, c'est que les vieillards qui prennent l'habitude de se soumettre aux applications hydrothérapiques, même à ceux qu'ils peuvent se faire eux-mêmes avec quelques bons appareils qu'on possède aujourd'hui, en retirent de très bons avantages.

Mais l'avantage de ces applications, qui est déjà grand pour les vieillards, est bien autrement considérable pour les enfants. Nous ne voulons pas prétendre qu'on puisse en quelques mois transformer un tempérament extra-lymphatique en un magnifique tempérament sanguin ; nous ne voudrions pas même assurer que cette transformation puisse s'opérer en un temps quelconque ; mais ce que notre longue expérience nous permet d'assurer, c'est que les applications hydrothérapiques faites avec persévérance aux enfants, substituent la force à la débilité, et font d'êtres maladifs, impressionnables au froid et au chaud, des constitutions robustes, résistant sans peine à toutes les vicissitudes atmosphériques ; ces excellents résultats peuvent s'obtenir sans qu'un tempérament lymphatique soit radicalement transformé, du moins quant aux caractères apparents. Ce serait, en effet, une grave erreur de croire que les attributs extérieurs du lymphatisme même le plus exagéré, exagéré jusqu'à un haut degré de la scrofule, soient incompatibles avec une excellente santé et une longue vie ; la société renferme un nombre considérable d'exemples de personnes qui ont été, dans leur enfance, en proie à la scrofule la plus prononcée, et qui, ayant éprouvé des modifications physiologiques spontanées, lesquelles

généralement s'opèrent à l'époque de la puberté,
— deviennent non seulement d'une santé floris-
sante, mais acquièrent physiquement une force
comparable à celle des plus fortes constitutions
sanguines. Cependant ces sujets conservent les
stigmates de leur tempérament primitif, et, chose
qui peut paraître extraordinaire, ils transmettent
souvent à leur descendance les attributs de ce tempérament. Ainsi il ne faudrait pas croire que l'hydrothérapie doive transformer les apparences ex-
térieures des tempéraments pour donner aux enfants débiles la force et la santé, ou pour les con-
solider chez ceux qui en jouissent déjà ; sans aucun
doute, les modifications heureuses qu'elle imprime à l'économie ne s'opèrent pas sans qu'il en
apparaisse quelque chose à l'extérieur, mais ce
serait poursuivre un but le plus souvent chimérique, que de vouloir changer toutes les apparences du tempérament lymphatique en celles du tempérament sanguin. Ajoutons que ce changement
d'apparence est sans valeur.

Fleury attache beaucoup d'importance au teint
brun qu'avaient acquis des enfants soumis aux
applications hydrothérapiques : « L'enfant, dit-il,
en parlant de l'un d'entre eux, a aujourd'hui un
tempérament sanguin acquis des plus prononcés :
la couleur brune de la peau, la chaleur et l'éclat
du teint, lui donnent l'aspect de ces enfants robustes de la campagne de Rome. » Nous admettons
volontiers, et nous sommes convaincus même,
que la force, la vivacité, l'animation de la physionomie acquises par les enfants dont parle
Fleury étaient le résultat de l'hydrothérapie ;

mais nous sommes convaincu aussi que ces résultats auraient pu être tout aussi positifs en l'absence du teint brun des enfants de la campagne de Rome ; ce teint n'est pas le moins du monde un signe décisif de force ni de tempérament sanguin ; parmi ces enfants au beau teint brun de la campagne de Rome, les lymphatiques et même les scrofuleux sont loin d'être rares ; et chez des individus bien plus bruns encore, chez les nègres et autres races des pays tropicaux, la scrofule est d'une fréquence peut-être égale à celle de la même maladie chez nos races du Nord. La santé, la force, l'activité des enfants dont il s'agit étaient dues à l'hydrothérapie, et le teint brun était principalement, sinon exclusivement, le résultat de l'air de la campagne et du soleil. Voilà la véritable interprétation des faits.

Mais, d'après cette interprétation réelle même, il ne résulte pas moins qu'il est d'une grande importance de soumettre à des applications hydrothérapiques les enfants des grandes villes surtout, et il est fort étrange et en même temps fort triste de constater que près de quarante ans se soient écoulés depuis que cette vérité est établie, sans qu'aucune de nos maisons d'éducation ait encore installé des appareils si simples de douches générales, qui suffiraient aux applications hygiéniques ; sur ce progrès encore comme sur beaucoup d'autres, hélas ! la France, déjà devancée par l'Allemagne et l'Angleterre, le sera bientôt par toutes les nations de l'Europe.

Au reste, comme le progrès public est toujours en retard sur le progrès privé, nous ne saurions trop recommander aux personnes adultes de prendre elles-mêmes l'habitude, de se soumettre quotidiennement s'il est possible, et, en tous cas, le plus souvent qu'elles pourront, à des applications hygiéniques avec de l'eau la plus froide que faire se pourra ; on peut presque toujours disposer de quelques minutes avant le repas du matin ; ces quelques minutes, quinze à vingt au plus, sont suffisantes pour s'administrer soi-même, dans son appartement, une douche d'une minute, un peu plus, un peu moins, et d'exécuter ensuite, pour assurer la réaction, une marche de dix à quinze minutes. Cette habitude, si simple à prendre, aura pour les personnes qui s'y soumettront, pour les femmes surtout, les plus heureuses conséquences, dont l'une sera inévitablement l'extension de cet usage salutaire aux maisons d'éducation.

ARTICLE V

HYDROTHERAPIE A DOMICILE

L'impossibilité où se trouvent beaucoup de malades de quitter leurs affaires ou même d'interrompre, plusieurs heures chaque jour, leurs occupations pour se rendre dans un établissement hydrothérapique, a inspiré à beaucoup de médecins l'idée de rendre l'hydrothérapie applicable au domicile même de chaque malade. Comme beaucoup de nos confrères, le désir d'être utile à nos clients nous a inspiré la même pensée : les accidents dont nous avons été témoin nous ont obligé d'y renoncer. Ces accidents n'ont pas eu lieu seulement chez des malades qui ont pris la résolution de faire de l'hydrothérapie chez eux, sans guide et d'après leurs propres inspirations, mais aussi chez d'autres, qui avaient subi un traitement régulier qu'ils ont cru pouvoir continuer à leur domicile.

Parmi les procédés hydrothérapiques qu'il paraît le plus possible de laisser appliquer aux malades par eux-mêmes, à leur domicile, on doit mettre bien près du premier rang, si ce n'est au premier, la sudation, soit dans l'étuve sèche, soit dans le drap mouillé.

Chez le comte de X..., membre du Jockey-Club, clubman distingué, voici ce que nous avons observé : ce gentleman était obèse ; nous l'avions traité dans notre établissement et nous l'avions fait maigrir de 12 livres. Lorsqu'il rentra chez lui, trouvant que l'obésité ne diminuait pas assez vite à son gré, il s'administra, dans son appartement, des sudations répétées pendant un mois, à l'aide du drap mouillé ; à la suite d'une dernière sudation il fut pris d'accidents graves, et il succomba.

Un autre malade, une dame, s'était également soumise à des sudations, du consentement de son docteur ; après un mois environ de traitement, et au sortir d'une sudation en étuve sèche, elle fut prise d'un étouffement auquel elle succomba.

Nous avons vu d'autres faits analogues. A la

suite de ces funestes accidents, nous avons dû renoncer à notre première résolution, qui était d'au-
toriser certains malades intelligents et prudents à
se faire chez eux des applications hydrothérapiques;
aujourd'hui, nous les proscrivons d'une manière
absolue; nous autorisons les lotions, les affusions
les irrigations continues, les applications de glace
sur la tête, etc., c'est-à-dire toutes applications
qui sont, en réalité, étrangères à la véritable
hydrothérapie.

Quant à conseiller l'hydrothérapie à domicile,
pourvu qu'elle soit dirigée par un médecin, nous
nous en garderons bien. Comment conçoit-on, en
effet, qu'un médecin aille diriger les applications
hydrothérapiques au domicile d'un malade ? Il
faudrait d'abord que le malade eût à son domicile
l'instrumentation nécessaire à ces applications ;
il faudrait, en second lieu, que le médecin fût au
courant de la pratique hydrothérapique, condition
dans laquelle ne se trouve aucun médecin ordinaire; il lui faudrait donc aller se mettre au courant chez un spécialiste; quant à celui-ci, il est
évident qu'il ne pourrait abandonner son établissement pour aller faire de l'hydrothérapie en ville.
Nous savons bien qu'avec de l'argent on vient à
bout presque de tout, et nous pensons qu'il est à
la rigueur possible de faire de l'hydrothérapie
chez quelque millionnaire, mais ce n'est pas pour
des cas aussi exceptionnels qu'on peut tracer des
règles.

Il est une hydrothérapie qu'il serait possible
d'appliquer à domicile, si quelques médecins vou-
laient se donner la peine de se mettre au courant

de la pratique hydrothérapique, ce serait celle
qu'on appliquerait *au domicile du médecin.* En
province surtout, presque chaque médecin a sa
maison, la plupart ont même une écurie et une
remise ; il leur serait facile de faire installer au-
dessus d'une écurie, d'un bûcher, même au-dessus
du bâtiment d'habitation, un réservoir et une
pompe pour y monter l'eau d'un puits, et, dans la
cour, une salle de douches en planches, même une
piscine, et deux ou quatre cabines pouvant servir
de cabinets de toilette pour les deux sexes. On ne
pourrait, il est vrai, faire des applications dans
ce petit établissement qu'à des malades pouvant
bien marcher, à moins que le médecin ne voulût
et ne pût recevoir quelques pensionnaires ; mais,
même en bornant les applications à des externes,
il pourrait encore rendre des services considérables. On a déjà signalé la possibilité dont nous
parlons ; nous appelons de nouveau sur elle l'attention de nos honorables confrères de province,
qui n'ont encore profité qu'en bien petit nombre,
croyons-nous, du privilège que leur donne leur
situation.

Depuis bien longtemps, dans l'espoir de propager l'hydrothérapie dans toutes ses applications
hygiéniques utiles, nous avions, à la suite d'un
grand nombre de demandes qui nous avaient été
adressées, publié des instructions qui pouvaient
permettre à toute personne intelligente de faire
l'installation nécessaire aux applications hygiéniques ; car, quant aux applications thérapeutiques,
il est bien entendu qu'elles ne peuvent être faites
que par le médecin lui-même, et, en cas d'impos-

sibilité, sous sa surveillance immédiate. Voici, en effet, ce que nous écrivions dès 1866.

Des personnes, sans être malades, ont une constitution faible. D'autres craignent les conséquences d'une prédisposition héréditaire, d'un vice diathésique. Partout où sont agglomérés beaucoup d'individus, pensions, asiles, casernes, etc., les causes des maladies, d'affaiblissement de la constitution, abondent ; l'usage de l'hydrothérapie, qui active la circulation capillaire, régularise les grandes fonctions et augmente les forces, ne serait-elle pas un moyen efficace de conjurer les effets de ces mauvaises conditions ? Pour nous, la question n'est pas douteuse ; nous croyons donc faire œuvre utile en nous efforçant de vulgariser ce moyen.

Si l'emploi de l'eau froide dans le traitement des maladies exige le savoir que donnent l'étude et l'expérience, il n'en est pas de même de l'usage de l'eau destiné à garantir ou à fortifier l'économie. Celui qui se soumet alors aux applications hydrothérapiques est suffisamment juge de ses sensations, de l'avantage ou des inconvénients immédiats que lui procurent telle ou telle application, telle ou telle température de l'eau, pour qu'avec un peu d'observation il arrive promptement à discerner les procédés qui lui conviennent le mieux, et pour adopter ainsi l'hydrothérapie hygiénique dont il pourra tirer les meilleurs fruits ; il arrivera d'autant mieux, du reste, à ce discernement désirable, qu'il aura reçu les instructions propres à guider son inexpérience, au début de ses essais.

Voici celles que notre expérience nous permet de formuler, et de recommander avec confiance à ceux qui croient devoir demander à l'hydrothérapie le maintien ou le renforcement de leur santé.

Nous commencerons par l'indication des ustensiles et appareils dont devront se munir les personnes qui se trouveront dans des conditions favorables pour cela.

1° Une baignoire ovale en zinc ou en cuivre de 1 mètre 20 cent. à 1 mètre 50 de longueur sur 80 centimètres à 1 mètre de largeur, avec bords arrondis et une profondeur proportionnée ;

2° Un réservoir en tôle ou en zinc ou même en bois (une cuve, par exemple), placée à une hauteur assez élevée (6 à 7 mètres, 10 si on le peut), percé à sa base d'un trou destiné à recevoir un tuyau terminé en pomme d'arrosoir, tuyau et pomme que l'on fait fonctionner à l'aide d'une corde qui soulève une soupape fermant l'orifice du tuyau du réservoir (*fig.* 15).

On fait aujourd'hui des appareils portatifs où la pression exercée par une machine pneumatique peut remplacer la chute d'un réservoir élevé (*fig.* 16), seulement ces appareils ont généralement l'inconvénient que la pression y diminue très rapidement, et de très forte qu'elle est au début de la douche, elle devient trop faible à la fin ; il faut donc se procurer un appareil où la pression reste sensiblement la même, soit automatiquement, soit par le concours d'un aide, quand on en peut disposer, qui pompe pour augmenter la pression, à mesure qu'elle se détend.

3° Quand le réservoir, au cas où celui-ci est

adopté, n'est pas alimenté par la pression natu-

Fig. 15.
Douche en pluie.

relle de l'eau, une pompe aspirante et foulante avec conduit suffit pour remplir le réservoir.

4° Enfin, dans le cas où le réservoir n'est pas alimenté par un écoulement naturel d'eau ou par

Fig. 16.
Douche en pluie.

un puits, il faut avoir une citerne où se trouve en réserve de l'eau en suffisante quantité pour l'alimenter. Du reste, lors même que le réservoir peut être alimenté par de l'eau qui coule ou se trouve seulement en plein air, comme celle d'une rivière, d'un ruisseau, d'un lac ou d'un étang, la citerne est toujours nécessaire pour y faire séjourner et y refroidir l'eau, en été, parce que dans la saison chaude, l'exposition de l'eau, à l'air ambiant, lui donne une température trop élevée pour que les applications hydrothérapiques faites avec cette eau produisent le bien qu'on en doit attendre.

L'ensemble de ces appareils coûtera moins d'un billet de mille francs ; le bien que leur usage peut produire est donc hors de proportion avec le sacrifice que peut faire une famille qui n'est pas absolument nécessiteuse ; quant aux établissements publics, c'est pour eux une dépense insignifiante.

Quant à la manière de faire usage de ces appareils, voici comment nous conseillons de procéder :

Avant d'appliquer les douches, on préludera par des ablutions, qu'on pratiquera ainsi qu'il suit, pendant plusieurs jours de suite :

On versera dans la baignoire trois ou quatre seaux d'eau, laquelle sera d'abord à la température de 24 à 25°, puis, de 18°, puis de 14°. La personne étant ensuite assise dans la baignoire, on commencera par lui mouiller la tête, et on lui passera des éponges imbibées sur toute la partie antérieure du corps, puis sur toute la partie postérieure ; elle sera frottée en même temps avec énergie jusqu'au moment où elle sentira naître une certaine chaleur ; elle sortira alors de la

baignoire, sera essorée avec une éponge humide,
et on la frottera de nouveau avec une toile un peu
grossière, et ensuite, si c'est en hiver, avec une
couverture ou un tissu quelconque de laine, de

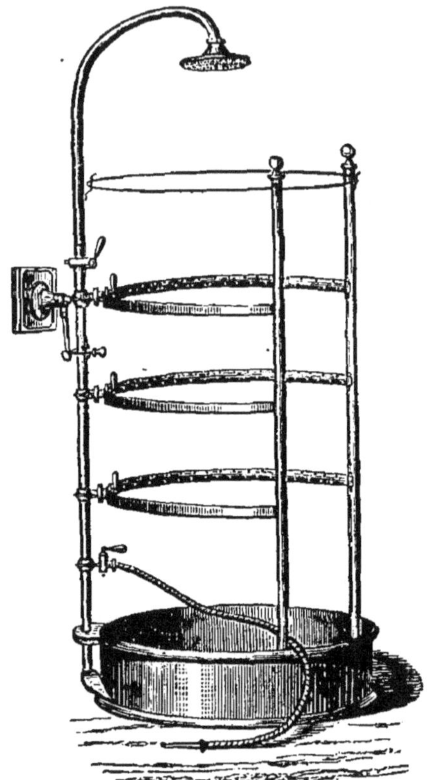

Fig. 17.
Hydrothérapie.
Appareil pour appartement.

façon à ce qu'il ne reste sur le corps aucune trace
d'humidité. Cette opération terminée, la personne

se rhabille, boit un quart ou un demi-verre d'eau fraîche, et se livre à un exercice quelconque, promenade ou gymnastique.

Ces ablutions, ainsi continuées pendant plusieurs jours, huit, dix, quinze, ou même plus, on les remplace par une douche en arrosoir qu'on prend en se plaçant simplement sous la pomme d'arrosoir dont nous avons parlé, ou dans un appareil en cercle (*fig.* 17), ou mieux en se faisant promener sur tout le corps par un aide les jets multiples qui s'échappent de la pomme ; cet arrosage, si l'on nous permet le mot, durera de dix à trente secondes pour commencer, et progressivement jusqu'à deux minutes, au maximum. L'eau sera la plus froide possible.

Pour les familles qui pourraient encore trouver ces instructions insuffisantes et qui en désireraient de plus étendues, nous nous tenons à leur disposition, et nous nous ferons même un plaisir d'instruire pratiquement les aides qu'elles voudraient nous adresser, afin qu'ils puissent faire les applications conformément aux règles que l'expérience nous a démontré être les meilleures ; quand on croit une chose bonne on ne saurait mettre trop de zèle à la répandre.

ARTICLE VI

CONTRE-INDICATIONS A L'HYDROTHÉRAPIE

Existe-t-il des contre-indications à l'emploi de l'hydrothérapie ? Autrefois, de nombreux médecins auraient répondu affirmativement à cette question ; mais aujourd'hui, quoique le nombre de ces médecins soit beaucoup moindre, il est de notre devoir d'examiner leurs raisons. Nous les avons déjà réfutées implicitement ; nous n'avons qu'à compléter notre examen.

Une des contre-indications qui étaient le plus souvent invoquées par les médecins, c'était l'état de faiblesse des malades : « Vous êtes trop faibles, leur disaient-ils, pour supporte les applications hydrothérapiques et, en tous cas, pour faire une réaction satisfaisante, si vous les supportiez ».

Combien connaissons-nous d'exemples où des malades arrivés à l'extrême degré de faiblesse par suite de maladies fort diverses, ont été soumis à l'hydrothérapie, dont ils ont supporté avec la plus grande facilité les applications, et chez qui la réaction n'a jamais manqué de se produire, réaction, il est vrai, faible parfois, mais en rapport avec l'espèce et l'énergie de l'application. Nul doute que, si l'on soumettait un sujet d'une extrême faiblesse à une immersion très froide et de longue durée, à une douche en colonne également très longue, on ne produisît des accidents plus ou moins graves et même mortels ; mais ces accidents seraient exclusivement dus à des applications hydrothérapiques intempestives, que l'hydrothérapeute tant soit peu expérimenté évitera toujours ; nous sommes déjà arrivé à 30 ans de pratiques et nous sommes encore à observer un de ces accidents que beaucoup de nos confrères redoutaient. Nous pouvons donc poser en principe absolu qu'une application hydrothérapique très légère peut toujours être faite à un malade, quelque faible qu'il soit, et que la réaction proportionnée à la force de l'action s'opère sans exception.

Il est une autre contre-indication qu'on a moins souvent, mais assez fréquemment encore, opposée à l'hydrothérapie : cette médication, a-t-on dit, est très puissante ; mais elle est dangereuse en raison de sa puissance même.

Cette objection n'est en quelque sorte que la précédente retournée ;. elle suppose à tort que l'hydrothérapie agit toujours d'une même façon, et toujours violente.

Une contre-indication souvent invoquée, et encore maintenant, par un assez grand nombre de médecins, c'est la saison rigoureuse ; nous avons réfuté assez longuement l'erreur sur laquelle est basée cette contre-indication prétendue, pour n'y point revenir. Nous développerons seulement une des raisons qui doivent faire préférer l'hydrothérapie d'hiver à l'hydrothérapie d'été.

Au début de notre pratique nous nous dispensions, à l'exemple de Priessnitz, de chauffer notre salle de douches et nos cabinets de toilette et nous obtenions les plus beaux résultats des applications hydrothérapiques. Fleury recommande, au contraire, de chauffer salle et cabinets, de façon que les malades n'y éprouvent jamais l'impression du froid. D'un autre côté, il reconnaît, avec beaucoup de raison, que les efforts musculaires destinés à provoquer la réaction sont nécessaires, et que rien ne saurait les remplacer, — ce qui, dans une certaine limite, est un peu exagéré. — Dès lors, il recommande aux hydrothérapeutes de « défendre sévèrement aux malades de se chauffer après la douche ». C'est fort bien ; mais le séjour après la douche dans les cabinets qui sont à la température de 18 à 20' ou même de 22, n'équivaut-il pas presque à un chauffage ? Nous signalons cette question à ceux de nos confrères qui ont fondé ou veulent fonder des établissements hydrothérapiques petits ou grands. Notre avis est que moins les cabinets de toilette seront chauffés, mieux s'en trouveront les malades car moins ils y séjourneront et plus ils chercheront le moyen de réagir dans un exercice musculaire.

Voici deux contre-indications plus sérieuses, mais surtout une ; seulement ces contre-indications ne peuvent être prévues d'avance ; elles dépendent uniquement d'idiosyncrasies dont les caractères n'ont rien d'apparent, du moins à l'observation que nous avons pu faire jusqu'à ce jour.

Presque tous les malades, lorsqu'ils reçoivent leur première douche, éprouvent une suffocation qui est quelquefois très intense et qui menace le malade d'asphyxie ; mais, spontanément ou à l'aide de quelques énergiques frictions sur la poitrine, cette suffocation ne tarde pas à se dissiper, et généralement elle cesse de se produire au bout de quelques jours ; cette suffocation peut être occasionnée par une affection des poumons ou du cœur ; aussi beaucoup de médecins voient-ils encore dans ces affections des contre-indications nouvelles à l'hydrothérapie. En ce qui concerne les maladies des poumons, la contre-indication n'est pas réelle, et, en ce qui concerne celles du cœur, elle ne l'est que pour les maladies dites organiques, et encore pas toujours ; pour les autres, l'hydrothérapie est souvent une méthode curative, bien loin d'être une médication contre-indiquée. Mais la suffocation dépend le plus souvent d'une disposition nerveuse particulière que rien ne fait prévoir ; seulement elle disparaît, comme nous l'avons dit, après quelques douches.

Il en est une autre, non moins idiosyncrasique, non moins impossible à prévoir, plus tenace, et, heureusement aussi, fort rare. Chez certains malades, la douche détermine une violente douleur de tête, que Fleury dit être indifféremment frontale ou occipitale, mais qui était exclusivement occipitale dans les quatre seuls cas où nous l'ayons observée pendant une pratique de près de plus de trente ans.

Un de nos amis, qui a pratiqué longtemps l'hydrothérapie, a aussi observé deux fois cette douleur de tête ; elle était occipitale dans les deux cas. Fleury écrit qu'elle se présente *surtout* chez les sujets plongés depuis longtemps dans une profonde anémie, et « qu'elle doit être attribuée à l'excitation brusque imprimée à la circulation encéphalique et au choc que reçoit l'encéphale, habitué à une circulation lente et faible d'un sang appauvri ; elle diminue, en effet, à mesure que le sang se reconstitue et que la circulation générale devient plus active. »

Le *surtout* de Fleury indiquerait qu'il a observé

la douleur céphalique assez souvent pour établir des comparaisons ; son observation serait ainsi différente de la nôtre et de celle de notre confrère et ami. Elle n'est pas moins différente quant aux conditions dans lesquelles la douleur se manifeste : Fleury croit qu'on l'observe *surtout* chez les sujets plongés depuis longtemps dans une profonde anémie, tandis qu'un seul de nos quatre cas se présentait chez un anémique ; il n'en était pas différemment dans les deux cas observés par notre ami ; l'un d'eux a même eu pour sujet un homme d'environ quarante-cinq ans, d'une très forte constitution nervoso-sanguine, grand et vigoureusement organisé, et, circonstance curieuse, nullement malade. Cet homme avait un frère, assez fort aussi, quoique moins que lui-même, et qui avait été atteint de vertiges intenses, dont trois ou quatre, simulant un coup de sang, l'avaient fait tomber à terre sur le trottoir ; ce malade ayant été parfaitement guéri par l'hydrothérapie, son frère, non malade, mais craignant d'être aussi pris des mêmes vertiges, étant très sanguin, et de tomber dans les rues que ses fonctions l'obligeaient à parcourir tous les jours, résolut de faire de l'hydrothérapie purement hygiénique et prophylactique ; c'est dans ces conditions que la douleur occipitale se manifesta.

Fleury fait remarquer que cette douleur se dissipe à mesure que le sang se reconstitue ; s'il a bien vu, cela prouve que l'espèce de douleur n'est pas la même que celle que nous avons observée, notre ami et nous ; dans les six cas, en effet, la douleur, outre qu'elle se présentait sur des sujets

peu ou point malades, a résisté à toutes les précautions qu'on a pu prendre pour la prévenir; dans
les six cas, elle a éclaté, on peut le dire, comme
un coup de foudre, immédiatement après chaque
application hydrothérapique, si légère fût-elle, et
elle nous a forcés d'interrompre les applications et
d'y renoncer. Cette douleur spéciale est donc une
véritable contre-indication de l'hydrothérapie,
tandis que celle observée par Fleury est, au contraire, une indication d'appliquer la méthode.

CHAPITRE III

CLINIQUE DE L'HYDROTHÉRAPIE

Nous dirons à propos de chacune des maladies chroniques dont nous rapporterons des faits cliniques observés par nous (1), ce que notre expérience nous a appris de leur histoire, envisagée surtout au point de vue de la pratique hydrothérapique ; et, pour bien montrer d'avance combien nous renonçons à toute prétention doctrinale, nous exposerons nos faits par ordre alphabétique.

ART. 1. — AGÉNÉSIE.

On a désigné sous ce nom l'impossibilité de procréer, dont on a fait, à tort, une des espèces ou variétés d'impuissance ; il était inutile de créer un mot nouveau pour définir un état qu'un mot ancien et bien connu définissait à merveille, c'est celui de *stérilité* ; mais la stérilité n'est nullement l'*impuissance*.

1. La résolution que nous avons prise de réduire le volume de ce *résumé* nous a obligé à supprimer les observations ; mais les considérations qui les précèdaient et que nous avons conservées en sont l'analyse fidèle ; et les praticiens trouveront dans cette analyse un guide aussi sûr que dans les observations elles-mêmes.

Nous n'avons jamais eu l'occasion de lui appliquer l'hydrothérapie, du moins chez l'homme, et nous ne pensons pas qu'elle lui soit applicable.

Chez la femme c'est différent. La stérilité ou plutôt l'impossibilité de procréer et de concevoir dépend quelquefois chez elle de certaines affections de l'utérus auxquelles l'hydrothérapie peut porter remède ; dans ces cas, elle rend possible la fécondation ; mais ce n'est pas encore là la véritable stérilité ; c'est une stérilité accidentelle.

La vraie stérilité est celle qui existe en dehors de toute maladie apparente, et qui dépend sans doute d'une absence ou d'une imperfection de la sécrétion de l'œuf humain. Quand cette absence ou cette imperfection ne tient pas à une altération générale de l'économie ou à une affection des organes génitaux, l'hydrothérapie n'aurait probablement aucune influence.

Quant aux applications indiquées contre la stérilité due à des affections déterminées, nous les indiquons en traitant de chacune de ces affections.

<hr>

Art. 2 — Albuminurie.

Les applications froides sont utiles dans la forme de l'albuminurie aiguë même grave ; une amélioration a suivi chaque séance hydrothérapique, et, comme ici, les applications ont pu être continuées, l'amélioration a continué aussi jusqu'à la guérison assez rapidement obtenue.

Cette guérison n'aurait-elle pas eu lieu sans l'intervention de l'hydrothérapie? Ce n'est pas ce que nous voulons prétendre; on sait bien que ces albuminuries aiguës, accidentelles, n'ont pas la gravité de l'albuminurie chronique, de la maladie de Bright.

Il resterait seulement à savoir ce que la méthode pourrait contre la néphrite granuleuse. Becquerel, —qui a été le premier médecin des hôpitaux, rallié à l'hydrothérapie par une heureuse expérience faite sur lui-même, — Becquerel, qui avait fait installer des appareils dans son service, avait traité plusieurs albuminuries chroniques, et il a résumé ainsi ses résultats.

« Dans plus de vingt cas de maladie de Bright de forme aiguë, y disait-il, la disparition rapide et la guérison complète, sans récidive de l'affection; dans la forme chronique, j'ai obtenu une diminution plus ou moins considérable dans la proportion de l'albumine, une diminution où la disparition de l'hydropisie, un rétablissement plus ou moins complet des forces; j'ai pu prolonger la vie et obtenir une très grande amélioration, mais je n'ai jamais vu de guérison complète. »

Si les résultats que signale Becquerel ont pu être obtenus dans un service hospitalier, on pense bien qu'on n'en obtient pas de moins avantageux dans la clientèle civile où les conditions hygiéniques générales sont infiniment meilleures. Pour notre compte, nous avons traité plusieurs albuminuriques dont nous avons toujours eu la satisfaction d'améliorer l'état, nous croyons bien que l'un d'eux même a été complètement guéri.

Les applications que nous avons employées de préférence sont la douche en pluie fine de quelques secondes, et la douche en jet brisé promenée sur tout le corps de dix à quinze secondes également, dont on peut, quand l'amélioration se manifeste, doubler ou même tripler la durée ; eau à 10 ou 12°, en commençant, qu'on abaisse plus tard à 7 ou 8.

ART. 3. — ALIÉNATION MENTALE.

Pendant longtemps les douches ont joué un assez grand rôle dans le traitement de l'aliénation mentale ; mais entre les douches des aliénistes et l'hydrothérapie, il n'y avait d'autre rapport que celui du nom : les aliénistes donnaient les douches comme moyen d'intimidation ; Leuret avait même rangé ces douches intimidantes parmi les moyens dont l'ensemble constituait ce qu'il appelait le *traitement moral.* Dans ce traitement, dit moral, les douches étaient toujours appliquées sur la tête d'une hauteur plus ou moins grande, et provoquaient des douleurs plus ou moins intenses, comme il convient à tout moyen de répression. Les aliénistes actuels paraissent avoir renoncé à ces moyens de contrainte, quoique certains d'entre eux croient encore ramener les aliénés aux idées saines par l'emploi de la force. Mais tout en ayant renoncé aux douches répressives, nos honorables confrères ne les ont point encore remplacées par l'emploi des procédés hydrothérapiques tels que l'expérience contemporaine nous a enseigné à les appliquer. Nous savons seulement que quelques-uns de nos distingués confrères, MM. Blanche, Auguste Voisin, Ball, Motet et Sémelaigne (1), prescrivent dans quelques cas l'hydrothérapie et en retirent de bons résultats.

M. Auguste Voisin prescrit l'application de l'eau froide dans les cas d'anémie cérébrale, et dans les cas où l'aliénation mentale est associée à des troubles du tube digestif et de ses annexes, foie, rate, pancréas, association fréquente dans la folie hypocondriaque. Il la prescrit aussi dans les congestions primitives et secondaires du cerveau ; il emploie dans ces cas des moyens qui ont beaucoup d'analogie avec l'hydrothérapie, tels que le bonnet de caoutchouc rempli de petits morceaux de glace à l'aide duquel il maintient la fraîcheur sur la tête pendant quatre, six et même vingt-quatre heures consécutives ; chez les malades qui restent couchés il emploie le bonnet en étain.

Quant au professeur Ball, il fait usage de l'hydrothérapie contre les accidents cérébraux causés par l'alcoolisme et le saturnisme ; mais il la proscrit dans le traitement de la paralysie générale.

Si les applications hydriatiques ne se sont pas encore généralisées dans le traitement de l'aliénation mentale, la faute n'en est pourtant pas aux hydrothérapeutes ; depuis longtemps le docteur Baldou avait fait nombre de fois ces applications, lorsque, en 1862, il en fit l'objet d'un mé-

1. Auguste Voisin, *Leçons cliniques sur les maladies mentales et sur les maladies nerveuses*. Paris, 1883, in-8.

moire qu'il lut à l'Académie de médecine (1). Dans ce travail étendu, après avoir rappelé que certains aliénistes ont employé, sans beaucoup de méthode, les uns l'eau chaude, les autres l'eau tiède, et les troisièmes l'eau froide, mais presque toujours dans le but d'intimidation, M. Baldou indique comment, suivant lui, doit s'appliquer l'hydrothérapie dans les cas d'aliénation mentale.

Il emploie d'abord ce qu'il appelle la *capeline humide*, que d'autres ont appelée la *capeline hydrothérapique*, et qui n'est autre chose qu'une serviette pliée en une sorte de capote, et qu'il maintenait constamment humide sur la tête.

M. Baldou emploie ensuite les douches, qu'il divise en *douches calmantes* ou *sédatives*, en *douches légèrement toniques*, et en *douches excitantes*. Suivant lui, chacune de ces variétés de douches trouve de fréquentes indications dans les divers genres de folie. Il rapporte deux observations importantes des applications qu'il recommande, et termine par les conclusions suivantes :

1º L'importance de l'application de l'hydrothérapie au traitement de l'aliénation mentale est fondée sur la connaissance des effets physiologiques des éléments ou agents qui composent cette méthode ;

« 2º Par les modifications dont l'hydrothérapie est susceptible entre les mains d'un médecin expérimenté, cette méthode offre à l'aliéniste des applications très variées et qui correspondent aux variations si nombreuses de l'aliénation ;

« 3º Ces variétés d'action de l'hydrothérapie

1. Baldou, *Bulletin de l'Académie de médecine*, 1862.

sont encore susceptibles de l'augmenter par l'association de cette méthode avec les autres agents
de la thérapeutique ;

« 4° L'application de l'hydrothérapie à la folie
exige l'emploi raisonné et non systématique de
chacun de ses éléments ;

« 5° La manie, comme la lypémanie et la démence, offre des périodes ou des phases pyréti-
ques et apyrétiques d'excitation et de dépression ;
on ne peut donc dire que tel traitement convient
à la manie, ou à la démence, ou à la lypémanie,
mais bien à telle ou telle phase de ces maladies ;

« 6° Les aliénés s'habituent au froid en bains et
en douches, aux enveloppements, à condition
qu'on évite de les surprendre, en agissant avec
brusquerie ; mais, qu'au contraire, on les fasse
arriver graduellement d'une température modérée
aux températures les plus basses, des douches les
plus faibles aux douches les plus énergiques ;

« 7° Il est pourtant des aliénés qu'il faut violen-
ter pour les soumettre aux bains, aux douches,
etc. Il faut, tout en usant de tous les ménage-
ments possibles, passer outre, et, l'opération une
fois terminée, les effets physiologiques et thérapeutiques ne s'en produisent pas moins ;

« 8° Je n'ai jamais cru devoir employer les douches et les bains comme moyen d'intimidation ;
mais si je conclus de ma pratique que l'usage de
l'intimidation doive être restreint, je suis loin de
le proscrire absolument ;

« 9° Je ferai les mêmes réserves pour ce qui est
des irrigations appelées douches ; je les ai d'ailleurs remplacées par la capeline humide ;

« 10° L'action éminemment antiphlogistique des enveloppements dans les draps mouillés dispensera dans le plus grand nombre des cas d'avoir recours à la saignée, reconnue dangereuse par la plupart des aliénistes ; combiné avec les bains tempérés de deux à quatre minutes, ce procédé remplacera toujours avec avantage les bains tempérés de longue durée ;

« 11° Enfin, une conclusion dernière sera non une prédiction, mais une prévision, et je la formulerai sans crainte de me heurter aujourd'hui contre les incrédulités et les préventions qu'accueillirent mes prévisions en 1841 : l'hydrothérapie prendra dans la thérapeutique de l'aliénation mentale une place plus importante encore que celle qu'elle a su conquérir dans la thérapeutique des maladies chroniques en général. »

La prédiction formulée dans la dernière conclusion de M. Baldou ne s'est pas encore réalisée, quoiqu'elle date déjà de plus de cinquante ans ; est-ce une raison d'assurer qu'elle ne se réalisera jamais ? Nous ne voudrions pas le prétendre. Ce qui nous paraît très probable, pour ne pas dire certain, c'est que si un professeur aliéniste, tel que M. Ball, qui a déjà fait quelques applications heureuses de la méthode, en faisait assez d'autres, pour qu'il se crût autorisé à la recommander, la propagation de cette méthode ne manquerait pas de se faire dans de larges proportions, et le traitement de l'aliénation en retirerait bientôt tous les fruits qu'elle peut porter.

Pas plus que nous ne chercherons à prédire le sort des prédictions de Baldou, nous chercherons

à apprécier les doctrines qu'il émet sur l'aliénation mentale. Nous sommes disposé à croire que
l'application de l'hydrothérapie au traitement de
l'aliénation mentale prendra de l'extension, sans
toutefois oser prédire que cette extension sera
aussi considérable que le pense M. Baldou. Tout
ce que nous pouvons dire, c'est que, dans les applications que la confiance de nos confrères aliénistes nous a mis à même de faire, nous avons eu
des succès remarquables et bien faits pour nous
encourager à persévérer dans nos essais. Ces succès, il est vrai, ont presque tous eu pour sujets
des malades atteints d'une forme très spéciale
d'aliénation, celle qui se lie à l'hypocondrie ou
plutôt à ce qui la produit, car nous croyons bien
qu'elle est plus souvent cause qu'effet, et celle
qui s'en rapproche beaucoup, et qui est caractérisée par le délire des persécutions. Mais ces
deux formes ne sont pas les moins tenaces; les
succès obtenus contre elles peuvent donc en faire
espérer contre d'autres formes.

ART. 4. — AMYOTROPHIE RHUMATISMALE ET GOUTTEUSE.

M. le Dr J. Cornillon (1) a publié un travail fort
intéressant sur les *amyotrophies goutteuses,* simulant l'atrophie musculaire progressive, à propos
d'une observation fort intéressante de ces atro-

1. Cornillon, *la Médecine contemporaine* du 15 juillet 1883.

phies développées à la suite d'accès que l'auteur suppose être des accès de goutte. Nous préférons à son titre celui *d'atrophies rhumatismales et goutteuses*, non seulement parce que ces atrophies peuvent se développer à la suite d'arthrites rhumatismales franches, tout comme à la suite d'arthrites goutteuses non moins franches, mais parce que nous professons que, dans des cas assez nombreux, les distinctions que l'on voudrait établir entre le rhumatisme et la goutte sont illusoires, et prouvent, par leur peu de fondement même, que le rhumatisme et la goutte sont deux formes d'une maladie unique au fond. Nous n'insisterons pas sur ce point, et nous nous contenterons de signaler que l'atrophie dont parle M. Cornillon avait peu attiré l'attention des médecins avant le travail du Dr Vallat (1), et qu'aujourd'hui même l'amyotrophie goutteuse, ou plutôt rhumatismo-goutteuse, est peu connue de la généralité des praticiens.

Ce qui n'est guère plus connu encore, c'est l'heureuse influence de l'hydrothérapie sur ces amyotrophies et sur les arthrites elles-mêmes qui leur donnent naissance. M. Cornillon n'a pas parlé de cette heureuse influence ; nous croyons devoir la lui signaler.

Une autre remarque que nous devons mentionner, car elle a une grande importance à la fois pathologique et thérapeutique, c'est la suivante :

Il semblerait résulter de l'intéressante note de M. Cornillon que les paralysies et les amyotro-

____

1. Vallat, Thèse.

phies de nature goutteuse ou rhumatismale sont exclusivement celles qui sont consécutives aux arthrites ; nous croyons bien que l'apparence est ici d'accord avec la réalité, et que telle est, en effet, l'opinion de notre distingué confrère ; or, si elle est telle, nous n'hésiterons pas à déclarer qu'elle constitue une erreur :

Un assez grand nombre d'atrophies et surtout de paralysies musculaires, de nature goutteuse ou rhumatismale, se développent primitivement ou dans des points très éloignés des articulations affectées, sans connexions avec elles, et avec lesquelles elles n'ont de commun que la disposition générale de l'économie (diathèse, si l'on veut), sous l'influence de laquelle arthrites et paralysies ou amyotrophies se trouvent également.

Nous venons de dire qu'un grand nombre d'atrophies et *surtout* de paralysies se développent indépendamment des arthrites ; *surtout* indique que les paralysies dont nous nous occupons, — lesquelles précèdent à peu près toujours les atrophies, — guérissent très souvent avant que l'atrophie ne commence, et notamment quand les paralysies sont soumises de bonne heure au traitement hydrothérapique.

Une conséquence qui résulte de cette indépendance des deux affections articulaire et musculaire, c'est que l'explication du mode de formation de l'atrophie, par l'action de l'arthrite sur la moelle et de l'action réflexe de celle-ci sur le tissu musculaire, ne saurait être fondée ; les affections musculaires se développent simultanément ou successivement, tantôt l'une succédant à l'autre tantôt l'autre succédant à l'une, mais ne dépendant nullement l'une de l'autre et dépendant, au contraire, toutes deux de la disposition, de l'altération générale, inconnue dans les phénomènes intimes, qu'on a désignée par le nom de diathèse.

Voilà, croyons-nous, la véritable interprétation la véritable théorie, si l'on veut, du fait ou des faits qui ont été l'occasion de l'intéressante note de M. Cornillon.

Quant aux applications que comporte le traitement des amyotrophies et des paralysies goutteuses et rhumatismales, ce sont les mêmes que celles qu'on applique au rhumatisme et à la goutte (1).

Art. 5. — Anémie.

Le mot d'*anémie* est étymologiquement mal choisi, puisqu'il signifie privation de sang et jamais personne n'a existé complètement privé de sang. Néanmoins, nous prendrons l'anémie dans son sens usuel, mais éviterons-nous aussi tous les embarras : beaucoup de classifications de l'anémie, en effet, ont été proposées, et il faut bien, en adopter une, pour s'étendre et surtout pour être entendu ; la plus simple d'entre elles, surtout au point de vue pratique, est celle qui distingue l'anémie en *idiopathique* et *symptomatique*, c'est-à-

1. Voyez *Goutte* et *Rhumatisme*.

dire, en anémie qui ne dépend d'aucune autre
maladie, et anémie qui est sous la dépendance
d'une autre affection, curable ou incurable ; mais
cette division, si simple en apparence, en théorie,
est bien loin de l'être autant en pratique.

Si l'hydrothérapie n'a pas et ne peut avoir la
prétention de guérir toutes les anémies, notamment l'anémie cancéreuse, elle a très légitimement celle de les soulager toutes, ou à peu près
toutes.

Bien des malades, et même, ce qui est moins
convenable, quelques médecins, s'étonnent de la
longueur habituelle du traitement hydrothérapique, quand il s'agit presque toujours de la guérison de maladies qui remontent à plusieurs années,
et contre lesquelles ont généralement échoué toutes les ressources de la matière médicale. On
devrait croire, d'après cela, que lorsque des malades sont assez heureux, pour voir leur grave
état s'améliorer d'une manière presque inespérée
dans un temps relativement très court, ils seraient
heureux de s'imposer l'obligation de ne point
interrompre, avant guérison complète, et au risque d'en compromettre les résultats définitifs, une
médication à laquelle ils doivent déjà le bienfait
d'un véritable retour à la vie : Eh bien ! ce qu'on
pourrait juger inévitable n'arrive pas toujours :
bien des malades impatients s'empressent de quitter l'hydrothérapie dès qu'elle leur a procuré une
amélioration sensible ; heureuse encore, la pauvre
méthode, si, en cas de rechute, ils ne l'accusent
pas d'impuissance ou même de maléfice !

ART. 6. — ANKYLOSE ET PSEUDO-ANKYLOSE.

La véritable ankylose consistant dans la soudure des os d'une articulation par la substance osseuse elle-même, il n'y a pas de remède possible, à moins qu'on ne se décide à adopter le procédé de Louvrier, à rompre les os de vive force, pour tâcher d'obtenir au niveau de la cassure une articulation artificielle. D'ailleurs l'immobilité absolue d'une articulation n'est pas toujours le signe pathognomonique de l'ankylose vraie, et, dans la fausse ankylose avec immobilité absolue, l'hydrothérapie peut rétablir et a rétabli nombre de fois les parties en leur état de mobilité.

Ces fausses ankyloses peuvent, en effet, malgré leur immobilité absolue, n'être causées que par des engorgements du tissu cellulo-fibreux, les ligaments, par une adhésion des cartilages à l'aide d'une substance intermédiaire encore plus ou moins molle, par de petites jetées osseuses, même d'un os à un autre, jetées osseuses de nouvelle formation qui n'ont ni la dureté ni la stabilité de l'os normal, et qui par suite peuvent être très avantageusement modifiées par la médication hydrothérapique ; elle peut ou les faire résoudre ou en déterminer l'absorption partielle, ce qui peut permettre le retour de quelques mouvements, en cas de résorption partielle. Or, ces mouvements, si bornés qu'ils soient d'abord, sont préférables à l'immobilité complète, surtout quand l'ankylose a pour siège le genou, car ils rendent toujours la marche un peu moins difficile, et ils manquent rarement de s'étendre, quand les sujets ne sont pas trop âgés, ce qui est le cas le plus fréquent. D'un autre côté, si l'on est assez heureux pour obtenir une résolution complète, — et nous l'avons été quelquefois, — les mouvements peuvent se rétablir comme à l'état normal.

De semblables résultats avaient déjà été obtenus avant nous par Fleury, nous nous plaisons d'autant plus à le reconnaître, que l'incurabilité de l'ankylose, même fausse, avec abolition complète des mouvements, avait été admise par les chirurgiens les plus distingués. Parmi les moyens les plus recommandés et les plus usités contre l'ankylose, se trouvent au premier rang les bains de vapeur, les bains d'eaux thermales et les *douches* de ces mêmes eaux, nouvelle preuve de la différence qui existe entre la balnéologie et l'hydrothérapie.

Les mouvements imprimés à l'articulation ankylosée, soit par les mains du chirurgien, soit à l'aide d'appareil *ad hoc*, avaient donné au professeur Malgaigne quelques résultats heureux ; cependant ce moyen restait souvent impuissant, et le professeur lui-même, renonçant à l'espoir de triompher de certaines ankyloses, a quelquefois conseillé l'hydrothérapie aux malades qui en étaient atteints, et s'en est bien trouvé.

Quant aux procédés hydrothérapiques qu'il convient d'employer contre les ankyloses, ce sont les plus énergiques pour exciter la circulation capillaire, ceux qu'on emploie aussi contre l'arthrite rhumatismale chronique, qui est si souvent la cause de la soudure des os, car l'ankylose, comme le disait Sanson aîné, « n'est point à proprement

parler une maladie ; elle n'est qu'un effet ou qu'une
suite d'autres affections, et elle peut succéder à
toutes celles qui détruisent quelqu'une des conditions sans lesquelles une articulation ne peut se
mouvoir. »

Les douches en pluie et en jet plein, dirigé principalement sur l'articulation affectée, de quinze
à quarante-cinq secondes, avec de l'eau la plus
froide possible, applications précédées de sudations énergiques pendant vingt, trente et même
quarante minutes, tels sont les procédés hydrothérapiques à employer contre l'ankylose ; il sera
bon de faire alterner de temps en temps les douches, après la sudation, avec une immersion dans
la piscine de une demi-minute à une minute et
demie, suivant la facilité plus ou moins grande du
malade à réagir ; plus la réaction est facile, plus
on pourra prolonger l'immersion ; elle pourra
durer dans certains cas avec avantage jusqu'à
deux minutes.

Pendant la durée des applications hydrothérapiques, tout autre traitement pharmaceutique et
balnéologique sera inutile ; les douches thermales, c'est-à-dire chaudes ne pourront même que
contrarier l'action des douches froides, et devront
par conséquent être proscrites.

Le malade devra boire de fréquentes gorgées
d'eau froide.

Les mouvements conseillés par le professeur
Malgaigne devront être exercés ; ils ne peuvent
que favoriser l'action des douches, pourvu qu'ils
ne soient jamais portés au point de provoquer
l'inflammation de la partie malade.

Art. 7. — Apoplexie.

Nous ne voulons parler ici que de l'apoplexie
qui est le résultat d'une hémorrhagie cérébrale,
et l'on pense bien que nous n'allons pas conseiller les applications hydrothérapiques pour guérir
une hémorrhagie cérébrale récente; mais l'apoplexie hémorrhagique n'a pas qu'une période, et
si l'hydrothérapie ne peut être qu'inutile dans
la première de ces périodes, elle peut être fort
avantageuse dans les autres: par exemple, lorsque les symptômes indiquent que la cicatrisation
du foyer apoplectique est en bonne voie et surtout avancée, l'hydrothérapie peut contribuer
beaucoup à la résolution de l'infiltration séreuse
ou sanguine qui entoure le foyer apoplectique, et
qui contribue à la persistance de la paralysie.
Quand la paralysie a duré longtemps ou même
qu'elle dure encore à un degré plus ou moins faible, les muscles qu'animaient les nerfs placés
sous la dépendance de la portion cérébrale déc .i-
rée éprouvent une diminution plus ou moins considérable de leur contractilité, et parfois aussi
un commencement de dégénérescence graisseuse.
L'hydrothérapie contribue puissamment au rétablissement de la contractilité et à l'arrêt de la
dégénérescence; elle peut même faire rétrogra-
der celle-ci et rétablir l'intégrité des fibres musculaires, pourvu que la transformation graisseuse
ne soit pas très avancée, ce qui est le cas le plus
ordinaire.

Ce n'est pas seulement pour remédier aux dé-

sordres causés par l'hémorrhagie cérébrale et pour
hâter la cicatrisation des foyers et surtout la résolution de l'engorgement qui les entoure que
l'hydrothérapie est utile, c'est aussi pour prévenir l'hémorrhagie elle-même ; nous ne croyons pas
que les prodromes de l'apoplexie soient aussi fréquents et aussi caractéristiques que beaucoup
d'auteurs l'ont écrit ; cependant, on ne saurait
méconnaître que certains individus dont la complexion est décrite partout sont particulièrement
exposés aux épanchements cérébraux de sang ;
chez ces individus, l'action de l'hydrothérapie parvient, moyennant un peu de persévérance, à empêcher les épanchements dans l'encéphale et
même les congestions vers la tête. C'est pour les
sujets dont il s'agit ici que l'hydrothérapie hygiénique et prophylactique sera particulièrement
précieuse, appliquée d'après les règles que nous
avons posées ; on insistera, pour ces cas spéciaux
sur les pieds, à la fin de l'administration de la
douche mobile en jet plein.

ART. 8. — ARTHRITE.

Sous ses formes variées, l'arthrite est une des
maladies sur lesquelles l'hydrothérapie a le plus
d'action, appliquée par les divers procédés qui la
constituent. Nous étudierons donc l'arthrite sous
la forme aiguë, subaiguë et chronique, sans pré-
judice de ce que nous aurons à dire à l'article
Goutte et Rhumatisme, maladies dont l'arthrite
dépend si souvent.

A. — *Arthrite aiguë.* — Nous n'avons pas eu des occasions très fréquentes de traiter des arthrites aiguës, parce que c'est surtout pour le traitement des maladies chroniques qu'on s'adresse à l'hydrothérapie. Cependant, nous avons traité quelques arthrites aiguës, et nous avons obtenu d'heureux et rapides résultats.

Nous avons même constaté que les guérisons dues à l'hydrothérapie n'ont jamais laissé après elles, — du moins dans les cas qu'il nous a été donné d'observer, — ces exsudats, restes des épanchements séro-albumineux, qui s'organisent si souvent et causent des adhérences articulaires, et qui donnent lieu à de fausses ankyloses, ou bien se forment en corps libres dans les articulations, où ils jouent parfois le rôle bien connu et dangereux de corps étrangers.

Enfin, il est une autre complication fréquente et encore plus sérieuse que nous n'avons pas observée chez nos malades, c'est l'inflammation du cœur ou de son enveloppe.

Est-ce à la rapidité de la guérison, est-ce à l'influence anti-inflammatoire de l'eau, que cette absence de complications est due? Nos observations ne sont pas assez nombreuses pour que nous osions répondre d'une manière catégorique à cette question; cependant, en ce qui concerne les complications du côté du cœur, nous serions fort disposé à y répondre affirmativement, car ces complications sont assez fréquentes pour que nous eussions dû probablement en observer quelqu'une, si la médication hydrothérapique n'avait pas eu d'influence préservatrice.

Le procédé purement sédatif est bien celui qui convient pour enrayer une phlegmasie aiguë; il suffit que le niveau de l'eau en soit au-dessus de celui de la partie irriguée, ne fût-ce que de quelques pieds; deux ou trois suffiraient. On pourrait même obtenir les mêmes résultats par l'application de compresses froides constamment renouvelées ; mais ce procédé demanderait un soin extrême de la part de la personne chargée du renouvellement. Le procédé indiqué ci-dessus est donc préférable.

B. — Arthrite subaiguë. — Par suite d'un traitement insuffisant ou sans cause connue, l'arthrite aiguë peut passer et passe assez fréquemment à l'état sub-aigu, forme plus difficile à combattre et plus dangereuse, localement, par ses conséquences. Il peut arriver aussi, surtout chez les constitutions faibles et les tempéraments lymphatiques, que cette forme sub-aiguë s'établisse d'emblée.

L'hydrothérapie est ici encore plus indiquée que dans la première forme, car les moyens dits antiphlogistiques, outre qu'ils réussissent rarement où même qu'ils ne réussissent pas, ont plus d'inconvénients que dans l'arthrite aiguë, et ne sauraient être renouvelés souvent sans nuire considérablement à la constitution du malade. On peut donc dire sans exagération que l'hydrothérapie est non seulement la médication qui convient mais la seule à laquelle on puisse recourir.

Bonnet (de Lyon) (1) avait déjà remarqué qu'une

1. Bonnet, *Traité de thérapeutique des malades articulaires*, Paris, 1853.

sorte d'hydrothérapie, — et non pas la meilleure
sorte, — les bains froids précédés de sueurs lui
avaient réussi pour faire disparaître des hydarthroses affectant à la fois un grand nombre d'articulations, et il avait même, à la suite de ces
succès, posé en principe général que, parmi les
meilleurs moyens pour déterminer la résorption
des liquides épanchés dans les articulations et y
faire disparaître les douleurs et la gêne des mouvements qui accompagnent l'hydropisie, il faut
compter les sudations provoquées par des fumigations sèches ou humides et les douches froides.

Plus que l'arthrite aiguë, l'arthrite sub-aiguë a
des conséquences locales sérieuses : elle produit
non seulement des hydarthroses, complication
peu grave quand le liquide épanché est de la syno-
vie ou plutôt de la sérosité pure ; mais cet épan-
chement de liquide est souvent accompagné d'exsudats albumineux qui prennent facilement le
caractère pseudo-membraneux, qui ne tardent
pas à augmenter la douleur, généralement modérée, dont s'accompagne l'arthrite sub-aiguë, et,
plus tard, gênent les mouvements de l'article au
point d'en rendre le fonctionnement difficile ;
mais le mal souvent ne s'arrête pas là : les produits de la sécrétion morbide se transforment en
tissus cellulo-fibreux, fibreux même, lesquels
établissent, soit des adhérences entre les surfaces
articulaires, soit, autour d'elles, des liens qui les
unissent étroitement et empêchent leurs mouvements ; parfois même dans ces liens fibreux peut
se déposer une substance osseuse adventive, qui
finit par donner à l'article cette immobilité abso-

lue ou quasi-absolue dont nous avons parlé à propos de l'ankylose. On voit donc l'importance qu'il y a à arrêter le plus tôt possible dans sa marche l'arthrite sub-aiguë. L'hydrothérapie, fort heureusement, nous en fournit dans le plus grand nombre de cas les moyens, à la condition d'être administrée avec discernement.

Les sudations, les douches locales et générales devront être appliquées et variées suivant les cas.

Ainsi, quand on aura affaire à un sujet lymphatique, faible, on devra user largement des douches générales et locales, courtes et énergiques, de façon à exciter vivement le système capillaire sanguin périphérique et activer ainsi la circulation générale et les mouvements de nutrition et de dénutrition, ce qui est un moyen puissant de tonification en même temps que de régularisation de la circulation, et par conséquent de dégorgement des parties où cette circulation peut être localement embarrassée, soit par congestion passive, soit par inflammation véritable.

Les douches locales seconderont activement l'action de celles qui précèdent, mais elles exigeront des soins particuliers : ainsi, dans le dernier cas que nous avons supposé, celui où la maladie, quoique sub-aiguë, est véritablement inflammatoire, il peut arriver que l'articulation soit très sensible aux agents extérieurs, facile à irriter par les chocs ou les pressions ; on devra alors n'appliquer qu'une douche locale en pluie fine, de sorte que le choc soit presque nul ; on pourra même, en cas de sensibilité extrême, n'employer que des compresses mouillées, constamment renouvelées, jusqu'à ce que l'excitabilité soit éteinte.

Quand cette excitabilité sera très faible ou même n'existera pas, ce qui arrive dans un certain nombre de cas de sub-inflammation, on emploiera une douche locale un peu plus énergique, soit en pluie moins fine, soit en jet brisé. L'habitude de la médication éclairera bien vite sur toutes ces particularités un praticien attentif.

Les sudations, toutes les fois qu'il n'y aura pas d'excitabilité trop prononcée, seront un utile auxiliaire des douches. La durée de chaque sudation devra être proportionnée, non seulement à l'irritabilité locale, mais aussi à l'état général du sujet, et d'autant moins longue que celui-ci sera plus faible.

Lorsque l'état local sera complètement ou à peu près complètement calmé, on pourra avec avantage associer aux applications précédentes une immersion dans la piscine.

Toutes les applications que nous venons d'indiquer devront être faites avec de l'eau froide de 8 à 9° au moins, celles qui seraient faites avec de l'eau chaude ne servant qu'à retarder l'action curative des autres, et devant être par conséquent proscrites, si ce n'est lorsqu'elles ont pour but, dans les premiers jours du traitement, de réconforter la pusillanimité de certains malades.

C. — *Arthrite chronique.* — C'est la forme la plus rebelle aux moyens dont dispose la thérapeutique usuelle, c'est aussi celle dans laquelle l'hydrothérapie rend les services les plus signalés.

Cette grave affection, soit qu'elle s'établisse

d'emblée avec ses caractères propres, soit qu'elle
succède à l'arthrite aiguë ou sub-aiguë, peut donner lieu à l'ankylose et à la tumeur blanche, à toutes les funestes conséquences que cette dernière
peut entraîner. Nous nous sommes déjà occupé de
l'ankylose (1) ; il ne nous reste donc qu'à dire
quelques mots de l'arthrite proprement dite et de
la tumeur blanche, sa plus grave conséquence.

L'action curative de l'hydrothérapie contre cette
terrible affection a déjà été appréciée par un grand
nombre de chirurgiens, depuis Lombard et Percy
jusqu'à Bonnet (de Lyon) ; mais ces chirurgiens
ne pratiquaient qu'une hydrothérapie encore très
défectueuse, et aujourd'hui nous obtenons des
résultats plus fréquents et plus beaux qu'ils n'ont
pu le faire eux-mêmes.

ART. 9. — ASTHME.

« L'hydrothérapie, a dit M. le Professeur Hardy (2), dans la bonne saison, chez les malades qui
ne toussent pas, a guéri quelquefois des asthmatiques ou tout au moins diminué leurs accès. »

Comme l'éminent professeur ne s'est pas expliqué sur ce qu'il entend par *bonne saison*, en fait
de traitement hydrothérapique, nous pouvons supposer qu'il entend la saison rigoureuse ; s'il en est

1. Voy. p. 156.
2. Hardy. *Leçon sur l'asthme,* faite à la Charité, (*Médecine
contemporaine,* 15 et 31 octobre 1884).

ainsi, nous n'avons qu'à renvoyer le lecteur à ce
que nous avons dit sur la saison la plus propre
aux applications hydrothérapiques (1).

Quant à l'efficacité du traitement hydrothérapique pour soulager les asthmatiques et quelquefois pour les guérir, il y a longtemps qu'elle a été
signalée, que nous l'avons signalée nous-mêmes
et nous ne pouvons que nous applaudir que l'expérience de M. le professeur Hardy l'ait rallié à
la cure par l'eau froide.

L'hydrothérapie échoue souvent dans tous les
cas où l'asthme se complique d'une maladie des
poumons et du cœur. Toutefois, il faut ici distinguer : si la maladie du cœur est une affection organique, telles que rétrécissement des orifices,
insuffisance des valvules, etc., l'hydrothérapie,
non plus qu'aucune autre médication, ne saurait
modifier ces lésions : il ne faudrait pourtant pas
croire que, même dans ces cas, elle soit toujours
contre-indiquée ; elle exerce, au contraire, très
souvent, une action favorable sur quelques-uns
des phénomènes de la maladie, sur l'anémie et les
hydropisies, par exemple ; elle est donc dans ces
cas un palliatif qu'on ne saurait dédaigner. Quant
aux cas où l'affection du cœur est elle-même de
nature nerveuse, comme il arrive de beaucoup de
palpitations, même avec léger commencement
d'hypertrophie, l'hydrothérapie en triomphe souvent (2).

On pourrait faire mêmes remarques à propos

1. Voy. ci-dessus, p. 162.
2. Voy. *Cœur* (*Maladies du*) p. 186.

des maladies des poumons. Quand ces maladies sont légères, comme l'emphysème commençant, les applications froides peuvent avoir la plus heureuse influence, et, dans les autres affections, elles sont souvent un palliatif utile en tous cas, sans aucun danger, quand elles sont faites avec prudence.

Au début du traitement, on administrera matin et soir, une douche en pluie de quelques secondes, huit à dix pour la première fois, suivie d'une douche en jet brisé promenée sur tout le corps, en insistant sur les membres inférieurs, d'une durée de vingt-cinq à trente secondes avec l'eau à 8 ou 9°. — Ces douches seront répétées plusieurs jours de suite ; si l'amélioration ne se prononce pas assez vite au gré du praticien, il y ajoutera une sudation à l'étuve sèche, suivie d'une immersion dans la piscine d'une demi-minute pour la première, de deux minutes pour les suivantes, en augmentant progressivement de quelques secondes chaque jour.

Les applications hydrothérapiques n'empêchent nullement l'emploi des autres moyens, tels que fumigations et cigarettes de datura seul ou associé au nitrate de potasse, cautérisation ammoniacale du pharynx, iodure et bromure de potassium, infusion de café vert, solutions arsénicales diverses, injections sous-cutanées de chlorhydrate de morphine, etc.

Pour notre compte, nous avons rarement mis en pratique un ou plusieurs des moyens dont nous venons de faire l'énumération, par la raison que les asthmatiques, comme tous les autres malades atteints d'affections chroniques, ne nous sont presque jamais envoyés que lorsqu'ils ont épuisé tout l'arsenal thérapeutique, et que l'hydrothérapie est la dernière ressource à laquelle on songe. C'est donc à l'aide de cette dernière et seule ressource que nous avons été assez heureux pour guérir beaucoup d'asthmatiques, et pour les soulager à peu près tous.

ART. 10. — ATAXIE LOCOMOTRICE.

Naturam morborum ostendit curatio, et nous appliquerons cet aphorisme à la solution de la question étiologique de l'ataxie locomotrice. L'hydrothérapie peut être d'un grand secours pour remédier à certains accidents de la diathèse syphilitique, l'anémie particulièrement, mais nous ne prétendons pas que les applications d'eau froide puissent guérir la syphilis elle-même, soit primitive soit constitutionnelle. Or, comme l'hydrothérapie parvient quelquefois à guérir l'ataxie locomotrice et presque toujours à la soulager, surtout les douleurs fulgurantes qui torturent souvent les malheureux ataxiques, nous croyons pouvoir en conclure, que la syphilis n'est pour rien dans le mal dont ils souffrent, et auquel il est d'ailleurs de mode de faire jouer un rôle démesurément exagéré.

Quant aux heureux effets de l'hydrothérapie dans cette maladie, nous avons pu les constater nombre de fois, et notamment sur un ataxique chez lequel l'hydrothérapie produisit une guérison d'une rapidité vraiment merveilleuse, et qui nous avait été adressé par notre aimé et illustre maître Ricord, qui, bien que spécialiste, ne voit pas la syphilis partout et avait eu raison de ne point la voir chez le malade qu'il nous adressa; en revanche, il constata, avec une vive satisfaction, les beaux effets de la cure par l'eau froide.

Si les effets heureux tardaient à se montrer, on pourrait avec avantage appliquer, sur les parties où les douleurs se font particulièrement sentir, des compresses froides constamment renouvelées à mesure qu'elles s'échauffent ; ces applications font cesser les douleurs assez promptement; on devrait aussi, en cas de résistance de la maladie, insister un peu avec la douche en jet sur les membres inférieurs.

M. le Dr Delmas (de Bordeaux) a aussi obtenu plusieurs cas de succès dans le traitement de l'ataxie locomotrice, quoique les applications qu'il fait ne soient pas exactement les mêmes que les nôtres.

ART. 14. — BRONCHITE CHRONIQUE ET CATARRHE
BRONCHIQUE.

§ 1. — *Bronchite aiguë.* — Quoique certains hydrothérapeutes aient traité avec succès par l'hydrothérapie des bronchites aiguës nous n'avons pas eu l'occasion d'appliquer la nouvelle méthode au traitement de cette affection.

§ 2. — *Bronchite chronique.* — Mais nous en avons traité beaucoup de chroniques, et presque toujours avec un succès plus ou moins complet. Dans plusieurs cas la maladie datait d'assez longtemps pour inspirer des craintes sérieuses aux médecins ordinaires des malades, craintes qui ne sont que trop justifiées (1).

§ 3. — *Catarrhe d'été, fièvre de foin.* — Voici une maladie fort curieuse des organes de la respiration, qui démontrera une fois de plus le rôle important que joue dans ces affections l'élément nerveux, en même temps que l'influence sur cet élément de l'hydrothérapie scientifique.

C'est une maladie fort singulière, signalée d'abord par les observateurs allemands et anglais, dont s'occupent peu ou point nos auteurs, et que ceux qui l'ont décrite les premiers ont désignée sous le nom de *catarrhe d'été, coryza d'été* ou *de foin, asthme d'été* ou *de foin, fièvre de foin.*

Fleury a rejeté toutes les dénominations que nous avons rappelées ci-dessus, et considérant la complexité des symptômes et l'absence ordinaire de fièvre, a donné à l'asthme dont il s'agit le nom de *maladie de foin* purement et simplement. Cette dénomination est, en effet, préférable à celles des médecins allemands et anglais.

§ 4. — *Catarrhe pulmonaire.* — Cette forme de catarrhe chronique est sans doute fort curieuse, mais ce n'est pas une des plus importantes, car elle

---

1. On verra, du reste, plus tard, à l'article *Phthisie,* que ces craintes, même justifiées, ne doivent pas faire repousser l'hydrothérapie.

est en somme fort rare ; il en est d'autres qui, au
contraire, courent les rues, et à l'étude desquelles
le médecin praticien doit accorder une bien plus
grande attention ; le praticien hydrothérapeute
doit leur en accorder encore davantage, car contre
ces catarrhes les moyens pharmaceutiques n'ont le
plus souvent aucune action ou n'ont tout au plus
qu'une action palliative, tandis que l'hydrothérapie
en triomphe souvent et plus souvent encore peut-
être en empêche l'invasion.

Une autre forme de catarrhe présente surtout
cette particularité que la sécrétion bronchique est
presque nulle, et que les quintes de toux se ter-
minent sans qu'il y ait expulsion de crachats ou
seulement avec expulsion d'un petit crachat muqueux et gélatineux, comme dans certains cas
d'asthme purement nerveux. Ces cas ne sont pas
cependant des cas d'asthme, car il n'y a pendant
l'accès ni cyanose de la face ni menace d'asphyxie ;
de plus, les quintes de toux ne prennent presque
jamais la nuit ; il s'agit donc bien de catarrhe,
mais seulement de catarrhe sec ou presque sec ;
voilà deux formes sous certains rapports très op-
posées, et contre lesquelles l'hydrothérapie a eu à
peu près un égal succès ; la clinique nous offre
bien d'autres nuances ; c'est surtout chez les personnes qui sont disposées aux rhumes et aux catarrhes que l'hydrothérapie prophylactique trouve
une de ses plus utiles applications : il existe un
grand nombre de personnes qui passent rarement un hiver ou même un printemps sans contracter un ou plusieurs rhumes qui les tiennent
indisposées pendant toute la saison ; aucun moyen

ne peut être comparé à l'hydrothérapie pour s'opposer aux effets de cette fâcheuse disposition, et
même nous ne pensons pas qu'il en existe d'autres;
nous avons pu constater un assez grand nombre
de fois cette influence bienfaisante pour pouvoir
recommander en toute confiance cette application
de l'hydrothérapie. L'hydrothérapie à domicile,
telle que nous l'avons décrite, sans avoir précisément les mêmes effets que celle qui possède tous
ses agents bien installés, rendra cependant de
réels services.

<hr>

ART. 12. — BRULURE.

« L'immersion dans l'eau fraîche, dit Magnin de
Grammont, fait cesser instantanément les douleurs
de la brûlure; mais elles reparaissent immédiatement autant de fois qu'on se plonge dans l'eau et
qu'on en ressort, avant cinq heures d'immersion;
mais après ce laps de temps on peut impunément
s'exposer au contact de l'air, si l'on a eu soin de
maintenir le bain à la température la plus convenable, qui est celle de $+ 13$ à 15 degrés R. »

Ces propositions exigent à peine quelques addi-
tions pour faire connaître le traitement par excellence, on peut vraiment dire le traitement héroï-
que de la brûlure.

Mais avant de compléter le passage de Grammont, nous devons exprimer notre profond étonnement de voir des chirurgiens, de nos jours encore,

chercher à employer d'autres traitements que l'eau froide, plus de cinquante ans après Grammont.

Maintenant, donnons quelques développements aux propositions de Grammont. Cet honorable praticien parle de la disparition et de la réapparition de la douleur lorsqu'on plonge la partie brûlée dans l'eau et qu'on la retire alternativement ; ce qu'il dit à ce sujet est vrai, mais il indique là une expérience que le praticien ne doit pas se permettre, car sa seule mission est de soulager le malade et de le guérir le plus promptement possible.

Grammont fixe à cinq heures le temps nécessaire pour que les douleurs de la brûlure disparaissent d'une manière définitive ; ce temps est, en effet, celui qui convient à la plupart des brûlures ordinaires, qui appartiennent aux trois premiers degrés ; cependant il est trop long pour celles du premier degré, c'est-à-dire pour la simple rubéfaction ; il est inutile de tenir un membre ou portion de membre dans l'eau pendant cinq heures, parce qu'on aura laissé tomber sur la peau un peu d'eau chaude, bouillante même, ou parce qu'on aura appliqué pendant un instant, rapide comme l'éclair, sa main ou une partie quelconque du corps sur un objet trop chaud ; une heure, parfois même une demi-heure d'immersion suffit, dans ces cas, pour faire disparaître la douleur d'une manière définitive.

Mais, par contre, il peut arriver que cinq heures ne suffisent pas pour éteindre les souffrances, et pour empêcher des complications consécutives plus ou moins graves, et cela arrive effectivement toutes les fois que le derme est en partie ou en totalité détruit, c'est-à-dire dans toute son épaisseur, à plus forte raison quand la destruction s'étend aux tissus sous-jacents ; il est impossible de dire d'avance, dans ces cas-là, combien de temps l'immersion devra être prolongée pour empêcher la douleur et aussi pour prévenir le développement d'une inflammation qui peut devenir funeste ; cela dépend en partie de la susceptibilité nerveuse de chaque personne ; avec un peu de sagacité et quelques tâtonnements, le praticien ne tardera pas à être fixé.

Le degré de température de l'eau où se fera l'immersion exigera aussi une observation attentive ; le précepte le plus général qu'on puisse donner à cet égard, c'est que la température devra être telle, que la partie brûlée qu'on y plonge ne ressente plus de douleur après quelques minutes d'immersion, deux, trois, quatre, dix ou vingt suivant la gravité de la brûlure.

Mais il se présente ici une seconde considération dont il faut tenir compte : les points atteints par la brûlure ne sont presque jamais disposés de telle façon qu'ils puissent être plongés seuls dans l'eau les points environnants y plongent toujours plus ou moins ; quand l'eau est très froide et que l'immersion se prolonge, son contact peut devenir très douloureux pour les parties saines ; une fois qu'on a obtenu la disparition des douleurs sur la partie atteinte, il faudra donc se garder d'abaisser davantage la température, mais, au contraire, la maintenir au même degré, il faut l'y ramener, lorsque la température monte au-dessus de ce degré, ce qui ne manque jamais d'arriver lorsque l'immersion de la partie lésée se prolonge au delà de quinze à vingt minutes.

Avec ces données, on instituera le seul traitement de la brûlure que comportent aujourd'hui les progrès de la thérapeutique.

ART. 13. — CACHEXIE.

Il existe autant de cachexies qu'il existe de maladies, qui peuvent produire dans l'organisme ces profondes altérations chroniques dont le terme est presque toujours la mort.

L'hydrothérapie est souvent impuissante, comme les autres moyens de la thérapeutique, à triompher de ces graves états ; elle en triomphe cependant quelquefois, et lorsqu'elle ne peut en triompher complétement, elle constitue à peu près toujours un palliatif suffisant pour que le paraticien ne puisse pas négliger d'y avoir recours.

ART. 14. — CÉPHALALGIE ET CÉPHALÉE.

La céphalalgie s'entend particulièrement d'un mal de tête passager, symptomatique, d'une maladie presque toujours patente et facile à diagnostiquer, tandis que la céphalée désigne plus particulièrement un mal de tête persistant, opiniâtre, et dont la cause, souvent obscure, est parfois impossible à déterminer ; elle constitue même alors toute la maladie, et en la combattant, on traite tout ce que la séméiotique la plus attentive permet de découvrir. Quand la céphalée est portée à un haut degré d'intensité, elle absorbe l'intelligence et peut même en altérer l'intégrité.

L'hydrothérapie diminue parfois la céphalalgie, mais elle a plus d'action encore sur la céphalée, action d'autant plus précieuse, que les autres moyens dont la thérapeutique dispose sont trop souvent impuissants non seulement à la dissiper, mais même à l'atténuer.

Les circonstances qui agissent vivement sur le cerveau sont la cause ordinaire de la céphalée : travail excessif, plaisirs vénériens exagérés, préoccupations morales tristes, telles ont été les causes, quelquefois le mal ne peut être attribué à aucune cause connue, et, de plus, il éclate tout à coup, comme une attaque d'apoplexie, tandis que, dans d'autres cas, il est développé graduellement, on pourrait dire presque rationnellement, à mesure que l'action de la cause continue à se faire sentir.

Où est le siège de cette violente douleur qu'éprouvent tous les malades? Nous ne pensons pas qu'elle soit dans le cerveau, car les lésions de cet organe sont indolores ; et pourtant les préoccupations morales, les veilles, les excès de travail sont bien ou provoquent bien des phénomènes qui se passent dans le cerveau ; de plus, les troubles dont la céphalée s'est accompagnée chez nos malades sont bien des troubles cérébraux, et nous tenons même de

M. le Dr Aug. Voisin, que ces troubles, à la suite
de céphalées très intenses, peuvent aller jusqu'à
la perte complète de l'intelligence; nous savons
bien aussi que, chez certains individus, les sensations que provoquent les rapports sexuels reten-
tissent douloureusement à la fois et sur les nerfs
qui sont le siège des douleurs céphaliques, et sur
les parties mêmes du cerveau, où se passent les
phénomènes de la sensibilité, de la volition et de
l'intelligence.

L'hydrothérapie, qui triomphe des céphalées
opiniâtres, n'a pas seulement le mérite de délivrer
les malades de douleurs qui empoisonnent l'existence; il est très possible, sinon probable, qu'elle
les préserve d'accidents beaucoup plus graves, où
la raison peut sombrer et même la vie.

<hr>

ART. 15. — CHLOROSE.

Que la chlorose ait habituellement pour un des
principaux caractères une altération du sang consistant surtout en une diminution des globules,
nul ne le conteste; mais cette diminution ne suit
pas exactement l'intensité de la chlorose; il n'y a
pas rapport exact ni même à peu près exact,
surtout quand la maladie existe depuis longtemps,
entre cette lésion anatomo-chimique et les symptômes fonctionnels; de plus, ceux-ci précèdent
toujours à un degré quelconque l'altération du
sang, et ils consistent en troubles nerveux: goûts
plus ou moins excentriques, dépravés; suscep-

tibilité nerveuse extrême ; parfois tristesse et
gaieté sans motifs, comme dans l'hystérie ; insom-
nies ; aversions et sympathies non justifiées, etc.,
etc. Comment, dès lors, ne pas voir avec le
D*r* Becquerel, dans cet ensemble de phénomènes,
l'expression d'une névrose générale, dont les causes, sont très diverses, parfois connues, mais plus
souvent inconnues. Schedel ne pensait pas que
l'hydrothérapie fût utile contre la chlorose ; Becquerel était bien loin de s'accorder avec Schedel,
car, même dans les mauvaises conditions de l'hôpital où il avait fait installer des appareils hydrothérapiques, dix-neuf cas de chloroses, *toutes très
intenses*, anciennes, rebelles pour la plupart à
l'emploi du fer, ont guéri en moins de quarante-
cinq jours par un traitement hydrothérapique bien
approprié.

Au reste, ces cures elles-mêmes ne sont pas un
des moindres arguments en faveur de la nature
nerveuse de la maladie, car l'expérience a depuis
longtemps prouvé que c'est surtout contre les
affections nerveuses que l'hydrothérapie possède
sa plus grande puissance.

Toutes les chloroses peuvent être plus ou moins
facilement guéries par l'hydrothérapie, encore
bien que certains malades fussent arrivés à un
degré extrême d'affaiblissement.

Quant aux procédés que nous avons suivis pour
appliquer l'hydrothérapie au traitement de la chlorose, nulle difficulté ne s'est opposée à l'application du traitement, et aucun inconvénient surtout
n'en a été le résultat. Si quelquefois nous avons
employé, au début, de l'eau dégourdie, et une

fois des douches écossaises, c'est pour nous rendre au désir d'un de nos confrères et amis, ou pour ménager la pusillanimité de jeunes filles nerveuses ; nous sommes arrivé promptement, du reste, aux applications régulières de la méthode, résultat d'autant plus remarquable que quelques-uns des traitements ont été faits pendant la saison la plus rigoureuse.

Fleury se trompait, en proscrivant l'emploi de l'eau pure comme boisson dans la chlorose ; toutes nos malades ont bu de l'eau ; nous n'avons donné du vin qu'à une seule, et, à la fin de son traitement, uniquement pour satisfaire ses habitudes et son goût ; l'eau à l'intérieur n'a pas empêché les guérisons de marcher très rapidement et nous osons même croire qu'elle y a contribué.

Enfin, nos lecteurs remarqueront que chez toutes nos malades le système nerveux avait été excité et surtout troublé par des causes diverses, avant le développement de la chlorose, raison plausible pour attribuer la maladie, comme nous l'avons fait avec Becquerel, à une névrose générale ; ce qui explique l'efficacité de l'hydrothérapie.

Art. 16. — Chorée.

Dès son origine l'hydrothérapie a été appliquée avec succès au traitement de la chorée. Priessnitz avait obtenu des cures très remarquables à l'aide de la nouvelle méthode, et Schedel, pendant son

séjour à Græfenberg, a été lui-même témoin d'une
de ces cures.

M. le Dr Cadet de Gassicourt (1), dit que : « L'hydrothérapie doit être appliquée avec prudence en
commençant par de l'eau mitigée *de vingt à tren-
te-cinq degrés !* » Ce n'est point là de l'hydrothé·
rapie prudente, c'est de l'hydrothérapie illusoire;
il est vrai que M. Cadet-Gassicourt conseille de
commencer par là, sans dire comment il faut continuer et finir; en sorte qu'on ne sait si la suite
est aussi défectueuse que le commencement. Il ne
dit pas davantage quelles applications hydrothérapiques il faut préférer, ni même si l'on doit ou
si l'on peut les appliquer toutes indifféremment.
Tout cela prouve que M. Cadet-Gassicourt croit
— avec un grand nombre de médecins encore
malheureusement — que l'hydrothérapie est un
moyen banal, qu'on peut appliquer *par à peu
près*, et qui n'exige aucune des connaissances,
aucun des soins qui sont indispensables pour le
maniement de n'importe quelle autre médication
sérieuse.

Dans la chorée, la médication vraiment efficace
est l'hydrothérapie, associée, quand la débilité des
malades en donne l'indication, aux reconstituants.

Les applications dominantes sont la douche en
pluie et la piscine avec de l'eau aussi froide que
possible; si, chez les sujets trop pusillanimes, on
peut commencer quelquefois par deux, trois ou
quatre douches à 24, 20, 18 et 15 degrés, on ne
doit jamais faire usage de ces applications inutiles

1. Cadet de Gassicourt. *Traité des maladies des enfants.*

que pour habituer les malades aux applications utiles, pour les aguerrir, en un mot.

M. Cadet-Gassicourt parle de douches et de bains sulfureux, dans les cas de complications rhumatismales ; mais ces douches comme ces bains sont pour le moins inutiles, même dans les cas de cette complication, infiniment plus rare d'ailleurs, qu'on ne l'a pensé depuis trente ans, d'après des coïncidences qui trompent facilement des observateurs trop pressés de généraliser.

Dans les cas où cette complication est supposée ou constatée, et même dans d'autres, on peut appliquer avec avantage l'enveloppement par le drap mouillé, mais avec des précautions que M. Cadet-Gassicourt semble ignorer et qui sont indispensables : l'enveloppement doit être prolongé jusqu'à la réaction, la sudation de vingt à trente minutes, en ayant soin de donner à boire au malade de fréquentes gorgées d'eau froide, et en maintenant sur la tête des compresses d'eau froide constamment renouvelées.

Voilà, très en résumé, comment l'hydrothérapie doit être appliquée au traitement de la chorée *de toutes les formes et de toutes les intensités*. Ainsi appliquée, elle constitue sans contredit, la meilleure médication de cette maladie ; mais, malgré son incontestable supériorité sur toutes les autres ; nous ne promettons à aucun praticien qu'elle puisse réduire la durée de la maladie à quinze ou même à dix-neuf jours, et nous ne saurions nous expliquer par quelle série de faits M. Cadet-Gassicourt a pu être abusé, pour tomber dans une aussi grave erreur. En réalité, elle dure, abandonnée à elle-même, des mois et même des années ; cette fausse opinion aurait cette triste conséquence que, lorsque les malades n'ont pas obtenu une guérison ou tout au moins une grande amélioration, après quelques semaines de traitement hydrothérapique, ils désespéreraient de l'action de ce traitement et l'abandonneraient, tandis que, s'ils avaient eu plus de persévérance, ils seraient arrivés au résultat désiré. Ce défaut de persévérance est d'autant plus inexplicable parfois, que les malades chez qui on l'observe ont suivi souvent des médications pharmaceutiques pendant un grand nombre de mois, sans être fatigués de cette longue et inutile attente d'une amélioration qui n'est pas arrivée ; l'hydrothérapie semble avoir seule ce triste privilège de leur faire perdre patience bien plus promptement que tout autre moyen. Nous avons déjà prévenu nos confrères de cette singulière exigence qu'on semble avoir pour la seule médication hydrothérapique ; puissent-ils, dans l'intérêt de leurs clients, tenir compte de nos avertissements.

Nous avons vu de bien beaux exemples, de la puissance de l'hydrothérapie sur une maladie contre laquelle tant de moyens échouent d'habitude ; nous n'avons pas toujours agi de même dans tous les cas, nous voulons expliquer, pourquoi, afin qu'on ne puisse pas attribuer au hasard ou à un simple caprice notre choix des procédés hydrothérapiques.

Dans un cas, bien que nous eussions affaire à une jeune fille, et même à une jeune fille affectée d'une déviation de l'épine, nous avions devant nous un tempérament bilioso-sanguin, une constitution solide, car on se tromperait bien si l'on attribuait à un rachitisme, et surtout un rachitisme actuellement persistant, toutes les déviations de l'épine ; — aussi avons-nous appliqué immédiatement chez cette malade les moyens perturbateurs, certain que nous trouverions naturellement chez elle tous les éléments de réaction qui sont en très grande partie la raison des succès hydrothérapiques.

Dans un autre cas, au contraire, bien qu'il s'agît d'un garçon, nous avions affaire à un organisme un peu épuisé par diverses causes, à une chorée compliquée de chloro-anémie, comme cela arrive assez souvent ; nous avons donc cru devoir dilater les pores de la peau et favoriser ainsi l'action constrictive, tonique et perturbatrice des douches.

Les beaux résultats obtenus sont, croyons-nous, suffisants pour justifier l'idée que nous nous sommes faite dans ces cas du mode d'action de la méthode hydrothérapique ?

Peut-on espérer obtenir dans tous les cas des succès pareils ? Nous ferons, très franchement, l'aveu que nous avons traité quelques malades sans arriver à d'aussi complets succès ; mais nous ajouterons aussi qu'il n'a pas été démontré pour nous que la faute en fût entièrement à l'hydrothérapie ; les malades pouvaient s'attribuer une grande part de l'insuccès, peut-être la part tout entière.

L'hydrothérapeute a cette fâcheuse chance de traiter des malades qui souffrent presque toujours depuis des mois, parfois depuis des années, chez qui de nombreuses médications prescrites par des médecins très expérimentés ont échoué, et qui trouveraient très naturel d'être guéris en une ou deux semaines, si ce n'est en moins encore. Cela arrive quelquefois, mais il faudrait être sujet à d'étranges illusions pour compter que cela arrivera toujours.

Lorsque l'hydrothérapie, faute de temps ou par une autre cause, n'a pas été assez heureuse pour triompher complètement d'une chorée, — ou de tout autre maladie chronique d'ailleurs, — il n'en faudrait pas conclure que son influence ait été nulle. Il peut arriver et il arrive que des moyens qui avaient échoué avant l'emploi de la nouvelle méthode, comme par exemple la gymnastique et les bains sulfureux, conseillés avec raison contre certaines chorées par M. le professeur G. Sée (1), réussissent quand l'hydrothérapie a mieux disposé les malades ; nous l'avons constaté plus d'une fois. L'hydrothérapie n'exclut pas du reste l'emploi même simultané des autres médications, et n'en peut en rien contrecarrer l'influence. C'est une ressource de plus dont on aurait par conséquent le plus grand tort de se priver.

1. Sée, *De la chorée.* Paris, 1850.

ART. 17. — CŒUR (MALADIES DU)

Certains confrères croient que les maladies du cœur constituent une contre-indication à l'hydrothérapie.

Or, non seulement l'hydrothérapie est la médication la plus puissante contre les affections nerveuses du cœur, mais elle rend souvent d'utiles services dans les affections organiques, et elle ne les aggrave jamais quand elle est pratiquée avec prudence.

« Quelques hydrothérapeutes, dit Becquerel, n'hésitèrent pas à employer le traitement par l'eau froide dans les affections organiques du cœur, et en obtinrent des résultats qu'on peut jusqu'à un certain point qualifier de succès, c'est-à-dire que si l'on n'est pas parvenu à détruire la lésion anatomique, on obtient souvent la disparition de phénomènes morbides qui causent aux malades de vives souffrances et qui hâtent l'issue fatale du mal principale.

De ses observations, Becquerel a tiré des conclusions très favorables au traitement hydrothérapique :

« 1° Nous voyons, dit-il, nos trois premiers malades éprouver une amélioration très grande sous l'influence de ce traitement. Tous les accidents généraux qui contribuent si puissamment à conduire les malades à une fin fatale, sont immédiatement arrêtés par les douches d'eau froide. Et si nous n'obtenons rien en faveur de la lésion organique, ne devons-nous pas déjà nous trouver bien heureux des soulagements que nous appor-

tons aux malades, soulagements bien précieux,
puisqu'ils leur permettent de reprendre momentanément leurs travaux ? Nous devons ajouter
aussi que ce traitement n'amène aucun trouble
dans les organes qui ne sont point affectés.

« Si la quatrième malade n'a pas obtenu les
mêmes succès de ce traitement, il faut bien observer qu'il ne s'agissait pas ici d'une simple affection
organique du cœur. Des complications aussi graves que la maladie elle-même étaient bien suffisantes pour entraver l'efficacité du traitement.

« 2° Il est bon aussi de remarquer dans quelle
saison l'hydrothérapie a été appliquée. C'est dans
les mois de novembre et décembre, habituellement
les plus rigoureux de l'année, et, malgré cela,
nous voyons les malades arriver promptement à
la réaction, et n'être nullement pris de ces phleg-
masies de la poitrine que semblerait tant faire
redouter le traitement par l'eau froide. »

Après Becquerel, après Bouillaud, dont la com-
pétence en fait de maladies du cœur n'a pas
besoin de garants (1), et qui envoyait souvent leurs
malades même atteints de maladies organiques
dans les établissements hydrothérapiques, nous
pouvons citer ici les paroles d'un auteur non
moins compétent, M. le professeur Peter :

« L'hydrothérapie, dit cet éminent clinicien, est
surtout efficace dans les trois premières phases
des maladies valvulaires : dans la première phase
ou phase physique, alors que, par suite d'un commencement de perte d'élasticité vasculaire, il y a

1. Bouillaud, *Traité Clinique des maladies du cœur*,
2ᵉ édition. Paris, 1841.

tendance aux congestions ; dans la seconde phase
où, par suite d'un commencement de perte de la
contractilité vasculaire, il y a des troubles de
l'hématose et de la tendance aux hydropisies ;
comme dans la troisième phase, où il y a des
troubles de l'hématopoèse par lésions viscérales
multiples. Mais *même dans la phase déjà cachectique,* où il y a des hydropisies, on verra sous
l'influence de l'hydrothérapie, l'anasarque diminuer et dans certains cas disparaître.

« Mais autant l'eau froide, utilisée comme je
l'ai dit, peut avoir de bons résultats, autant *l'eau
chaude* peut en avoir de mauvais (1). »

Il ne s'agissait pas, chez les malades traités par
Becquerel, non plus que dans les paroles que nous
venons de citer du professeur Peter, d'affections
nerveuses bien loin de là, et cependant l'hydrothérapie a produit un bien évident un bien plus prompt
même qu'on n'aurait pu l'espérer, et que Becquerel
avait eu tort de ne pas espérer, car rien ne prouve
que ce bien n'aurait pas été obtenu, même chez
la quatrième malade, qui se trouvait dans un état
si grave, si l'on avait pu persévérer davantage
dans l'emploi de la médication. N'est-ce pas, en
effet, exiger beaucoup que d'attendre une modification dans l'état d'un malade, après un, deux,
trois ou même quatre jours de douches? Qu'on
attende des effets immédiats d'un médicament
qu'on livre à l'absorption et qui va porter immédiatement et directement son action sur les centres

1. M. Peter, *Trait. clinique et pratique des maladies du
cœur et de la crosse de l'aorte.* Paris, 1883, p. 576.

nerveux ou sur un appareil particulier, cela se comprend à merveille ; mais les attendre de l'hydrothérapie, qui ne peut agir que par son action sur la circulation capillaire et par son impression physique sur les expansions nerveuses périphériques, cela n'est évidemment guère possible, et l'on doit vraiment être émerveillé des effets presque immédiats que Becquerel a obtenus.

Parmi ces effets, il en est un pourtant que nous devons signaler d'une manière spéciale et qui nous paraît bien curieux : On a pu remarquer que, dans une des observation de Becquerel, le bruit de souffle cessait d'être perçu au sortir de la douche et pendant quelques moments encore après ; cependant ce bruit tenait sans contredit à une lésion organique, et il n'est pas admissible que cette lésion pût disparaître pendant la douche pour se reproduire quelques minutes après. Comment donc expliquer cette disparition momentanée du souffle ? Nous ne l'essaierons pas ; mais ce que nous dirons, c'est que cette cessation du bruit de souffle a lieu très souvent au sortir de la douche dans les affections organiques, et presque toujours, sinon toujours, dans les affections nerveuses anémiques ou organiques commençantes.

C'est une observation qui a échappé jusqu'à ce jour, croyons-nous, aux observateurs, qui nous a été signalée par un de nos confrères et amis, que nous avons constatée, après, nous-même, et qui nous paraît très digne de l'attention des physiologistes.

On a vu que, dans un cas, Becquerel avait suspendu pour quelques jours l'hydrothérapie à cause de la trop grande rigueur de la température, et que, dans un autre cas, la réaction n'avait pu être obtenue ; si ces particularités s'étaient passées dans un établissement particulier ou à domicile, le médecin mériterait certainement un blâme ; mais on conçoit très bien que, dans un hôpital, toutes les conditions qu'exige l'application scientifique de l'hydrothérapie ne puissent pas être remplies ; on ne peut donc que le regretter et espérer que dans les établissements hospitaliers on fera mieux, dans un avenir plus ou moins prochain.

Quant aux procédés hydrothérapiques employés, Becquerel ne donne pas assez de détails ; on peut cependant conjecturer du peu qu'il en dit, qu'ils n'étaient pas tout à fait ceux que l'expérience permet de recommander ; quoique Becquerel dût à l'hydrothérapie la guérison d'une arthrite sérieuse dont il avait été affecté, peut-être n'était-il pas encore assez familier avec tous les principes de l'hydrothérapie scientifique ; la thérapeutique ne doit pas moins lui savoir un très grand gré d'avoir donné dans les hôpitaux un exemple qui ne nous paraît avoir été suffisamment suivi.

L'hydrothérapie a apporté un soulagement aux malades atteints d'une maladie du cœur ; il les a quelquefois radicalement guéris.

M. le professeur G. Sée (1) annonce qu'il a observé de nombreux cas d'hypertrophie cardiaque chez des jeunes gens de dix-sept à vingt ans qui

1. Sée, *Hypertrophie cardiaque résultant de la croissance* (Acad. des Sciences, janvier 1885).

venaient lui demander un certificat d'aptitude au
service militaire, et qu'il a eu l'occasion d'examiner en grand nombre. Nous n'avons pas à apprécier ici les rapprochements ingénieux que l'auteur
cherche à établir entre cette hypertrophie, contes-
tée par M. le professeur Peter (1), et le développement physiologique du cœur, tel qu'il résulte des
recherches de Beneke ; notre rôle doit se borner
à dire quelques mots des médications à l'aide desquelles le célèbre clinicien croit qu'on peut combattre cette singulière hypertrophie. Ces médications consisteraient dans l'emploi de ce qu'il
appelle les *médicaments cardiaques* : « Parmi
les médicaments cardiaques, dit-il, j'emploie la
digitale d'une manière passagère, la convallama-
rine d'une façon régulière, et toujours l'iodure de
potassium, qui est un des plus puissants agents
cardiaques et respiratoires... Je ne connais aucune méthode balnéatoire, *pas même l'hydrothérapie*, qui puisse entrer en parallèle avec les
agents cardiaques proprement dits. »

Nous n'avons jamais eu l'occasion d'essayer
l'hydrothérapie dans l'hypertrophie cardiaque spéciale dont parle M. le professeur G. Sée, en admettant qu'elle soit bien réelle ; mais, comme nous
supposons qu'il croit avec nous à l'aphorisme que
« qui peut le plus, peut le moins », nous n'hésitons
pas à affirmer *a priori*, que l'hydrothérapie,
guérirait l'hypertrophie beaucoup mieux que les
agents cardiaques, même *proprement dits*. Nous
n'ignorons pas que, sur ce point, nous trouverons

1. Peter, *Traité clinique et pratique des maladies du cœur*,
p. 278.

notre savant ami incrédule; mais nous n'hésitons pas à dire qu'il ne s'est pas montré juste appréciateur de l'hydrothérapie, et il nous faut dire pourquoi.

« L'hydrothérapie, appliquée au traitement des maladies du cœur, dit-il, peut être considérée comme nulle. » Notre savant ami a sans doute voulu dire que *l'action curative* de l'hydrothérapie est nulle, car pour l'hydrothérapie elle-même il est évident qu'elle existe, qu'elle n'est donc pas nulle, puisque lui-même reconnaît qu'elle peut causer des accidents mortels ; or, si quelque chose est nul, ce n'est certainement pas ce qui peut déterminer la mort. Et pourquoi cette action curative est-elle nulle? « *Parce que,* ajoute l'habile clinicien, *il n'existe dans la science qu'une observation de Hirtz, une autre de Winternitz, sans valeur, et deux de Fleury, dont l'une est intitulée : congestion du cœur, ce qui est incompréhensible.* »

Or, nous soutenons comme absolument incontestable, qu'il s'agit, dans cette observation, d'une maladie du cœur des mieux caractérisées ; *il n'y a pas un seul clinicien* qui ne le reconnaisse aux seuls symptômes suivants:

« .... Après un nombre considérable (6 à 20) de battements parfaitement réguliers et normaux, il se produit une *angoisse* très pénible, provoquée, tantôt par une intermittence de 2 à 3 battements, tantôt par 3 ou 4 battements tumultueux, irréguliers, précipités. Ces accidents sont rendus plus fréquents et plus intenses par la marche, le mouvement, la réplétion de l'estomac, la moindre émotion morale, *l'air confiné, la chaleur ;* le malade a été obligé de renoncer complètement au monde, en raison de l'impossibilité où il se trouve de séjourner plus de quelques minutes dans une chambre close et chauffée. »

Il nous.paraît *de toute évidence*, qu'il s'agissait là d'une maladie du cœur et d'une maladie sérieuse par les conséquences qu'elle entraînait, aussi bien que par son ancienneté de deux ans, et *par un traitement de quinze mois scrupuleusement suivi et resté sans efficacité aucune.* Eh bien, cette maladie *sérieuse* du cœur, l'hydrothérapie en a eu raison.

L'éminent professeur cherche à renforcer sa grande autorité par l'autorité non moins grande de son savant collègue Peter, qui a, dit-il, « vu succomber des aortiqués sous la douche et qui arrive ensuite à la nécessité d'*apprivoiser* (?) » — Le point d'interrogation est de M. Sée, — « la peau du malade contre les lotions avec l'éponge universelle. »

Sans doute, M. Peter reconnaît la nécessité de prendre des précautions pour appliquer la méthode hydrothérapique, mais on ne fera jamais prendre pour un adversaire ni même pour un tiède partisan de cette méthode, le clinicien qui a résumé son appréciation en ces mots : « *L'hydrothérapie est une puissante médication qu'il faut savoir employer dans les maladies valvulaires du cœur* » (1), et à plus forte raison, dirons-nous, dans les maladies non valvulaires.

Non seulement, l'hydrothérapie est une *puis-*

1. Peter, *Traité des maladies du cœur*, p. 574.

sante médication, mais nous n'hésitons pas à affirmer qu'elle l'est *plus que tous les autres agents employés contre les maladies du cœur.*

ART. 18. — CONGESTION.

La congestion consiste dans une hyperhémie ou accumulation anormale de sang dans un organe ou partie d'organe ; les pathologistes distinguent cette accumulation de sang en *inflammatoire* et *non inflammatoire*, ou, suivant d'autres pathologistes, en *active* et *passive*, deux mots qui ne sont pas synonymes des premiers.

Il y a peu de choses générales à dire sur la congestion surtout pour un thérapeutiste. Seulement, l'hydrothérapeute peut affirmer que, de tous les moyens de combattre les congestions chroniques, dont il s'agit principalement ici, l'hydrothérapie occupe le premier rang ; et sans entrer dans des explications trop subtiles sur son mode d'action, nous ne croyons pas nous tromper beaucoup en admettant que ce mode d'action consiste dans la régularisation de la circulation capillaire, dont le trouble, — par défaut de contractilité vasculaire ou autrement, — constitue la congestion.

Art. 19. — Constipation.

La constipation est un symptôme ou si l'on veut une conséquence de beaucoup de maladies, et, dans ces cas, elle guérit habituellement avec ces maladies elles-mêmes ; nous disons habituellement, non toujours, car il peut arriver qu'elle persiste quand elles ont disparu, et il est presque toujours bon aussi de la combattre spécialement en même temps que ces maladies, car en vertu de la solidarité, de l'influence réciproque des phénomènes morbides, solidarité égale à celle des phénomènes physiologiques, la constipation peut retarder beaucoup, sinon empêcher la cure des affections dont elle a pu exclusivement dépendre à l'origine.

Mais si la constipation mérite d'être traitée à part, lorsqu'elle est symptomatique d'une autre affection, à plus forte raison doit-elle l'être lorsqu'elle ne dépend, du moins en apparence, que d'elle-même, lorsqu'elle est ou semble être idiopathique. Or, c'est un cas qui est loin d'être rare.

Que la constipation soit l'apanage de la dyspepsie, de la gastralgie, de l'anémie, de la chlorose, etc. ; en un mot, de toutes les maladies qui détruisent ou diminuent d'une manière plus ou moins considérable l'appétit, cela paraît naturel, et c'est bien, en effet, ce qui arrive ; les aliments étant pris en très petite quantité, on comprend

qu'il ne reste pas, d'une part, assez de détritus
inassimilables, et qu'il ne se fasse pas, d'autre part,
suffisamment de sécrétion intestinale excrémentitielle pour former des fèces assez volumineuses,
qui provoquent les mouvements péristaltiques de
l'intestin; d'où le défaut de contractions, d'abord
par insuffisance de l'excitant naturel, et, ensuite
par cette insuffisance compliquée d'une certaine
paresse résultant de l'habitude d'une inaction plus
ou moins grande.

Non mortel par lui-même, cet état, symptôme
ou maladie, empoisonne l'existence, est un grand
obstacle aux travaux intellectuels, et la médication qui en triompherait rendrait le plus grand service à l'humanité; or, ce service, on peut presque
toujours l'attendre de l'hydrothérapie, même
seule, ce qui n'empêche pas qu'on ne puisse et parfois qu'on ne doive l'associer aux autres moyens
thérapeutiques dont l'utilité est démontrée, mais
qui, dans une énorme quantité de cas, restent
impuissants quand ils sont employés seuls.

ART. 20. — CONTRACTURES.

Certains hydrothérapeutes ont cru nécessaire
de parler des contractures à propos d'hydrothérapie, mais ils paraissent en avoir parlé plutôt pour
remplir un cadre qu'ils s'étaient tracé d'avance que
pour dire quelque chose d'utile sur la question à
laquelle ils ne connaissaient pas grand'chose.

Fleury, par exemple, rapporte une prétendue observation de contracture qui n'est qu'une *contraction spasmodique évidente*, de *névrose choréiforme* et même choréiforme légère, puisque la volonté avait encore prise sur elle, et qu'elle est impuissante sur les mouvements choréiques ; or, ni les contractions spasmodiques ni les mouvements choréiques ne sont des contractures, ce sont des convulsions. Les contractures sont des contractions permanentes et que la volonté ne peut nullement faire cesser, même momentanément.

D'autres, exagérant les erreurs de Fleury, rangent parmi les contractures le lumbago et le torticolis rhumatismaux, et sans doute toutes les autres immobilités musculaires, complètes ou incomplètes, causées par la douleur qu'occasionnent les mouvements ; ce sont des immobilités virtuelles, mais ce ne sont point des contractions réelles, encore moins des contractures.

L'hydrothérapie en triomphe, parce qu'elle triomphe des rhumatismes et des névroses, mais on ne peut pas en conclure à l'action curative de la nouvelle méthode sur les contractures, qui, lorsqu'elles sont anciennes, ne sont justiciables que de l'orthopédie et de ses auxiliaires.

Quand elles sont récentes, au contraire, l'hydrothérapie peut avoir sur elles une véritable action curative ; quand elles sont anciennes, l'hydrothérapie, surtout chez les individus faibles, peut encore favoriser l'action des moyens orthopédiques, mais là se borne son pouvoir.

Art. 21. — Contracture des extrémités ou tétanie et crampe des écrivains.

La contracture intermittente des extrémités décrite par Trousseau (1) sous le nom de *tétanie*, se montre principalement de 15 à 20 ans, chez les deux sexes, et dépend évidemment d'une altération fonctionnelle, peu grave d'ailleurs, du système nerveux.

Il est probable que l'hydrothérapie aurait sur elle une influence favorable.

Une affection qui se rapproche de la tétanie par l'état des muscles, mais qui s'en éloigne par sa non-intermittence et sa ténacité, c'est la *crampe des écrivains*, à laquelle le Dr Duchenne (de Boulogne) a cru devoir substituer le nom assez bien choisi de *crampes professionnelles*, et celui beaucoup moins heureux de *spasmes fonctionnels;* toutes les contractures qui, provisoirement au moins, ne sont pas accompagnées de lésions anatomiques, sont fonctionnelles, et le mot *spasmes* ne doit s'entendre que de contractions musculaires fugaces, passagères, qui peuvent bien se reproduire pendant longtemps, mais qui, chaque fois qu'elles paraissent, ne durent que quelques instants, quelques heures au plus. Or, la crampe des écrivains, — et de quelques autres professions qui exigent de fréquents et prolongés mouvements des doigts, — n'est rien moins que fugace, si elle est généralement moins douloureuse que celles

1. Trousseau, *Clinique médicale de l'Hôtel-Dieu*, 7e édition, Paris, 1885.

décrites par Trousseau, sous le nom de *tétanie*, elle est, en revanche, infiniment plus tenace, tellement tenace, que lorsqu'on n'est pas parvenu à s'en délivrer dès son début ou à des époques très rapprochées, elle dure souvent autant que la vie des malades; dans ce cas se trouve un maëstro célèbre, qui ayant été droitier, écrit aujourd'hui ses partitions de la main gauche.

Nous n'avons eu à traiter que trois malades atteints de crampe des écrivains, qui est, après tout, une affection assez rare. Dans l'un de ces cas, l'hydrothérapie a triomphé de la maladie, après un temps long, et a rendu au malade l'usage de ses doigts; dans les deux autres cas, elle a échoué, après plusieurs autres médications d'ailleurs.

Les procédés appliqués dans les trois cas sont la sudation, les douches locales énergiques, et les douches générales; ce sont ceux qui nous paraissent devoir être préférés.

<hr>

ART. 22. — CONVULSIONS.

Nous ne croyons pas qu'il existe de médication aussi efficace que l'hydrothérapie contre les convulsions et surtout contre les convulsions chroniques.

Currie avait affirmé l'utilité des affusions froides et des immersions dans les affections convulsives de toute nature; il établit en principe que ce moyen est d'autant plus efficace qu'on y a recours pendant la durée de l'attaque.

Currie ne parle cependant que des convulsions chez les adultes. Il rapporte un certain nombre de cas où ces applications ont beaucoup affaibli les attaques quand elles n'ont pas réussi à les détruire ; il note que ces attaques existaient chez des hommes robustes, nullement accoutumés à ces attaques ; il ne s'agissait donc point d'hystériques, ni probablement d'épileptiques ; les sujets se trouvaient, dit-il, dans un danger réel.

« Chez les enfants, dit Schedel, ce moyen (affusions et immersions) n'a jamais été employé, et avec raison, car il est souvent fort difficile de leur administrer un simple bain. L'enveloppement dans de grandes serviettes mouillées, l'application sur la tête de compresses calmantes, l'usage intérieur de l'eau froide pourraient être employés dans les cas où quelques symptômes convulsifs, et un état de chaleur à la peau pourraient faire craindre l'apparition d'accidents redoutables ; que l'affection soit purement nerveuse, ou qu'elle soit réellement le précurseur d'une phlegmasie ou d'une congestion cérébrale, la sédation que ce moyen opère sera utile. »

Schedel parle ensuite de l'emploi des moyens pharmaceutiques (opium, etc.) dans les convulsions, puis il continue :

« Je ne voudrais pas laisser croire que je préfère, dans les névropathies, les narcotiques ou les antispasmodiques, à l'hydrothérapie raisonnable ; je pense, au contraire, que cette dernière méthode mérite la préférence, et que la même personne dont le hoquet aurait été calmé par un demi-grain d'opium ferait très mal de continuer l'usage de ce narcotique, tandis que l'hydrothérapie pourrait lui être très profitable. Je suis également convaincu que, même dans les cas où cette méthode n'aura pas produit le résultat qu'on en attendait, les effets des agents thérapeutiques seraient puissamment secondés par l'usage simultané des procédés de l'hydrothérapie.

« Dans les convulsions causées par la présence de vers intestinaux ne serait-il pas contraire aux règles du simple bon sens de s'en tenir à l'hydrothérapie, qui néanmoins pourrait rendre des services dès que les moyens administrés auraient chassé ces parasites. »

———

ART. 23. — DELIRIUM TREMENS.

Quoique Schedel ait pu croire que l'hydrothérapie « appliquée dans toute son énergie » soit très dangereuse dans l'épilepsie (1), et qu'il ait même entendu parler, mais non vu, de graves accidents produits par la méthode « appliquée hors de propos », il n'en rapporte pas moins l'opinion de Weiss, d'après laquelle le délire violent des épileptiques, — qu'il rapproche du *delirium tremens* des ivrognes, — a été traité avec beaucoup de succès par plusieurs hydropathes. Voici comment il conseille de procéder :

1. Voir *épilepsie*, p. 221:

« On commence par faire boire toutes les trois
minutes, un petit verre d'eau froide, et l'on continue ainsi jusqu'à ce que le vomissement sur-
vienne ; celui-ci peut être facilité après un certain laps de temps, par la titillation de la luette,
lorsqu'on a l'assurance que l'estomac se trouve
bien rempli : le gros intestin doit être également
vidé en faisant administrer plusieurs lavements
d'eau froide. On procède alors à l'enveloppement
du malade dans le drap mouillé, en ayant soin de
maintenir constamment appliquées sur la tête des
compresses imbibées d'eau froide qu'on renouvelle tous les quarts d'heure. Dès que la chaleur
générale s'est bien rétablie, et que la surface du
corps tend à devenir moite, on renouvelle l'enveloppement général, et l'on y revient cinq à six fois
dans les vingt-quatre heures, ou du moins jusqu'à
ce qu'il y aitp lus de calme. Pour procéder aux enveloppements, il convient de choisir les moments
où le malade est le plus tranquille. Après avoir ainsi
appliqué successivement plusieurs draps mouillés,
l'on procède aux ablutions dans un bain partiel
d'eau dégourdie, dans lequel on fait de fréquentes
affusions sur la tête du malade avec de l'eau du
bain ; ces ablutions doivent durer de dix minutes
à une demi-heure ; le malade est alors remis au
lit, où l'on maintient toujours sur la tête les compresses mouillées, qu'on peut remplacer par un
bonnet de coton trempé dans l'eau froide. Si le
délire persiste on revient aux enveloppements
dans le drap mouillé après quelques heures de
repos ; mais en général, le malade fatigué ne tarde pas à s'endormir, ce qui est considéré comme

une véritable crise qu'il ne faut pas interrompre,
durât-elle vingt-quatre heures et plus.

« Les avantages que Priessnitz a souvent reti-
rés de ce moyen, et que je suis loin de contester
quoique je n'en aie pas été témoin, doivent engager les médecins à y recourir, car trop souvent on
échoue dans le traitement de cette maladie. L'hydriatrie aurait du moins l'avantage d'accoutumer
le malade à boire de l'eau (1).

Ce passage du livre de Schedel est difficilement
explicable. Le très consciencieux historien parle,
au début de l'article, du délire de l'épilepsie grave, qu'il compare au *delirium tremens*, et, à la
fin, il fait ressortir que le traitement qu'il vient
d'exposer a du moins pour avantage d'accoutumer
les malades à boire de l'eau, — ce qui est fort
douteux, — mais ce qui indique que c'est bien du
vrai *delirium tremens* que Schedel a entendu
parler.

Maintenant est-il vrai que Priessnitz, dont
l'établissement n'était guère fréquenté que par
les malades aisés ou riches, ait traité assez de
délires alcooliques pour pouvoir tracer des règles
générales? La réponse nous paraît douteuse. Quoi
qu'il en soit, il est très possible que les applications hydrothérapiques qu'il recommande eussent
de l'efficacité.

Nous ferons remarquer seulement, à propos
des compresses appliquées sur la tête ou du bonnet de coton, que ne renouveler ces applications
que tous les quarts d'heure est très insuffisant ;

1. Schedel, *loc. cit.*, p. 391.

le but de ces compresses est, assurément, d'entretenir la tête fraîche ; or, au bout d'un quart d'heure
une compresse, si fraîche soit-elle au moment
de l'application, est assez chaude pour produire
un effet tout opposé à celui que l'on se propose ;
elle devrait être renouvelée aussitôt que la tête
s'échauffe, ce qui demande environ cinq minutes,
sans que ce temps puisse être fixé *a priori* d'une
manière absolue.

Ce traitement aurait-il contre le violent délire
épileptique les effets que Priessnitz lui reconnaît
contre le *delirium tremens ?* C'est ce que nous ne
saurions dire, non plus, probablement, qu'aucun
de nos confrères en hydrothérapie. Nous sommes
obligés d'exclure de nos établissements les épileptiques à grandes attaques pour des raisons que
tout le monde devine ; mais nous pensons que la
méthode pourrait être utilement tentée dans les
maisons où les grands épileptiques sont admis.

ART. 24. — DERMATOSES.

Priessnitz, qui appliquait l'hydrothérapie aux
maladies chroniques de la peau, disait avoir
obtenu de beaux succès contre ces maladies. Le
seul fait que Schedel ait observé à Græfenberg
ne confirme pas les prétentions de Priessnitz.

De son côté, Baldou cite plusieurs cas de guérison de dermatoses par l'hydrothérapie, et les

expériences suivies à l'hôpital Saint-Louis par Devergie et Gibert ne contredisent pas trop les observations de Baldou.

Pour notre compte, nous n'avons été que très rarement consulté pour des dermatoses, et nous n'avons eu qu'une seule fois l'occasion de leur appliquer le traitement hydrothérapique, et avec un plein succès.

ART. 25. — DIABÈTE OU GLYCOSURIE.

Nous avons traité des diabétiques et nous avons eu le bonheur d'en guérir quelques-uns, lorsqu'ils se sont présentés encore à temps pour être soumis au traitement hydrothérapique.

L'action de l'hydrothérapie a été évidente et non pas une action temporaire, mais une action dont les effets persistaient encore au bout d'un an, sans aucun amoindrissement.

Les beaux résultats que j'ai obtenus permettent d'espérer que, lorsque l'hydrothérapie sera mieux appréciée de la généralité des médecins, le diabète cessera d'être une maladie incurable comme elle l'est encore dans la presque universalité des cas?

ART. 26. — DIARRHÉE CHRONIQUE.

Comme la constipation, la diarrhée n'est qu'un
symptôme ; mais comme la constipation aussi,
elle est souvent, surtout à l'état chronique, un
symptôme tellement prédominant, qu'elle occupe
et doit occuper seule toute l'attention du médein
clinicien, d'autant plus que les cas ne sont pas
rares où l'on serait fort embarrassé de dire à quelle
maladie on doit la rattacher. Il faut bien reconnaître que ces symptômes, qu'on pourrait peut-
être appeler symptômes-maladies, se rencontrent
à chaque pas dans la pratique.

La diarrhée chronique a été considérée par
quelques médecins comme une contre-indication
à l'emploi de l'hydrothérapie ; mais ces médecins
ne connaissaient que peu ou point la nouvelle
méthode ; l'expérience a démontré, et depuis longtemps déjà, que, non seulement la diarrhée chronique ne contre-indique point l'usage des applications hydrothérapiques, mais que celles-ci constituent la médication la plus efficace de cette
affection, quelle qu'en soit d'ailleurs la cause,
contractions rhumatismales de la tunique muscu-
leuse, inflammation, ramollissement, ulcérations
de la muqueuse, etc.

ART. 27. — DOULEURS

Nous sommes bien convaincu, en théorie, que toute douleur tient à une lésion, même à une lésion quelconque où une partie du système nerveux est intéressée directement ou indirectement; mais nous sommes convaincu aussi qu'en pratique cette lésion ne saurait toujours être rigoureusement précisée, non plus que la cause à laquelle elle est due.

Nous avons une autre conviction qui résulte de notre expérience, c'est que l'hydrothérapie appliquée contre ces douleurs dont on ne peut déterminer d'une manière certaine ni la lésion ni la cause, parvient parfois à les modérer, quelquefois à les faire disparaître complètement; c'est là, croyons-nous, un motif pour lequel les cliniciens nous pardonneront notre titre.

ART. 28. — DYSENTERIE

L'hydrothérapie n'est guère moins efficace contre la dysentérie chronique que contre la diarrhée.

L'hydrothérapie jouissait à Græfenberg d'une grande renommée contre la dysenterie, et Schedel nous a appris que Priessnitz faisait usage, contre l'affection, de bains de siège froids, précédés de sudations, surtout dans les cas graves.

Ce sont aussi, à quelques légères modifications près les procédés hydrothérapiques que l'expérience nous a fait adopter, nous en avons observé deux exemples remarquables.

Quant à la dysentérie aiguë, nous n'avons pas eu l'occasion de la traiter par la nouvelle méthode; cette affection est assez rare à Paris, et le cas échéant, on ne la traite guère qu'à domicile ou dans les établissements hospitaliers. Des médecins militaires, qui ont assez souvent l'occasion de l'observer hors de France ne paraissent pas avoir pensé à lui appliquer les procédés hydrothérapiques. Nous croyons pourtant qu'ils en auraient obtenu de bons effets, et nous croyons pouvoir leur en conseiller l'essai.

ART. 29. — DYSPEPSIE ET MALADIES CHRONIQUES.

La dyspepsie est depuis vingt-cinq ou trente ans la maladie à la mode, comme l'avait été la gastro-entérite dans les vingt-cinq années précédentes. Cette mode est-elle comme toutes les autres une création de pur caprice, ou bien a-t-elle sa raison d'être en pathologie et en thérapeutique ?

En s'en tenant à la signification étymologique du mot *dyspepsie* (digestion difficile, pénible, douloureuse), l'état que ce mot désigne est très fréquent, rend l'existence très désagréable, empoisonnée même, quand la dyspepsie est intense ;

cet état est, dans l'immense majorité des cas au
moins, indépendant d'une inflammation de l'estomac, inflammation, du reste, qui pour nous ne
saurait désigner une affection toujours identique
à elle-même ; car une inflammation typhoïdique,
par exemple, diffère essentiellement de celle qui
serait causée par une substance corrosive, etc. ;
enfin — et c'est là une circonstance capitale au
point de vue où nous allons nous placer, — cet
état dyspeptique est rarement isolé, la dyspepsie
ne se montre que lorsqu'un ou plusieurs autres
états morbides se sont manifestés, et, d'autres
fois, entre plusieurs états qui sévissent concurremment, il est fort difficile de déterminer quel
a été le premier en scène, et même s'il y a eu un
premier ; ainsi, dans beaucoup de cas d'anémie,
de chlorose, de nervosisme quelconque, d'épuisement divers, il est à peu près impossible de préciser l'organe par où le mal a débuté, tant est incontestable cette autre vérité, que toutes les fonctions de l'économie sont solidaires, et que l'une
d'elles, ne saurait être troublée sans que bientôt
le trouble s'étende à toute la machine. Aussi, le
clinicien, et surtout l'hydrothérapeute, qui ne
voit presque jamais les maladies chroniques à
leur début, n'observe-t-il que rarement les maladies simples, et bien dessinées ; une dyspepsie,
une anémie, une impuissance génitale, tous ces
états sont bien réels, mais ils sont presque toujours, nous pourrions même dire toujours associés
à d'autres états qui jouent un rôle plus ou moins
important, qu'on traite en même temps que celui
qu'on croit devoir traiter comme le principal, et

quand on guérit l'un on guérit généralement tous les autres.

Ce symptôme dominant est souvent la dyspepsie, ce qui est bien naturel, puisque c'est dans l'estomac principalement que se prépare la sève nutritive animale.

Il est donc rationnel, malgré la solidarité que nous avons signalée, de traiter de la dyspepsie et même des états morbides d'une importance moindre, d'autant plus, au point de vue thérapeutique, que ces états prédominants exigent parfois quelques modifications dans les applications hydrothérapiques qu'on doit faire pour en obtenir la guérison.

C'est sous le bénéfice de ces explications que nous allons parler de la dyspepsie.

Et d'abord, devons-nous conserver le nom de *dyspepsie?* Lasègue, Gubler, etc., pensaient et prédisaient que ce mot devait disparaître prochainement de la nomenclature médicale. Mais Durand-Fardel, Leven, le professeur Sée, ont pour longtemps assuré une place du premier rang au mot de *dyspepsie* comme à la chose qu'il désigne.

M. le professeur Sée s'est proposé, après avoir admis un grand nombre de dyspepsies, de déterminer l'origine, la cause, la symptomatologie, le diagnostic, le traitement de chacune d'elles.

Il admet *sept* grandes *méthodes* pour constituer le traitement des dyspepsies, mais il ne fait entrer l'hydrothérapie dans aucune de ces méthodes ; il la relègue au traitement dit externe, et en fait une médication auxiliaire; cela ne l'a pas empêché de présenter sur l'hydrothérapie des considérations remarquables, et qui, moyennant quelques rectifications, seraient de tous points excellentes· Il est intéressant de voir comment le savant professeur envisage l'action, et, par conséquent, les indications de l'hydrothérapie dans les dyspepsies.

« L'hydrothérapie, dit-il, est appelée à remplir des indications très variables suivant la nature des troubles dyspeptiques que nous nous proposons de combattre.

« A ce point de vue, je crois devoir les rappeler ici ; nous distinguons deux grandes classes de dyspepsies :

« 1° Les *dyspepsies proprement dites*, liées à un trouble sécrétoire ; celles, en un mot, où l'acte chimique de la digestion s'opère d'une façon défectueuse ;

« 2° Les *pseudo-dyspepsies*, qui dépendent d'un trouble de l'innervation motrice et qui se produisent chez les individus dont les fonctions digestives ne sont pas chimiquement troublées. Chez ceux-ci, le récipient, si j'ose m'exprimer ainsi, fonctionne mal et peut entraver secondairement les réactions chimiques qui se manifestent au contact des aliments et des sucs digestifs.

« Dans ces cas, c'est surtout un trouble mécanique qu'il s'agit de combattre ; ou bien les tuniques musculaires de l'estomac et de l'intestin présentent une contractilité excessive et agissent d'une façon violente et tumultueuse à un moment plus ou moins avancé de la digestion. Les aliments indigérés sont ainsi rejetés au dehors par la bouche et par l'intestin, et il n'y a plus d'absorption possible.

« Ce genre d'accidents rentre dans l'indigestion stomacale ou intestinale plutôt que dans la dyspepsie. Ce sont des *indigestions à répétition*, qui servent parfois de prélude à la dyspepsie proprement dite, catarrhale ou secrétoire. Il n'en est pas moins vrai que le trouble de l'innervation motrice, point de départ de ces accidents intestinaux, sera combattu avantageusement par l'emploi rationnel et judicieux de l'hydrothérapie.

« Nous avons ensuite les pseudo-dyspepsies liées à une atonie gastro-inestinale, à un défaut de contractilité musculaire. Cette atonie peut affecter non-seulement les muscles lisses qui entrent dans la formation des plans musculaires de l'estomac, mais encore les muscles de la paroi abdominale antérieure. Ces dernières forment une véritable sangle qui bride et soutient la masse intestinale, en régularisant les contractions péristaltiques de l'estomac et de l'intestin. Nous avons vu que, lorsqu'on ouvre la cavité abdominale d'un chien l'estomac et l'intestin se distendent outre mesure et qu'il en résulte une gêne notable de la digestion. N'avons-nous pas par cette expérience même l'explication de la tympanite, si fréquente chez les hystériques, chez les hypocondriaques, et de la pseudo-dyspepsie qui l'accompagne ?

« Cette tympanite ne tient pas, comme on l'a dit et comme d'aucuns le croient encore, à une production excessive de gaz dans l'estomac ou à une excrétion gazeuse du sang, mais à un défaut de tonicité des plans musculaires du tube di-

gestif et surtout de la paroi abdominale antérieure.

« Chez l'animal éventré expérimentalement,
dont la plaie intestinale est unie par des points
de suture à la plaie abdominale, si l'on détermine
des contractions des muscles de la paroi à l'aide
de la faradisation, on voit les phénomènes mécaniques de la digestion rentrer dans l'ordre. Il y a
donc urgence à combattre par les moyens appro-
priés cette atonie des muscles abdominaux, ainsi
que des tuniques gastro-intestinales chez les né-
vropathes de toute catégorie, et à s'attaquer à la
racine même de la pseudo-dyspepsie engendrée
par ces troubles de l'innervation motrice.

« En tête des moyens propres à atteindre ce
but, doit se placer l'*hydrothérapie*. Les agents
thermiques en général et le froid en particulier,
sont, en effet, de puissants agents modificateurs
de l'innervation motrice. Songez, pour vous en
convaincre, à ce qui se produit sous l'influence
d'une réfrigération prononcée et brusque dans le
bain froid, par exemple. Les fibres lisses des tissus se contractent, comme l'atteste cet état de la
peau connu sous le nom de « chair de poule ».
Les muscles des membres et du tronc sont agités
de contractions cloniques qui se manifestent par
des tremblements, par le claquement des dents,
et chez les sujets impressionnables par un frisson
violent, quelquefois même par des convulsions
générales. Les muscles lisses des organes profonds sont également contracturés, comme le
prouvent les évacuations alvines, véritables dé-
bâcles diarrhéiques provoquées par un refroidis-

sement un peu intense, ainsi que le vomissement
d'ailleurs plus rare en pareil cas.

« Enfin Mossler a démontré d'une façon directe
sur des chiens éventrés, que le froid fait contracter les fibres lisses de la rate en diminuant le volume de cet organe.

« Quelles applications pratiques devons-nous
déduire de ces effets physiologiques du froid?

« a) Quand nous aurons à combattre cette contractilité excessive des plans musculaires de l'estomac et de l'intestin qui se manifeste par des
mouvements désordonnés de ces organes abou-
tissant à l'expulsion anticipée des ingesta, c'est
naturellement à l'action hyposthénisante du froid
que nous nous adresserons.

« Il faudra pour cela recourir à des applications
froides d'une certaine durée sur l'abdomen, applications qui auront lieu dans l'intervalle des digestions, lorsque l'estomac et la portion digérante de
l'intestin seront à l'état de vacuité. Ces applications locales se feront sous forme de compresses
imbibées d'eau froide et recouvertes d'une enveloppe imperméable, ou mieux encore sous forme
d'une vessie de caoutchouc, contenant de l'eau à
une température suffisamment basse et disposée
de telle sorte que son contenu forme une nappe
liquide d'une grande étendue, mais d'une faible
épaisseur, pour ne pas exercer une pression gênante sur l'abdomen.

« Ces applications locales du froid peuvent être
combinées avec des douches sédatives dirigées sur
la colonne vertébrale dans le but de diminuer l'excitabilité morbide de l'axe spinal.

« *b*) Dans le cas de *pseudo-dyspepsies par atonie* des plans musculaires de l'estomac, de l'intestin et des parois abdominales, c'est aux effets excitants du froid que nous nous adresserons. Pour stimuler la contractilité languissante des muscles abdominaux, nous aurons recours aux douches en pluie ou en éventail, dirigées sur le ventre, et mieux encore à la douche écossaise. »

« Pour agir directement sur les muscles lisses de l'intestin, on fera prendre à ces pseudo-dyspeptiques des lavements froids à jeun. Cette pratique, lorsqu'elle ne se heurte pas contre des préjugés enracinés ou des répugnances invincibles, donne en général d'excellents résultats. Non seulement, en effet, le clystère froid agit directement sur l'intestin, dont il stimule la contractilité affaiblie, mais il combat du même coup la constipation, qui favorise elle-même le météorisme et par conséquent l'atonie des tuniques musculaires distendues outre mesure. Or, comme j'ai eu déjà l'occasion de le dire, les pseudo-dyspeptiques flatulents tournent dans un véritable cercle vicieux : la flatulence reconnaît pour cause première l'atonie des fibres lisses du tube digestif et des muscles striés de la paroi abdominale. Cette flatulence, favorisée par la constipation, maintient le tube digestif dans un état permanent de distension exagérée qui compromet la contractilité des éléments musculaires ainsi tiraillés. Le lavement froid, en évacuant à la fois le contenu solide et les gaz de l'intestin, supprime ces deux influences adjuvantes de l'atonie des plans musculaires.

« Enfin on pourra également stimuler l'inner-

vation motrice des muscles abdominaux et du tube
digestif en prescrivant des douches excitantes dirigées de bas en haut sur les portions lombaires et
dorsales de la colonne vertébrale, où résident les
centres moteurs des viscères abdominaux.

« *c*) — Nous arrivons maintenant aux *dyspepsies proprement dites*, à celles qui dépendent d'un
trouble chimique de la digestion. Sans entrer
dans le détail des différentes formes de cette dyspepsie, qui peuvent reconnaître pour cause des
troubles fonctionnels variés : circulation défectueuse de la muqueuse gastro-intestinale, sécrétion
insuffisante des divers appareils glandulaires,
défaut d'acidité du suc gastrique, production exagérée de mucus, etc., nous nous bornerons à étudier le rôle de l'hydrothérapie comme *modificateur de la circulation et de la nutrition générale*
dans le traitement de la *dyspepsie secrétoire*.

« La dyspepsie, je le répète, est un syndrome
pathologique plutôt qu'une affection bien définie.
Prenons, par exemple, un sujet qui est sous le coup
d'une anémie par déperdition consécutive à une
maladie grave. Nous sommes amenés à dire que
cet homme est dyspeptique parce que son appétit
est languissant, sa digestion pénible, accompagnée
de sensations anormales qui vont jusqu'à la douleur.

« Pour expliquer le développement de ces différents accidents, on est convenu de dire que les
sécrétions, chez ce malade, reflètent l'état du sang,
dont la composition est défectueuse. On a même
précisé l'altération des sucs digestifs admise en
pareille circonstance : on a soutenu que, chez les

anémiques, les fébricitants, les convalescents, à la suite d'une maladie débilitante, le suc gastrique est rendu inactif par défaut d'acide chlorhydrique. Quelle action l'hydrothérapie peut-elle exercer sur de semblables troubles?

« Nous possédons dans l'eau froide convenablement appliquée sur la peau un moyen puissant de régulariser le jeu du cœur, en augmentant la somme de son travail utile ; mais par l'action qu'ils exercent sur les vaisseaux cutanés, les excitants thermiques et le froid en particulier, sont de puissants modificateurs de la circulation. Ils activent d'une façon directe la circulation périphérique, et cette simulation retentit naturellement sur la circulation profonde.

« Nous avons vu d'ailleurs que les excitations périphériques agissent à distance par voie réflexe et par l'intermédiaire du pneumo-gastrique, pour exciter les terminaisons des nerfs splanchniques, faire contracter les vaisseaux qui sont sous la dépendance de ces nerfs. Mais cette suractivité circulatoire entraîne une exagération plus active du sang, qui traverse plus souvent les capillaires, où il est mis en rapport avec l'air extérieur par l'intermédiaire d'une membrane très mince, c'est-à-dire dans les poumons et aussi dans les téguments. Voilà donc un sang chargé d'oxygène qui circule avec une activité insolite dans les organes superficiels et profonds; il en résultera naturellement une stimulation des échanges nutritifs et par suite un accroissement des besoins de l'organisme : c'est, à mon sens, de la sorte qu'un bain froid, une douche, excitent l'appétit, au même titre qu'une promenade au grand air par un temps frais, l'exercice musculaire, les inhalations d'oxygène, etc... Or, on sait qu'un repas se digère mieux, en général, lorsqu'il est pris par gourmandise.

« Là ne s'arrête pas l'action de l'eau froide ; son effet stimulant sur les circulations profondes, retentit sur les sécrétions gastrique, intestinale, biliaire, pancréatique, qui deviennent plus abondantes d'abord et qui reprennent leur composition normale à mesure que le sang lui-même se régénère. C'est là tout le secret de l'action favorable de l'eau froide dans les dyspepsies proprement dites, dans les dyspepsies sécrétoires liées à une altération du sang.

« C'est, à mon avis, le meilleur adjuvant du traitement diététique et médicamenteux, propre plus que tout autre à stimuler l'appétit en activant la nutrition générale, à modifier les sécrétions en activant la circulation et notamment les circulations profondes. Notez que cette suractivité circulatoire peut être constatée *de visu* sur un animal dont on ouvre la cavité abdominale et qu'on soumet à l'action d'une douche froide ; elle est suffisamment attestée d'ailleurs par les hémorrhagies intestinales que l'on provoque à l'aide de bains froids employés comme moyen antipyrétique.

« De même, des recherches nombreuses et précises démontrent qu'à la suite d'une douche, d'un bain froid, l'élimination de l'acide carbonique, de l'urée, de l'acide urique, des phosphates, etc., en un mot de tous les déchets des combustions organiques, subit un accroissement passager, ce qui prouve que les échanges nutritifs présentent, sous cette influence une activité insolite. Nous avons là un moyen bien autrement inoffensif et physiologique, pour arriver à l'hématose que les inhalations d'oxygène, qui, dans un cas d'anémie profonde, auront sur le sang la même action qu'un repas copieux composé d'aliments indigestes exercerait sur un estomac incapable de digérer.

« Il n'y a d'autre contre-indication que l'amaigrissement résultant de l'ancienneté et de la gravité de la maladie, et encore cette prohibition n'est-elle ni absolue ni définitive. »

Non seulement la contre-indication qui résulterait de l'ancienneté et de la gravité n'est ni absolue ni définitive, mais elle n'est nullement réelle ; les dyspeptiques arrivés au dernier degré du marasme et parfois de l'hypocondrie, ont pu être guéris par l'hydrothérapie, sans que celle-ci ait provoqué, à aucun moment du traitement, le moindre accident qui ait pu faire naître l'idée d'une contre-indication.

D'après le savant professeur, le mode d'action n'est pas moins favorable dans les dyspepsies vraies ou chimiques que dans ce qu'il appelle les pseudo-dyspepsies ; mais comment se fait-il qu'après avoir reconnu et même proclamé et *expliqué* l'action curative quasi-souveraine de l'hydrothérapie sur toutes les catégories de dyspepsies et pseudo-dyspepsies, il fasse de cette puissante méthode un auxiliaire du traitement médicamenteux ? Quant à nous, nous croyons faire beaucoup d'honneur à ce dernier en en faisant un adjuvant du traitement hydrothérapique, l'expérience nous ayant appris que l'hydrothérapie a réussi souvent, alors qu'une foule de traitements médicamenteux avaient échoué, et qu'elle avait réussi sans l'aide d'aucun de ces derniers. Ajoutons que l'hydrothérapie a réussi dans toutes les formes de dyspepsies sans considération de théorie chimique ; car, il y a dyspepsie toutes les fois qu'il y a digestion difficile, quelle que soit d'ailleurs la cause connue ou inconnue de la difficulté ; la seule distinction *actuelle* qu'on doive faire dans ce que certains médecins, ont appelé *dyspepsie,* c'est celle de la vraie dyspepsie et de la *gastralgie.*

ART. 30. — ENTORSE.

Il existe encore aujourd'hui des chirurgiens qui traitent les entorses par les émissions sanguines locales, la ouate, la compression par des bandes et l'immobilité, quoique repoussée pourtant par Bonnet (de Lyon), qui en était, en général un partisan si effréné.

Depuis les publications de Girard, le massage, pratiqué selon les règles tracées par ce vétérinaire, a été avec raison subs titué à tous les autres traitements, tant ses effets sont parfois véritablement merveilleux. Cependant ce traitement luimême ne doit pas faire oublier le remède populaire dans certaines localités, et qu'on a quelquefois vu produire des effets presque aussi avantageux que ceux du massage ; ce remède, c'est l'immersion du pied entorsé (si l'on nous passe l'expression) dans l'eau froide, qu'on renouvelle

quand elle s'échauffe ; il suffit que l'eau soit à
12 ou 15° ; au lieu de l'immersion, on peut appliquer des compresses fraîches constamment renouvelées ou des affusions ; comme toutes ces applications sont beaucoup plus faciles à pratiquer
que le massage, qui, pour être efficace et même
inoffensif, demande une assez grande habitude,
elles sont, en définitive, préférables à celui-ci dans
les entorses toutes récentes. Quant aux suites d'une
entorse datant déjà d'une ou de plusieurs semaines
l'hydrothérapie est encore bien plus nécessaire
pour les prévenir ou pour les guérir, car ses suites sont une arthrite chronique menaçante ou un
engorgement sub-inflammatoire déjà établi Seulement, dans ces cas, ce n'est pas seulement l'immersion ou les compresses froides qu'il faut appliquer : les douches locales en jet ou en arrosoir,
suivant que l'affection est plus ou moins ancienne
et plus ou moins prononcée, sont nécessaires ; il
peut même être utile de leur associer les sudations. Quant à l'efficacité du traitement hydrothérapique dans ces cas, on peut affirmer fermement qu'aucun autre ne lui est comparable.

<hr>

ART. 31. — ÉPILEPSIE.

Il paraît que Priessnitz n'avait pas une grande
confiance en l'hydrothérapie pour guérir ou soulager les épileptiques. Voici comment Schedel
s'exprime à ce propos :

« Certains procédés hydriatriques, tels que le bain partiel dans de l'eau dégourdie, avec frictions et ablutions générales et affusions sur la tête, peuvent être utiles dans cette redoutable maladie, surtout si, aux règles d'une sage hygiène, le malade ajoute le soin de boire beaucoup d'eau froide, de faire des exercices réguliers sans aller jusqu'à la fatigue, et de prendre tous les jours un ou deux bains de siège froids ou à 12° R., pour commencer. Appliquée dans toute son énergie, loin d'être utile, l'hydriatrie est très dangereuse dans cette névrose ; aussi Priessnitz, fort accoutumé à appliquer ainsi la méthode, ne parle de cette maladie qu'avec frayeur. En effet, les sueurs forcées, les grands bains froids et les douches énormes sont des stimulants qui doivent vivement impressionner les nerfs délicats de la plupart de ces pauvres malades. Quelquefois, il est vrai, leur usage est suivi d'un calme assez prolongé, mais auquel succèdent des attaques d'une violence incroyable et qui paraissent avoir souvent amené des déchirures, et même la mort des malades. Ces accidents qu'éprouvent également les épileptiques qui font usage des eaux minérales, démontrent combien est énergique la stimulation que l'hydrothérapie imprime à toute l'économie, et quels peuvent en être les dangers, lorsqu'elle est appliquée, sans précaution, aux personnes prédisposées à l'apoplexie et aux congestions sanguines. Priessnitz ne reçoit pas dans son établissement des malades atteints d'épilepsie. Cette maladie est donc de celles que les médecins doivent combattre sans cesse. »

Que l'hydrothérapie puisse occasionner les plus graves accidents quand elle est appliquée *sans précaution*, surtout aux personnes prédisposées à l'apoplexie, c'est ce que personne ne conteste parmi ceux qui ont étudié la méthode ; mais quel est donc l'hydrothérapeute qui conseille d'appliquer l'hydrothérapie *sans précaution ?* Et puis, Schedel a-t-il réellement vu les terribles accidents dont il parle ? Ses propres paroles semblent prouver le contraire : des attaques d'une violence incroyable, dit-il, *paraissent* avoir *souvent* amené..., etc. ; Schedel n'a donc pas vu de ses propres yeux ; il aura entendu des racontars auxquels son esprit, malheureusement un peu crédule, aura accordé un crédit qu'ils ne méritaient pas. Il ne se faisait pas, du reste, une idée bien exacte de l'épilepsie ; il le prouve en parlant « des nerfs délicats des pauvres épileptiques », quand il est bien certain que, sauf de rares exceptions, les *nerfs* de ces pauvres malades c'est-à-dire leur impressionnabilité nerveuse, est moindre que chez tous les autres malades..., à la condition, bien entendu, qu'on ne confonde pas les véritables épileptiques avec les hystériques, pas même avec les hystéro-épileptiques.

Il faut reconnaître, d'ailleurs, que Schedel est revenu d'une opinion qui ne s'appliquait qu'à l'hydrothérapie appliquée sans précaution ; l'étude qu'il avait faite de la méthode lui faisait bien pressentir qu'elle devait avoir quelques avantages contre le terrible mal. En terminant son article, il dit :

« Des effets avantageux que l'eau produit en

maintes occasions peuvent faire espérer que l'hydrothérapie n'a pas dit son dernier mot sur ce point (le traitement de l'épilepsie); Weiss rapporte des cas de guérison par cette méthode, où les attaques, après avoir augmenté d'intensité, avaient fini par devenir moins fréquentes, moins violentes, et avaient cessé entièrement. »

Comme Schedel, nous avions pensé aussi que l'hydrothérapie appliquée au traitement de l'épilepsie, n'avait pas dit son dernier mot, et, dès 1858, nous publiâmes (1), le résumé de quelques cas assez remarquables où la méthode avait triomphé, notamment chez un jeune garçon gravement atteint.

Le D' Bottentuit (2), de son côté, rapporte le cas d'un charcutier adonné à l'ivrognerie, qui avait eu plusieurs attaques et qui fut guéri par l'hydrothérapie dans l'espace de trois mois.

Il s'est encore trouvé des médecins prétendant que l'hydrothérapie est sans action sur l'épilepsie et même que son emploi peut avoir de graves dangers ; contre cette dernière assertion nous ne pouvons que répéter ce que nous avons dit plusieurs fois : c'est que l'hydrothérapie prudemment administrée n'offre jamais de dangers.

<hr>

ART. 32. — FIÈVRE.

Depuis les progrès de l'anatomie pathologique, le mot *fièvre* est toujours accompagné d'un quali-

1. E. Duval, *Médecine contemporaine*, 1858.
2. Bottentuit, *L'hydrothérapie*.

ficatif, qui spécifie, soit les localisations dont la fièvre s'accompagne, soit un ensemble de symptômes qui la distinguent de tous les autres mouvements fébriles. Cependant, même après ces localisations et ces spécifications, nous avons encore vu admettre des fièvres synoques, éphémères, printanières, des fièvres inflammatoires, angioténiques, sans localisation, des fièvres nerveuses même, qui affectent tout l'organisme, sans qu'on puisse dire d'une façon positive qu'elles aient un siège dans un organe en particulier. Ces fièvres sont habituellement peu durables, éphémères même, comme celles dites printanières, et qu'on observe surtout chez les enfants et les adolescents.

Mais il arrive aussi quelquefois qu'elles se prolongent des semaines et même des mois.

Nous avons même connu une dame d'une cinquantaine d'années, Mᵐᵉ B... veuve d'un ancien maire d'un des arrondissements de Paris ; jamais on ne put trouver chez elle une localisation pour expliquer la fièvre continue à laquelle elle était en proie, et qui l'emporta après un peu plus de deux ans de durée ; nous fîmes proposer l'application de l'hydrothérapie ; mais la proposition ne fut point agréée ; et on laissa mourir la malade en lui administrant les toniques, les antispasmodiques et les calmants de la thérapeutique routinière.

On pouvait vraiment appliquer à cette affection le nom de *fièvre lente nerveuse*, souvent employée par nos devanciers ; Mᵐᵉ B... était, en effet, d'une susceptibilité nerveuse extrême, et déjà très grande avant sa maladie. Est-ce là l'état

morbide de Giannini, « consistant dans la rupture
de l'équilibre qui doit exister entre les systèmes
nerveux, musculaire et artériel, » et dont les immersions froides sont, dit-il, le seul remède ?

Dans les quelques cas rares où nous avons vu
des fièvres sans localisations persister, nous en
avons triomphé par les douches sédatives en pluie
et les immersions.

ART. 33. — FIÈVRES INTERMITTENTES.

Giannini ne considérait l'eau froide que comme
un auxiliaire du quinquina ; ailleurs, il apprécie
un peu différemment l'action de l'eau froide en
disant que « l'immersion froide est le remède de
l'accès, mais que le quinquina reste celui de l'intermittence ».

Baldou, le véritable introducteur, avec Engel et
Wertheim, de l'hydrothérapie en France, n'était
pas encore fixé, en 1846, sur l'efficacité de la méthode contre l'impaludisme : « La question de
l'opportunité et de l'efficacité des applications hydrothérapiques, dans les cas ordinaires de fièvre
intermittentes, disait-il en tête de la *vingt-troi-
sième série* des maladies qu'il passe en revue (1)
ne me paraît pas résolue. » De quelques essais
qu'il avait tentés, et dont la moitié, cependant,
avaient été couronnés de succès, il se croit obligé

1. Baldou, *Instruction pratiqu: sur l'hydrothérapie.* Paris,
1857.

consciencieusement de conclure que le quinquina
« reste le meilleur spécifique » contre les fièvres
paludiques.

Malgré sa réelle et grande puissance, tous les
praticiens savent aujourd'hui que le quinquina
n'est nullement un spécifique dans toute la portée
du mot ; ils savent surtout qu'il n'est pas un spécifique de l'impaludisme, et qu'il n'est guère puissant que contre les accès ; en sorte, qu'on pourrait
presque retourner l'aphorisme de Giannini, et
dire que le quinquina est le remède de l'accès,
mais que l'eau froide est le remède non de l'intermittence, mais de la maladie, c'est-à-dire de l'infection et de la diathèse paludiques.

En effet, la science a marché, et si l'hydrothérapie ne coupe pas mieux que le quinquina les premiers accès des fièvres intermittentes, elle coupe
à peu près aussi bien ceux des fièvres sur le dé-
clin ou qui durent trop longtemps, ainsi que ceux
des récidives, si fréquentes dans ses affections ;
mais ce qu'elle guérit bien mieux que le quinquina, c'est la faiblesse, l'anémie, les engorgements
viscéraux, les troubles digestifs que l'impaludisme laisse si souvent après lui, troubles graves que
le quinquina ne guérit guère, qu'il contribue
même assez souvent à engendrer, au moins en ce
qui concerne les organes digestifs. C'est là un progrès considérable, on peut même dire un véritable
triomphe pour l'hydrothérapie ; car, à part quelques fièvres à caractère pernicieux, les accès de
fièvres intermittentes tuent bien rarement, tandis
que l'issue fatale des altérations de l'économie par
l'infection n'est rien moins que rare, même quand

on a dirigé contre elles des masses de quinquina
ou de sulfate de quinine, dont l'organisme, du
reste, finit par se lasser assez promptement, et
qu'il ne supporte bientôt plus.

Ce n'est pas seulement dans la suppression des
accès de fièvre que l'hydrothérapie montre sa puissance curative, c'est en détruisant les suites encore plus graves et plus rebelles de l'impaludisme,
anémie, engorgement des viscères, etc.

Art. 34. — Fièvre typhoïde

Hippocrate, et, beaucoup de médecins, après
lui, ont appliqué l'eau froide à la curation d'un
nombre plus ou moins considérable de maladies;
mais ces applications étaient fort limitées, faites
timidement, sans ordre, sans esprit de suite, sans
conviction.

C'est surtout après les observations de Wright
et de Currie sur le typhus (f. typhoïde) qu'elles
acquièrent un grand retentissement et se généra-
lisent dans toute l'Europe et même sur le conti-
nent américain du Nord. Malgré cela, l'hydrothérapie non seulement ne fut pas fondée, mais
même l'application de l'eau froide à la fièvre
typhoïde tomba à peu près en désuétude. Nous
disons à peu près, car elle ne fut jamais oubliée
complètement; outre les applications incomplètes
de Récamier (qui ne l'employait que dans les cas
très graves et *in extremis*), celle beaucoup mieux

suivie de Jacquez, qui, sur 313 typhoïdes traités
sans choix, en guérit 294, de Gendrin, qui préco-
nise les affusions froides comme le meilleur traitement, et de quelques autres praticiens.

Brand, de Stettin, a trouvé moyen de se faire
passer à peu près pour l'inventeur de ce qu'on a
appelé *sa méthode* (1), même à l'Académie de médecine.

Cette prétendue méthode eut l'honneur de provoquer, en 1883, devant la savante compagnie,
une grande discussion.

Nous avons fixé à sa juste valeur le *procédé* de
Brand (2), qui n'est point une *méthode*, et nous
avons fait connaître quel est, des procédés hydrothérapiques, celui qu'on doit appliquer dans la
fièvre typhoïde pour en obtenir les meilleurs résultats. Nos résultats sont supérieurs à ceux du
Dr Jacquez, qui pourtant, n'a eu qu'une mortalité
de 1 sur 16, proportion bien plus favorable que
celles qu'ont données toutes les médications tour
à tour préconisées.

La manière d'appliquer le froid adoptée par
Brand, et qui consiste dans des affusions avec de
l'eau à 12 ou 18' cent., suivant l'intensité de la
fièvre, affusions données pendant que la malade
est dans un bain ou un demi-bain à la même
température, n'est pas le meilleur procédé.

Mais avant d'exposer celui-ci, disons un mot
d'une étrange objection qu'on a cru devoir faire

1 Voyez Bouveret. *La fièvre typhoïde, et les bains froids.*
Paris, 1886.

2. Voyez : E. Duval; *De la fièvre typhoïde et de ses divers
traitements et de la doctrine Pasteur à l'Académie de médecine.* Paris, 1883.

au traitement par les bains froids et qu'on croirait
sans doute pouvoir appliquer aux affusions froides. La chaleur ou, comme on dit maintenant
pour être plus élégant sans doute, la *thermalité*
n'est pas la fièvre typhoïde, et ce n'est pas seulement en diminuant *l'hyperthermie* qu'on peut
guérir la fièvre. Ceux qui parlent ainsi croient
n'émettre par ces mots qu'une seule et même proposition ; ils en émettent deux fort différentes.

La première est pour le moins une puérilité :
jamais personne n'a prétendu que l'hyperthermie
fût la fièvre typhoïde ; mais conclure de là qu'en
la diminuant, on ne diminue ni ne guérit la fièvre,
c'est une autre question : si l'hyperthermie n'est
pas la fièvre typhoïde, elle en est un symptôme
important, comme de beaucoup d'autres fièvres ;
elle en est, en quelque sorte, le thermomètre,
comme l'état fébrile lui-même, — qui n'est pas
non plus la maladie. — Lorsqu'une médication
diminue l'hyperthermie, elle prévient d'abord les
effets physiologiques, les combustions, les dénu-
tritions qui résultent de l'excès de température,
et elle diminue sans doute l'état indéterminé dont
l'hyperthermie est le symptôme. Comment l'amé-
liore-t-elle ? Nous pourrions peut-être en trouver
une explication plus ou moins claire et plausible.
Nous ne croyons pas bien utile de nous engager
dans cette recherche ; il nous paraît suffisant,
quant à présent, d'établir que, sans qu'on sache
bien pourquoi ni comment, le soulagement que le
malade éprouve dès que la température est
abaissée, ne laisse aucun doute sur l'utilité de
l'abaissement.

Maintenant, cet abaissement doit-il être opéré au hasard, sans règle ni mesure? Assurément non; l'abaissement doit se faire jusqu'à ce qu'on soit descendu à la température normale, et s'arrêter là, pour être repris de nouveau, quand la température reprend un mouvement ascensionnel; voilà pourquoi les affusions d'eau froide sont préférables aux bains, car avec ceux-ci, qui soustraient à la fois une grande quantité de calorique, il est impossible de graduer comme on veut le refroidissement, et, par ce motif, il est difficile d'éviter toujours certains accidents, tels que congestions viscérales, crises nerveuses, etc. De plus, quoi qu'en disent Brand et quelques-uns de ses partisans, les difficultés matérielles de l'opération obligent à prolonger les bains, pour ne pas les répéter trop souvent; or, c'est là un grave inconvénient, d'où peuvent résulter non seulement des congestions, mais une réaction exagérée, qui peut augmenter le mouvement fébrile, qu'on a ensuite de la peine à calmer. L'application de l'hydrothérapie à la fièvre typhoïde doit se borner à l'action sédative et tonique, et ne pas revêtir l'action excitante, si ce n'est dans les cas extra-adynamiques et à un mouvement fébrile peu développé.

Voici comment on doit procéder pour se conformer aux préceptes que nous venons de poser :

On mouille d'abord la tête du malade avec des compresses d'eau froide pour prévenir l'afflux du sang au cerveau.

Puis, la chemise étant enlevée, tout en maintenant le malade dans son lit, on fait avec une éponge trempée dans l'eau la plus froide possible, une lotion ou affusion sur toute la surface du corps, en commençant par la tête.

On essuie ensuite le malade, on lui repasse sa chemise, on lui maintient des compresses d'eau froide sur la tête et sur le ventre, qu'on renouvelle à mesure qu'elles s'échauffent, et on lui fait boire quelques gorgées d'eau froide, que l'on continue comme boisson.

Quant l'abaissement de température se produit immédiatement après l'affusion, on s'en tient là jusqu'à ce que les effets sédatifs soient épuisés; lorsque ces effets ne sont pas obtenus immédiatement, on renouvelle la lotion une fois, deux fois et même trois ou plus, jusqu'à ce que le but qu'on se propose soit atteint.

Quant à l'effet sédatif succède la réaction, on a recours aussitôt à l'affusion, suivant le même procédé que nous venons de décrire, et ainsi de suite, autant de fois que la réaction tendra à se produire.

Nous ajoutons d'ordinaire à ces moyens un demi-lavement d'eau froide, soir et matin.

Dans les cas modérés, la réaction ne se renouvelle pas plus de deux à quatre fois dans les vingt-quatre heures, et, par conséquent, on ne répète que trois ou quatre fois les affusions. Mais, dans les cas graves, on peut être obligé de les répéter quinze et même vingt fois; c'est alors une médication pénible pour le médecin, car il ne peut en confier l'application, comme cela se fait pour les bains froids, à des infirmiers ou à des garde-malades; le succès tient d'autant plus à l'exacte observation des règles que les cas sont plus graves.

C'est probablement les soins extrêmes qu'exige l'application rigoureuse de la méthode qui l'ont fait exclure des hôpitaux et lui ont fait préférer les bains froids, que les infirmiers et les baigneurs peuvent donner tant bien que mal ; mais nous n'hésitons pas à conseiller de renoncer à l'hydrothérapie, quand elle ne pourra être appliquée avec tous les soins que nous venons d'indiquer ; « qui veut la fin veut les moyens », et comme ici la fin c'est la conservation de la vie des hommes, on peut bien se résigner à employer des moyens qui exigent quelque peine.

La méthode hydrothérapique telle que nous venons de la décrire, n'exclut nullement l'emploi de la plupart des autres médications que divers praticiens conseillent ; ce n'est que dans les cas où elles s'opposeraient aux effets que recherche l'hydrothérapie qu'elles seraient contre-indiquées. Nous-même débutons souvent, avant les premières affusions, et quand l'élévation de l'hyperthermie n'est pas trop pressante, par un éméto-cathartique.

Comme alimentation, quand elle ne répugne pas trop aux malades, nous donnons, jusqu'à la convalescence, du lait et du bouillon froids.

ART. 35. — FOIE (CONGESTION CHRONIQUE ET ENGORGEMENT DU).

Fleury a non seulement publié sur la congestion chronique du foie des considérations et des faits nouveaux, et d'un grand intérêt, mais il a démontré l'efficacité de l'hydrothérapie contre cet état fort grave et bien plus fréquent en France qu'on ne le croyait avant ses recherches.

Un des phénomènes physiques qui décèlent la congestion chronique du foie, c'est une augmentation de volume de l'organe ; mais comment mesurer ce volume sur le vivant et savoir s'il est normal ou non ? Piorry, prétendait, qu'il est à peu près impossible d'établir les dimensions normales du foie; cela est peut-être vrai, quand on veut obtenir des mesures à quelques millimètres près, mais pour les besoins de la clinique, on peut s'en référer aux données établies par le professeur Monneret; d'autant que le clinicien ne fonde jamais son opinion ni son action sur des données physiques, mais qu'il y joint toujours celles de la pathologie et de la physiologie pathologique.

« Chez un homme sain, couché sur un plan horizontal, dit le professeur Monneret, la matité hépatique commence à quatre centimètres au-dessous du mamelon droit et vient finir sur le bord des côtes, qui couvre très exactement l'organe et lui sert d'enceinte inférieure. Sur la ligne médiane, le foie se trouve placé derrière l'appendice xyphoïde et le déborde un peu en avançant vers le haut de l'épigastre ; en arrière et sur les côtés, il cesse au niveau des côtes, que l'on peut, en général, considérer comme sa limite physiologique... Quant au mamelon, il est situé entre la quatrième et la cinquième côte, un peu plus près de celle-ci, et quelquefois sur elle. »

A quelle cause est due l'augmentation de volume du foie, quand celui-ci dépasse les limites que nous venons de rappeler. Quand nous disons à quelle cause, nous entendons à quelle lésion anatomique, car la congestion, sans cesser d'être une congestion simple, c'est-à-dire une hyperhémie plus ou moins active ou passive, peut être provoquée par des causes très diverses. Les états anatomiques qui peuvent augmenter le volume du foie, sont assez limités, et bornés au cancer (cause ordinaire), à la dégénérescence graisseuse, aux hydatides et aux abcès. La cirrhose, la maladie chronique du foie la plus fréquente après la congestion et le cancer, n'augmente pas le volume du foie, au contraire.

« Ordinairement, dit le professeur Monneret, dans le cancer du foie, l'augmentation de volume porte sur les deux lobes, mais elle devient plus promptement manifeste dans le lobe gauche, qui descend alors dans l'épigastre, déborde la ligne médiane de sept à huit centimètres, et fait une saillie lisse et arrondie à l'épigastre. On ne saurait imaginer la rapidité avec laquelle le foie peut grossir dans la forme aiguë et rapidement mortelle du cancer... En pareils cas, l'épigastre se tuméfie dès le début, et une voussure partant de ce point ne tarde pas à comprendre l'hypocondre, le flanc et toute la région sus et péri-ombilicale. Je ne connais que le cancer capable de produire aussi vite une pareille déformation. Le foie remonte beaucoup plus haut que dans l'état normal, lorsque le cancer, au lieu de se développer à la face inférieure, fait saillie du côté du diaphragme ; en

même temps, le côté droit du thorax et l'hypocondre sont moins mobiles et bombés d'une manière très sensible ; la voussure se manifeste aussi
à la partie postérieure droite de la poitrine, au-
dessous du scapulum. »

A cette augmentation rapide de volume, dans le
cancer, on oppose l'augmentation lente, graduelle
et uniforme de la congestion hépatique, qui ne
modifie pas sensiblement la configuration générale de l'organe ni, par conséquent, celle de la
région où il se trouve ; le foie, dans ce cas, envahit
de plus en plus l'abdomen, tandis que ses limites
supérieures ne sont presque jamais déplacées ; on
ne rencontre jamais de voussure à la partie postérieure de la poitrine, de bosselures, de dure-
tés, etc.

En effet, dans le cancer, on sent assez souvent
de ces bosselures, et alors le diagnostic ne saurait
éprouver de difficultés ; mais, d'une part, ces bosselures sont loin d'être constantes, et, d'autre part,
le développement cancéreux de l'organe s'opère
parfois avec assez d'uniformité pour simuler celui
de la congestion ; de plus, le cancer se développe
assez rarement avec la rapidité que Monneret
suppose, et quand ce développement est lent, il en
résulte une difficulté de plus pour le diagnostic ;
il y a bien pour caractères distinctifs les douleurs
lancinantes par opposition aux douleurs vagues,
presque nulles de la congestion ; mais il arrive
souvent que le clinicien est loin de constater ces douleurs lancinantes dans tous les cas, peut-être même
pas dans la majorité des cas.

Il y a bien aussi cette couleur diathésique, jaune

paille, de la peau, qu'on donne comme caractéristique du cancer ; mais ce signe lui-même est sujet à manquer, dans le cancer, et fréquemment, dans les cachexies pa.udéennes et autres, qui produisent souvent la congestion hépatique ; la couleur de la peau diffère, parfois si peu de cel.e qui existe dans la diathèse cancéreuse, que la confusion est difficile à éviter.

Cependant, en considérant l'ensemble des phénomènes et non l'un d'eux en particulier, on arrive à établir le diagnostic avec une grande probabilité, sinon avec une entière certitude.

D'ailleurs, une erreur de diagnostic n'entraînerait, pour l hydrothérapeute, aucune conséquence grave. La diathèse cancéreuse est, comme toutes les autres, constamment compliquée d'anémie, quand elle est arrivée à un certain degré ; or, le traitement hydrothérapique, s il n'a pas la prétention de guérir cette diathèse, a celle d'en atténuer l'élément anémique dans une proportion quelconque.

Cette considération s'applique, du reste, à toutes les autres erreurs de diagnostic que l'on pourrait commettre entre les tuméfactions hépatiques produites par la congestion simple et celles qui seraient dues à des hydatides, ou à un état graisseux.

Ce que l'on entend et ce qu'on doit entendre par congestion simple n'est pas un état toujours identique à lui-même sous tous les rapports ; c'est seulement un état dans lequel les éléments anatomiques n'ont pas subi de transformation, de dégénérescence, ou n'ont pas été remplacés par des éléments hétéromorphes.

Cette distinction une fois établie, ce serait une grande erreur de croire que toutes les congestions anatomiquement simples le soient pathologiquement ou, si l'on veut, étiologiquement. Une congestion causée par une infection paludéenne diffère de celle qui est produite par la seule influence d'un climat chaud, sans le concours d'un élément miasmatique ; les deux diffèrent de celle qu'engendre l'alcoolisme, ou même la syphilis.

Toutes ces congestions, importantes à connaître pour porter un pronostic, n'ont qu'une importance à peu près nulle au point de vue du traitement hydrothérapique, car ce traitement scientifiquement appliqué, ne peut avoir qu'une influence heureuse sur une congestion hépatique, de quelque nature qu'elle soit ; le pire qui puisse arriver, c'est que cette influence soit nulle. Au point de vue du pronostic, l'influence favorable de l'hydrothérapie peut même avoir, non pas un danger, mais un inconvénient, que le praticien doit éviter pour sauvegarder sa réputation et son autorité scientifique. Cet inconvénient serait de porter trop hâtivement un pronostic favorable en se fondant sur une amélioration prompte et même considérable amenée par le traitement hydrothérapique ; en présence des améliorations de ce genre, il faut temporiser assez longtemps avant de porter un pronostic définitif, à moins que le diagnostic fondé sur les seuls symptômes ne soit assez clair pour ne laisser aucun doute dans l'esprit du clinicien le plus réservé.

La congestion hépatique a une importance très grande sous le rapport des accidents qu'elle peut provoquer, et il y a d'autant plus d'intérêt à les étudier, que la cause en est assez souvent méconnue, et qu'on dirige contre eux des traitements variés presque toujours inefficaces, tandis qu'on néglige l'hydrothérapie, qui en triomphe à peu près dans tous les cas. Parmi ces accidents, les plus habituels se rapportent à la dyspepsie sans gastralgie, c'est-à-dire sans douleur gastrique vive ; il existe une sorte de pesanteur stomacale, de tension épigastrique ; après le repas, se développent des flatuosités, des éructations gazeuses, parfois des régurgitations ou de véritables vomissements alimentaires ; presque constamment, il existe une constipation, le plus souvent opiniâtre et qui résiste généralement aux lavements ; d'où l'habitude qu'ont presque tous les congestionnés hépatiques de faire usage de purgatifs fréquents, parfois quotidiens.

Comme dans toutes les dyspepsies, — car on voit que les symptômes précédents appartiennent aux dyspepsies,—l'appétit est souvent capricieux, souvent diminué, parfois perverti ou aboli, pendant un temps qui ne dépasse guère une semaine ; beaucoup plus rarement, il est augmenté momentanément, car, les digestions se faisant toujours mal, la boulimie qui s'observe dans ces cas ne saurait durer longtemps ; assez souvent, alors, les malades, pour favoriser la digestion, ont recours aux excitants (poivre, moutarde, conserves âcres, etc.) ; ils abusent du café concentré, des liqueurs fortes ; ce qu'il y a de fâcheux, c'est que ces moyens paraissent quelquefois réussir pendant un certain temps, ce qui encourage les malades à continuer l'abus, qui ne tarde pas à être suivi d'une aggravation du mal, car tous ces excitants, les alcooliques surtout, constituent une des causes les plus efficaces de la congestion hépatique.

Ces phénomènes ne sauraient durer longtemps sans que la nutrition éprouve de sérieuses atteintes ; aussi, quand la congestion hépatique chronique remonte à quelques mois et surtout à quelques années, voit-on les malades maigrir, et même être parfois réduits à une émaciation quasi-squelettique, ce qui peut contribuer à la faire confondre avec une affection organique du foie ou même de l'estomac ou de l'intestin voisin, avec une de ces dégénérescences qui causent l'anémie la plus profonde.

Avec ces alternatives d'un état chronique, qui paraît très supportable, et d'accidents aigus peu graves et éphémères, on pourrait supposer que la congestion chronique du foie est, comme certaines gouttes et certains rhumatismes, un ennemi avec lequel on peut vivre longtemps sans faire trop mauvais ménage. Ce serait une grave erreur ; la maladie peut, il est vrai, durer très longtemps ; mais elle rend toujours l'existence fort pénible — (sans parler des cas où elle s'accompagne d'hypocondrie), — et elle finit presque toujours par conduire les malades au tombeau.

Nous avons connu l'amiral Bonnard, le premier occupant de la Cochinchine, qui avait contracté dans ce pays une maladie du foie qu'on pouvait considérer, au moins pendant plusieurs années, comme une congestion chronique, car il en souffrait peu, et n'éprouvait point de fièvre. Mais le

volume du foie n'en eut pas moins pour conséquence de le rendre lourd, peu actif, et finalement
impropre à remplir ses fonctions ; il dut les résigner et rentrer en France ; c'était un homme naturellement plein d'esprit et de gaieté ; nous
avions quelquefois l'honneur de dîner avec lui, et,
à table, il était aussi intéressant qu'amusant à
entendre, mais ce n'était qu'à l'aide d'un effort
moral considérable qu'il suivait la conversation
et lançait ses traits d'esprit ; peu à peu, ces efforts
lui devinrent plus pénibles, puis tout à fait impossibles, et sans de grandes souffrances, il n'en
succomba pas moins aux progrès d'une cachexie
dans laquelle l'anémie joua un rôle prépondérant,
comme dans toute les maladies de longue durée
qui altèrent d'abord la digestion, et consécutive-
ment la nutrition. L'hydrothérapie était pourtant en pleine et légitime réputation, quand l'amiral Bonnard succomba ; mais il avait déjà tant
fait de traitements qu'il était profondément désil-
lusionné sur la puissance de la médecine ; nous
croyons bien d'ailleurs que personne ne lui avait
conseillé cette médication, et nous-même, qui ne
le voyions que par occasion chez un ami commun,
et qui de plus, dans la circonstance, aurions pu
être considéré comme un orfèvre à la manière de
M. Josse, nous avouons que nous n'osâmes pas
proposer la médication du paysan de Silésie.
Nous nous en sommes longtemps repenti, car
nous avons la conviction que nous aurions conservé au pays un soldat vaillant et dévoué, un
homme d'esprit, et ce qui vaut mieux, un homme
de bien.

C'est qu'en effet l'hydrothérapie non seulement offre des ressources efficaces contre la congestion chronique du foie, mais encore en offre à peu près à l'exclusion de toute autre méthode.

Schedel, qui n'avait pas pu constater rigoureusement le fait à Græfenberg, puisqu'à l'époque où il visita le célèbre établissement, le diagnostic de la congestion hépatique était inconnu, l'a pourtant prévu : « La médecine, dit-il, trouvera dans la nouvelle méthode, contre les congestions chroniques habituelles, des ressources qui agiront en détournant ces fluxions morbides tout en fortifiant l'ensemble de l'économie. De longues années s'écouleront sans doute avant que cette manière de voir soit généralement admise, mais je ne doute pas que lorsque les exagérations de l'hydrothérapie auront fait place à des idées plus modérées, et lorsque, par conséquent, la défiance naturelle qu'elle inspire aux hommes scientifiques sera dissipée, les bons esprits ne comprennent tout le parti qu'on peut tirer de cette méthode convenablement appliquée, dans toutes les congestions chroniques, soit de l'encéphale, soit de la moelle, soit du thorax ou des viscères abdominaux. »

La prophétie du consciencieux observateur a moins tardé à se réaliser qu'il ne le soupçonnait. Outre qu'il est probable qu'à l'époque où il visita Græfenberg, Priessnitz avait déjà guéri nombre de congestions hépatiques sans s'en rendre compte, Fleury ne tarda pas à étudier et à faire connaître l'histoire de cette affection, et à démontrer, par des faits rigoureusement observés, la puissance à peu près exclusive que possédait pour la combattre l'hydrothérapie convenablement appliquée.

L'hydrothérapie est non pas la médication auxiliaire de la congestion hépatique, comme le croyait Schedel, mais la méthode principale, on pourrait presque dire exclusive, car elle est vraiment presque la seule qui produise des cures et surtout des cures définitives.

Quant aux applications que la congestion hépatique réclame, ce sont les douches générales en pluie et en jet plein ou brisé, suivant les cas, et la douche locale hépatique, — et stomacale, en cas de phénomènes gastriques,— laquelle a ici une importance capitale. Dans les cas rebelles, on peut y joindre la sudation, précédant la douche générale ou locale.

Plus qu'en aucun autre cas, pour ainsi dire, l'alimentation froide est ici indiquée, car les écarts de régime sont une des causes qui entretiennent le plus la congestion et qui, parfois, la produisent.

A côté de la congestion hépatique, on parle quelquefois de l'*hypertrophie* du foie. Nous croyons que cette affection est problématique, si l'on prend le mot *hypertrophie* dans le sens qu'on lui donne et qu'on doit lui donner dans les autres organes.

ART. 36. — GASTRALGIE.

La définition de la gastralgie se trouve dans son nom même; c'est une douleur de l'estomac, mais une douleur prédominante, vive, et qui occupe principalement, parfois même exclusivement l'attention des malades et du médecin. Cette douleur violente s'accompagne souvent de troubles de la digestion, ce qui fait qu'on la décrit d'habitude et non sans raison à propos de la dyspepsie ; pourtant, les troubles de la digestion ne sont pas constants, il s'en faut bien, et la gastralgie forme alors une affection distincte qui justifie une étude séparée ; il peut arriver même que l'ingestion d'aliments soulage la douleur gastrique, et soit alors une sorte de remède de la maladie.

Notre savant confrère, M. le professeur Peter, attribue les gastralgies, soit à la gastrite aiguë et chronique, soit à un ulcère gastrique. Il est vrai que dans la gastrite, dans la forme chronique surtout, les douleurs peuvent se montrer par accès ; cependant, il est difficile d'admettre que, même dans la forme chronique, l'apyrexie soit aussi complète que dans presque toutes les gastralgies ; non seulement l'apyrexie, mais encore très souvent, l'absence assez complète de toute douleur, pour qu'un gastralgique, dans ses moments de rémission, ne paraisse différer en rien de l'individu le mieux portant. Il n'est pas moins difficile d'admettre que dans les gastrites, même légères, et dans l'ulcère stomacal, la digestion puisse s'opérer presque sans trouble, à plus forte raison sans trouble aucun ; or rien n'est plus commun que de voir des digestions normales chez des gastralgiques, c'est même là ce qui distingue les véritables gastralgies ou gastralgies simples des dyspepsies variées, qui, elles, peuvent être rappor-

tées à diverses lésions que nous avons déjà indiquées (1).

C'est, en définitive, en cela que consiste le diagnostic : le symptôme douleur est-il ou non indépendant de toute lésion matérielle constatable?
La douleur est-elle indépendante de tout trouble,
au moins de tout trouble sérieux de la digestion?
Suivant Fleury, ce diagnostic offrirait des difficultés extrêmes ; il est vrai qu'il le subordonne à
la question de savoir et de déterminer nettement
ce qu'on doit entendre par gastrite chronique et
à d'autres questions encore.

Nous dirons quelques mots un peu plus loin
de la gastrite chronique.

Pour ce qui est des difficultés de distinguer la
gastralgie de divers états organiques, de certaines dégénérescences notamment, nous croyons
que ces difficultés sont beaucoup plus imaginaires
que réelles, quand il s'agit de la gastralgie pure
et simple ; certes, quand la gastralgie se complique de dyspepsie, ou, pour être plus vrai, quand
la dyspepsie s'accompagne de gastralgie, les difficultés du diagnostic peuvent être extrêmes, car
une dyspepsie grave peut déterminer tous les
accidents des cachexies et des dégénérescences
les plus redoutables ; mais quand, malgré des
douleurs parfois terribles, les digestions s'opèrent normalement ou à peu près, la nutrition
s'opère de même et une confusion avec une diathèse ou une dégénérescence est impossible à tout
clinicien attentif. On a dit qu'en désespoir de

1. Voy. *Dyspepsie*, p. 216.

cause, il fallait recourir à la pierre de touche du traitement, d'après le célèbre aphorisme : *naturam morborum...* ; nous croyons, toujours pour ce qui concerne la gastralgie simple, que cette épreuve est inutile, mais elle ne s'en fera pas moins par la force même des choses.

En effet, si l'hydrothérapie n'a pas et ne peut avoir la prétention de guérir les dégénérescences, elle a très légitimement celle d'être un palliatif pour quelques-uns de leurs symptômes, pour l'anémie notamment, qui eux-mêmes sont en partie la conséquence des troubles de la digestion. Ces troubles n'existent pas seulement quand la dégénérescence occupe l'estomac, ils peuvent exister aussi quand elle siège sur des organes voisins ou même éloignés, et, dans ces cas, l'hydrothérapie, sagement administrée, peut non seulement diminuer beaucoup les souffrances des malades, mais prolonger assez leur existence.

Quant à la gastralgie simple, l'hydrothérapie ne la soulage pas seulement, elle la guérit à peu près dans tous les cas ; elle est d'autant plus indiquée qu'elle n'empêche nullement l'emploi des autres moyens conseillés contre la maladie, des calmants notamment, si habituellement prescrits dans ces cas. Et, à ce propos, rappelons ici une remarque fort judicieuse du professeur Sée sur l'abus qu'on peut faire des calmants : « Ils ont souvent, dit-il, trop d'énergie ; ils diminuent, en effet, manifestement la sécrétion gastrique, et plus certainement encore la sécrétion intestinale ; or, il est difficile de comprendre le premier but ; est-ce qu'on a par hasard jamais trop de suc gas-

trique? » Il conseille.donc avec raison de réserver
les calmants pour les indications « souvent ur-
gentes » de la douleur, ce qui veut dire pour les
cas de douleurs violentes. L'éminent professeur
a reconnu, dans ces cas, les avantages supérieurs
de l'hydrothérapie, et l'on sait cependant toute
l'importance qu'il attache au lavage ou pompage
de l'estomac.

« Dans les troubles moteurs de l'ataxie gastrique, dit-il, — l'atonie gastrique, c'est pour lui la
gastralgie, — il n'existe pas la moindre défectuo-
sité chimique, et la pompe n'aura d'autre avantage que d'aider à la restitution *du ressort* de la
paroi musculaire. Or, un pareil résultat s'obtient,
et tout aussi sûrement, par l'hydrothérapie. »

Nous n'ajouterons rien à cette appréciation.

Quant aux procédés d'application de l'hydrothérapie indiqués contre la gastralgie, ce sont les
mêmes que ceux de la dyspepsie ; nous ajouterons
que, pour la gastralgie, il convient d'insister plus
encore que pour la dyspepsie sur la douche locale
stomacale ou épigastrique. Cette douche, comme
la douche générale, doit être froide, encore bien
que d'honorables praticiens, voire même des professeurs, s'imaginent que des douches d'eau
chaude peuvent produire le même résultat.

ART. 37. — GASTRITE ET GASTRORRHÉE, EMBARRAS
GASTRIQUE.

Le pompage des liquides de l'estomac, récemment imaginé, et auquel un certain nombre de

médecins accordent une puissante action thérapeutique, a été appliqué à plusieurs états pathologiques, dont le diagnostic a été plus ou moins bien justifié, et parmi lesquels un seul semblerait légitimer ce moyen mécanique, la sécrétion surabondante des produits gastriques et plus particulièrement du mucus, exagération sécrétoire admise par certains médecins, mais dont le diagnostic est encore fort douteux. Quoi qu'il en soit, nous ne croyons pas qu'il y ait empêchement à pratiquer l'opération du pompage ou du lavage, avant de recourir à l'hydrothérapie, en cas de gastrorrhée supposée, d'autant plus que si le procédé mécanique doit réussir, ses effets doivent être presque immédiats et qu'en cas d'insuccès, le temps perdu ne sera pas bien long, et que l'hydrothérapie conservera toute son efficacité.

Quant à la gastrite chronique, car il ne peut s'agir ici que de celle-là, si elle est bien réelle, les procédés hydrothérapiques, que nous avons indiqués en parlant de la dyspepsie (1), lui sont également applicables. Il est probable que lorsqu'on a guéri des dyspepsies qui avaient des exacerbations fébriles, on a guéri, en réalité, de véritables gastrites chroniques.

Une autre vraie gastrite, légère, celle-là, et non chronique, puisqu'elle ne dure généralement que quelques jours, c'est ce qu'on appelle *l'embarras gastrique*.

Par cela même qu'elle dure peu, l'hydrothéra-

____

1. Voir *Dyspepsie*, p. 216.

pic n'est pas appelée à intervenir dans son traitement.

La gastrite chronique est aujourd'hui et depuis
longtemps déjà bien démodée ; on a vu cependant,
qu'un médecin dont personne, assurément, ne
contestera l'instruction et les hautes capacités,
M. le professeur Peter, considère comme des gastrites chroniques un bon nombre de gastralgies,
sinon toutes. Sans vouloir examiner ici à fond le
bien ou le mal fondé de cette doctrine, nous pourrions rapporter deux observations de maladie que
les honorables confrères qui nous avaient adressé
les malades avaient qualifiée de gastrite chronique, et que l'hydrothérapie a guérie, tout comme
s'il ne s'était agi que de gastralgie ou de dyspepsie.

Gastralgie ou gastrite, compliquée de beaucoup
d'autres symptômes graves, l'hydrothérapie en a
triomphé, sans que son efficacité puisse résoudre
la question en litige, d'après l'aphorisme *naturam
morborum*, etc., car la cure par l'eau froide réussit à peu près aussi bien contre les inflammations
chroniques que contre les simples congestions et
les affections nerveuses et sécrétoires.

ART. 38. — GOUTTE.

Nous ne discuterons pas longuement la question
de la dualité ou de l'unicité de la goutte et du rhumatisme ; pour nous, les deux formes de la maladie, quoique fort différentes en apparence, dans

les cas types, n'en font qu'une cependant au fond,
et les distinctions qu'on a voulu établir entre elles
ne portent que sur des phénomènes d'ordre secondaire, ou même sur des erreurs.

Ce qui produit le rhumatisme est une diathèse
tout aussi caractérisée, nous dirons même tout
aussi évidente que celle qui cause la goutte, et
nous ajouterons que cela doit être par l'excellente
raison, qu'au fond c'est la même. Dans une certaine forme, la diathèse se traduit par des accès,
qui parfois, mais *parfois* seulement, affectent
presque exclusivement les petites articulations,
notamment, au pied, celles des gros orteils, tandis que, sous l'autre forme, la maladie atteint
une ou plusieurs grandes articulations, et s'y établit d'une manière chronique, soit en restant
longtemps sur la même, soit en envahissant plusieurs articles simultanément ou successivement.
Mais à côté de ces formes nettement dessinées, il
en est une foule, où les phénomènes sont très
mêlés, et où l'on passe progressivement, presque
sans transition, d'une forme à une autre. Encore
faut-il dire que, dans les deux formes les plus
tranchées, il y a moins de différence qu'entre une
fièvre typhoïde modérée purement et à peine ady-
namique et une fièvre ataxique que personne ne
considère comme d'un nature différente de la première.

Si l'aphorisme *naturam morborum,* etc., était
rigoureusement vrai, l'hydrothérapie démontre-
rait, de son côté, l'identité des deux formes de la
maladie, car elle a sur toutes deux une action
curative, qui, toutefois, est plus prononcée dans la

forme rhumatismale que dans la forme goutteuse.

C'est sous le bénéfice de ces remarques que nous consacrons un article spécial à la *goutte*, au lieu d'en renvoyer l'histoire clinique à l'article *Rhumatisme*, comme l'exigerait peut-être une logique rigoureuse ; nous nous conformons à l'usage, tout en signalant ce qu'il a de mal fondé.

Non seulement on a distingué la goutte du rhumatisme, mais on a distingué la goutte en *aiguë* et *chronique* ; cette distinction n'est fondée qu'au point de vue du caractère qu'affectent les accidents goutteux, à différents moments de la maladie : ce qu'on appelle la *goutte aiguë*, ce sont simplement les accès qui, en effet, revêtent souvent le caractère d'acuité le plus violent, sans toutefois s'accompagner du cortège habituel des maladies aiguës, notamment de la fièvre qui est généralement modérée, sinon nulle. En outre, quand l'accès est passé, la maladie n'est pas terminée ; l'accès se reproduit après un temps variable, et pendant l'intervalle des deux accès, il persiste toujours divers phénomènes morbides plus ou moins prononcés, notamment le phénomène douleur, diminué seulement d'intensité. Ainsi, quand on parle de *goutte aiguë*, on entend parler de l'accès, et, par *goutte chronique*, des phénomènes des intervalles des accès, ou même des gouttes sans accès, car il en existe de ce genre, et qui ne sont rien moins que rares. Au point de vue du traitement, la distinction mérite, du reste, d'être conservée, car la médication de l'accès n'est pas celle des autres périodes, quoique l'hydrothérapie soit utile dans les deux cas.

La nouvelle méthode n'avait pas attendu Priessnitz pour être appliquée. Le Dr Kinglake, qui était lui-même goutteux, traitait les goutteux et se traitait par des applications hydrothérapiques. Il faisait boire aux goutteux l'eau froide en abondance, et appliquait sur les parties malades de larges et épaisses compresses imbibées d'eau froide et renouvelées de quart d'heure en quart d'heure, ou plus souvent quand la chaleur était très vive. Il avait l'habitude de déguiser l'eau en y ajoutant quelques jaunes d'œuf qu'on battait dans le liquide, ou quelques grains de camphre ; mais cette précaution n'était utile que pour les malades qui répugnaient à boire de l'eau pure ; elle n'ajoutait rien à l'efficacité de la méthode ; Kinglake, en 1804, rapporte nombre d'observations qui en démontrent l'efficacité.

A cette époque, beaucoup plus encore qu'aujourd'hui, on parlait des dangers de faire rétrocéder la goutte. Kinglake n'a jamais parlé de pareil accident, et n'a par conséquent pas eu occasion, suivant toutes probabilités, de l'observer. Par un hasard singulier, Schedel rencontra à Græfenberg le fils de Kinglake, dont le père était mort alors très récemment, et qui confirma à Schedel que, dans les nombreux entretiens qu'il avait eus avec son père, jamais celui-ci ne lui avait parlé d'aucun accident de goutte rétrocédée. Nous-même, quoique employant une méthode presque en tout semblable, n'avons jamais observé de ces accidents.

Mais l'hydrothérapie ne se borne pas au traitement des accès, elle traite aussi la goutte dans son ensemble ; elle la guérit quelquefois et la soulage presque toujours.

L'action de l'hydrothérapie est aussi favorable qu'évidente : car il n'en est pas de la goutte chronique comme de quelques autres maladies, où une disparition spontanée peut tromper l'observateur.

———

ART. 39. — GROSSESSE — EMPLOI DE L'HYDROTHÉRAPIE DANS DIVERS ÉTATS MORBIDES QUI EN DÉPENDENT.

Dans le cours de la grossesse plusieurs indications peuvent se présenter d'appliquer l'hydrothérapie ; ces indications sont bien indiquées et admises dans la science hydrothérapique ; jamais une application scientifique de l'hydrothérapie ne produira le moindre accident chez une femme grosse.

Quant aux effets utiles que ces applications peuvent avoir, ils sont divers.

Les premiers de ces effets sont relatifs aux vomissements que détermine si souvent la grossesse (1).

Les vomissements ne sont pas les seuls accidents auxquels soient exposées les femmes grosses : outre toutes les affections qu'elles peuvent partager avec le commun des martyrs, elles sont spécialement sujettes à quelques affections parti-

1. Voyez *Vomissements*, p. 334.

culières, l'albuminurie et l'anémie notamment.
Or, l'hydrothéraphie, — et nous parlons toujours
de l'hydrothéra phie scientifique, — peut être
appliquée au traitement de ces maladies, tout
comme si la grossess e n'existait pas; les prétendues contre-indications de l'hydrothérapie pendant la grossesse n'existent d onc pas, tandis qu'au
contraire, la médication priessnitzienne possède
contre les accidents, souvent très graves, des
femmes grosses, des ressources précieuses qu'on
attendrait vainement de toute autre médication.

ART. 40. — HYPOCONDRIE — MÉLANCOLIE.

Pour nous, comme pour tous ceux qui veulent
se donner la peine d'observer attentivement et
sans parti pris, l'hypocondrie est toujours une
affection cérébrale : seulement, elle présente, sinon
deux espèces, au moins deux variétés bien dis-
tinctes.

Dans l'une, les maladies que l'hypocondriaque croit avoir sont purement imaginaires;
dans l'autre, il existe réellement une affection le
malade ne fait que s'en exagérer la gravité; il
faut reconnaître que, dans ce dernier cas, l'affection réelle est presque toujours une affection des
organes abdominaux et spécialement du foie, de
la rate et de l'estomac, et que rarement on devient hypocondriaque pour une maladie des
reins, de la matrice ou même de la vessie; mais

on le devient assez souvent pour une maladie des
organes génitaux. On ne le devient à peu près jamais pour une maladie externe des membres ou
même du tronc.

La seconde variété d'hypocondrie guérit presque toujours avec **la** maladie qui en a été le point
de départ; quant à la première, elle est d'une curation beaucoup plus difficile, car elle confine de
bien près à la lypémanie, forme d'aliénation
dont on connaît l'extrême ténacité. Cependant
l'hydrothérapie en triomphe quelquefois, et elle
triomphe à peu près toujours de la seconde variété.

ART. 41. — HYSTÉRIE.

« Le traitement de l'hystérie, dit Fleury, est
certainement l'un des plus beaux triomphes de
l'hydrothérapie rationnelle. » Ces quelques mots
résument une des plus grandes et des plus utiles
vérités thérapeutiques, surtout quand on aura
remplacé l'adjectif *rationnelle* par celui, beaucoup
plus juste, de *scientifique*.

A la suite de cette appréciation aphoristique et
vraie, l'auteur cite le Dr A. Becquerel.

« L'hystérie, écrivait A. Becquerel, est une maladie si commune et, en même temps qui fait
souffrir pendant si longtemps un si grand nombre
de femmes, que l'on a employé, pour la combattre,
presque tous les médicaments de la matière médi-

cale. Malheureusement, la plupart des médicaments successivement employés n'ont que trop souvent échoué. L'hydrothérapie est, je crois, destinée à remplacer toutes ces médications, et c'est certainement une des maladies dans lesquelles ce moyen a le plus de chances de réussir d'une manière complète et constante.

« Depuis trois ans, toutes les hystériques que j'ai reçues à l'hôpital, et un certain nombre de celles que j'ai vues en ville et qui ont bien voulu s'y soumettre, n'ont été traitées que par l'hydrothérapie. Je puis dire avec assurance que toutes les fois qu'on a voulu se soumettre d'une manière suivie et rationnelle à cette médication, l'hystérie a guéri. »

Après avoir indiqué en quelques mots le résultat de ses essais, Becquerel a cru devoir, et à juste titre, indiquer les conditions propres à favoriser le succès de la médication.

« La première condition à demander à une hystérique qui désire être traitée par l'hydrothérapie, c'est de s'y soumettre pendant un temps suffisant pour que la médication puisse agir d'une manière suivie et réussir complètement ; c'est quelquefois trois, quatre, cinq, six mois même qu'il faut pour faire disparaître un état hystérique ancien et intense. »

Le savant médecin admet ensuite deux états dans l'hystérie, de même nature au fond, mais variables dans leur expression, qui sont l'état, la constitution, le tempérament hystérique, et les accidents hystériques variés, convulsions, hyperesthésies, anesthésies, etc.

« Quel que soit, dit-il, celui de ces deux états,
l'hystérisme ou les accidents hystériques, en face
duquel on se trouve, le médecin, à mon avis, ne
doit pas hésiter : il doit conseiller l'hydrothérapie d'une manière suivie et employée avec assez
d'énergie. »

Nous ne pouvons que confirmer les opinions du
savant clinicien et insister, notamment, sur ce
qu'il dit de la nécessité de persévérer parfois pendant plusieurs mois dans le traitement hydrothérapique, pour obtenir des guérisons complètes et
définitives ; nous devons dire, cependant, que ce
n'est que dans des cas exceptionnels qu'un traitement aussi long est nécessaire, lorsque l'état hystérique est très intense, que les accidents sont
fréquents et datent de longtemps ; chez les sujets
très jeunes, et quand la maladie n'est pas fort
ancienne, deux ou trois mois, un mois même, quelquefois, suffit pour rendre les malades à la santé.

On appliquait naguère encore, pour guérir l'hystérie, une foule de calmants, d'antispasmodiques,
opium, belladone, valériane, éther, musc, etc. De
tous les moyens thérapeutiques proprement dits,
c'est-à-dire les agents de la matière médicale auxquels quelques médecins ont attaché beaucoup
d'importance, il n'en est réellement aucun qui mérite la confiance qu'on lui a accordée ; pas un de ces
moyens ne peut guérir l'hystérie, et l'on doit répéter, avec Becquerel, que l'hydrothérapie « *doit les
remplacer tous* ».

Dès le début de notre pratique hydrothérapique, qui, on le sait, date déjà, hélas ! d'une tren-
taine d'années, nous avons publié des faits qui

justifient l'aphorisme formulé, plus tard, par Becquerel.

D'autres hydrothérapeutes ont aussi rapporté des faits, en sorte, qu'il y a longtemps que les exemples de guérison d'hystéries ne sont plus une nouveauté pour la science.

ART. 42. – ILÉUS.

La puissante action curative de l'hydrothérapie dans les constipations les plus rebelles, pouvait faire espérer qu'elle ne serait pas sans utilité contre la redoutable maladie ou plutôt accident, qu'on désigne sous le nom d'*iléus*.

L'eau froide agit comme dans la constipation opiniâtre (1).

ART. 43. — IMPUISSANCE.

On traite généralement sous une même rubrique de *l'impuissance* et de la *spermatorrhée*; c'est un tort, si on le fait pour obéir à une coutume routinière ; c'est une erreur, si l'on croit qu'il y ait entre les deux états une solidarité constante, indissoluble. Sans doute, la spermatorrhée, arrivée à un certain degré, entraîne à peu près inévitablement l'impuissance, comme nous le démontrerons

1. Voy. *Constipation*, p. 195.

en traitant de la première de ces affections (1) ; mais, d'une part, la puissance virile se conserve assez souvent malgré l'existence de pertes séminales (2) modérées, et, d'autre part, l'impuissance existe plus souvent en l'absence de toute spermatorrhée.

Nous ne rangerons pas non plus dans l'impuissance l'impossibilité d'exercer le coït par les individus atteints d'une anémie profonde, suite de dyspepsie grave, de cachexie cancéreuse ou autre ; l'impuissance est ici une des conséquences d'une affection générale qui domine tous les symptômes particuliers.

Nous n'y rangerons pas non plus la stérilité sous le nom *d'agénésie* (3).

Enfin, nous n'y rangerons même pas l'impossibilité de la copulation par suite d'absence de pénis ou de testicules ; il serait aussi rationnel de ranger parmi les paralysies du bras ou de la jambe l'absence de la jambe ou du bras.

L'impuissance consiste donc pour nous dans l'impossibilité d'accomplir le coït, quand on possède les organes nécessaires à la fonction, et que, par une cause quelconque, ces organes ne peuvent fonctionner.

1. Voy. *Spermatorrhée*, p. 313

2. Il est bien entendu que nous ne rangeons pas, à l'exemple de certains hydropathes, dans la spermatorrhée ou pertes séminales proprement dites, les pollutions qu'éprouvent à peu près tous les jeunes hommes bien portants et continents ; autant vaudrait considérer comme une sialorrhée l'écoulement de salive qui a lieu pendant la mastication.

3. Voyez ce mot, p. 143.

Parmi les causes qui peuvent les en empêcher, nous trouvons encore ici, comme dans beaucoup d'autres affections, des troubles nerveux, soit de l'appareil sexuel, ce qui est le cas le plus fréquent, soit du système nerveux central lui-même ; les particularités que l'on observe sous ce rapport sont des plus curieuses.

Après les exclusions que nous avons indiquées, il ne reste guère, comme cas d'impuissance proprement dite, que ceux où l'affection est due à un épuisement spécial des organes génitaux et à une aberration, un trouble particulier des facultés cérébrales. Dans la première catégorie devraient rentrer, rigoureusement, les cas d'affaiblissement général dus à des pertes séminales, mais cette catégorie est habituellement étudiée à part, et nous suivrons sous ce rapport l'usage commun, en renvoyant à l'article *spermatorrhée*.

L'affaiblissement des organes génitaux peut être dû à leur longue inaction, mais c'est là une cause fort rare, et qui, peut-être, n'est pas d'une certitude absolue ; nous n'avons, en effet, pour établir notre opinion à cet égard, que les témoignages des malades, et, quoique beaucoup paraissent être de très bonne foi, il n'est pas impossible qu'ils dissimulent quelque détail, même à leur médecin.

Quant aux faits de la seconde catégorie, il ne nous est pas permis d'avoir le moindre doute sur eux, et ils sont, assurément, les plus curieux qu'on puisse imaginer.

Le temps des *noueurs* et des *noueuses d'aiguillettes* est passé, quoique, d'après certains observa-

teurs, ils aient encore un certain crédit parmi le
peuple des campagnes ; ce qu'il y a de certain,
c'est que les faits qui servaient de base à la
légende des aiguillettes existent toujours, aussi
fréquents probablement que du temps des sor-
ciers Il existe aujourd'hui comme autrefois des
hommes de tous les âges de virilité et plus particulièrement du jeune âge, pleins de force et de
santé, qui, à différents moments de la journée et
de la nuit, éprouvent des érections même des plus
intenses, qui éprouvent ces érections, soit sans
penser à rien, soit en pensant à une femme ; qui
les éprouvent, parfois, quand ils approchent une
personne du sexe, et qui, au moment psycholo-
gique, voient leur organe viril retomber dans une
flaccidité momentanément irrémédiable. Ricord
a rapporté les exemples les plus curieux et les
plus plaisants.... plaisants pour ceux qui en
écoutaient le récit, mais fort tristes, pour ceux
qui en étaient les sujets, si tristes que, parfois, ils étaient conduits à des idées de suicide,
tout comme certains spermatorrhéiques ; toutefois, la plupart supportent bien mieux que ces
derniers leur malheur, soit parce qu'ils ont plus
d'espoir de récupérer leurs forces, soit parce que
la perte de la semence a, par elle-même, une forte
et spéciale influence sur le cerveau.

Quoi qu'il en soit, nous devons noter que l'hydrothérapie a la plus heureuse influence sur les
deux catégories d'impuissance que nous venons
d'indiquer. Que la nouvelle médication puisse
rétablir les fonctions génitales abolies par un affaiblissement des organes génitaux, auquel parti-

cipe toujours plus ou moins un affaiblissement général, cela paraît naturel, quand on sait que les applications d'eau froide sont un des meilleurs reconstituants dont puisse disposer la thérapeutique ; mais que ces applications puissent modifier aussi la disposition morale en vertu de laquelle des organes très vigoureux dans certains moments, tombent en impuissance dans certains autres, ce serait peut-être plus difficile à expliquer. Ce qui est certain, c'est l'influence de l'hydrothérapie, que nous avons notée.

Le plus grand nombre des cas d'impuissance, à beaucoup près, est dû à un épuisement spécial de l'appareil génital, suite d'un excès d'exercice de cet appareil ; il est rare que l'impuissance puisse être rapportée à l'aberration des fonctions cérébrales ; peut-être l'élément moral peut-il jouer un certain rôle ; mais ce qui est extrêmement remarquable, et dont nous avons été nous-même surpris, au début de notre exercice, c'est que l'hydrothérapie n'a pas été moins efficace dans les divers cas que nous avons observés. Si les malades n'avaient fait aucun traitement antérieur, on pourrait croire que l'espoir que donne quelquefois la perspective d'une médication, a fait entrer la confiance dans un esprit timoré et troublé ; mais tous nos malades avaient déjà reçu des soins éclairés, la plupart de médecins distingués ; et même beaucoup n'espéraient pas plus dans l'hydrothérapie que dans tout autre moyen banal qu'on leur aurait proposé. On ne peut donc pas admettre que l'eau froide ait agi, ici, comme les pilules *mica panis*, chez certains hypocondriaques; c'est bien à une action physiologique positive que la nouvelle méthode a dû sa puissance, et si l'élément moral a joué un rôle, ce n'est qu'à partir du moment où l'hydrothérapie ayant produit ses premiers bons effets physiques, les malades, presque toujours désespérés au début, ont repris confiance à la perspective d'une guérison probable.

ART. 44. — INCONTINENCE D'URINE.

Nous avons eu occasion de soigner avec un succès complet deux malades affectés d'incontinence d'urine.

M. le Dr Scohy, médecin de l'école des enfants de troupe d'Alost (Belgique) à fait en grand l'expérience des applications hydrothérapiques et il a obtenu de bons résultats.

On se convaincra ainsi des services que l'hydrothérapie est appelée à rendre non pas seulement dans les familles, mais dans tous les établissements d'enseignement et autres, où sont réunis des jeunes filles et surtout de jeunes garçons, chez qui l'incontinence est plus fréquente que dans l'autre sexe.

Le Dr Scohy, est, et surtout était loin, quand il a commencé son expérience, d'être un chaud partisan de l'hydrothérapie ; c'est donc avec impartialité qu'il a observé et rapporté les faits ; voici comment il les expose :

« L'incontinence d'urine a toujours été jusqu'ici et sera toujours, nous le craignons, le

désespoir de notre école et de tous les pensionnats civils. M. le ministre de la Guerre agita même sérieusement la question de savoir s'il ne conviendrait pas de réformer sur-le-champ les enfants qui en sont atteints. . . . .
Il aurait fallu, d'un seul coup, réformer trente pensionnaires, et répéter ce coup d'Etat tous les ans, parce que l'incontinence d'urine nocturne échappe toujours à la visite, lors du recrutement. N'était-ce pas, enfin, en partie à cause des services que l'hydrothérapie pouvait nous rendre ici, qu'on l'avait accueillie comme un nouveau bienfait?

« Cette catégorie d'enfants est l'objet de soins et d'attentions qui constituent tout un traitement. Ils boivent peu ou pas le soir, couchent à l'entrée des chambres, et sont réveillés au milieu de la nuit par la ronde de police. Nous n'approuvons guère cependant cette dernière mesure, et qui va à l'encontre du but, en ce sens que l'interruption du sommeil est une habitude énervante imposée à des enfants qu'il s'agit de fortifier. Mais ce mauvais moyen est un pis-aller. Que faire de mieux?

« Nous nous sommes donc adressés à l'hydrothérapie.

« Nous commençâmes au mois d'octobre avec trente-deux élèves, chez lesquels l'incontinence nous parut associée à une faiblesse marquée de la constitution. Comme d'ordinaire, ce nombre s'accrut considérablement pendant l'hiver. Au mois de décembre, il était de soixante-quatorze. Ce fait seul prouverait qu'elle est plus souvent qu'on ne pense un véritable vice. En décembre. soixante-quatorze souillaient leur literie toutes les nuits, au point que le matelas dut leur être retiré.

« Au mois de janvier, le chiffre tombait à soixante-sept. Au mois de mai, il était de cinquante-sept. Actuellement (août), il n'est plus que de quarante-deux, parmi lesquels une vingtaine qui urinent au plus une fois par semaine.

« Restent donc vingt-deux enfants. En faisant sur ce nombre la grande part du vice et du mauvais vouloir, nous arriverons à constater que l'incontinence d'urine a persisté avec son intensité première chez douze enfants, et que cinquante-deux se sont amendés. Sur ces cinquante-deux, vingt-deux peuvent être considérés comme guéris. »

A la suite de la constatation de ces résultats, l'honorable observateur présente les remarques suivantes sur lesquelles nous aurons nous-même à faire quelques observations :

« Pour apprécier la valeur exacte de ces résultats, il importe au plus haut point de noter que l'incontinence se corrige presque toujours d'elle-même, soit à mesure que le corps se développe, si elle est inhérente à une faiblesse originelle, soit à mesure que l'enfant comprend lui-même ce que son infirmité inspire de répugnance aux autres, si elle est un vice d'éducation. Ce qui le prouve de la façon la plus péremptoire, c'est que si les incontinences pullulent dans les deux classes inférieures de l'Ecole, il n'y en a presque pas dans les deux classes moyennes, et pas un seul dans les deux classes supérieures.

« Mais on ne peut pas oublier non plus qu'il s'agit ici d'une de ces tristes infirmités contre lesquelles tout a été employé, l'hygiène et la médecine, la douceur et la sévérité, et que tout a échoué. Si l'hydrothérapie ne la guérit pas d'une manière infaillible dans un temps donné, nous avons au moins la certitude qu'elle la modifie dans un sens favorable. A la différence de *tous les autres moyens*, l'hydrothérapie n'offre aucun inconvénient qui vienne contre-balancer cet avantage. Elle donne sans rien ôter. Elle l'emporte donc évidemment sur tous ces autres moyens. Mais nous nous garderons bien de conclure que nous tenons la panacée qui est destinée à extirper à tout jamais de notre école cette lèpre immonde qui s'appelle l'incontinence d'urine.

« Pendant toute la durée de nos expérimentations, nous n'avons jamais observé, disons-nous, qu'elle ait produit le moindre accident. Un seul incident nous a ému dès le commencement. Un enfant avait de la douche une frayeur qui allait jusqu'aux selles involontaires. Nous vînmes à bout de cette folle pusillanimité par la raison, aidée des railleries de ses camarades. »

Le Dr Scohy termine ici ses observations sur le traitement hydrothérapique de l'incontinence ; mais les quelques lignes par lesquelles il termine son compte-rendu ont trop d'intérêt pour que nous omettions de les reproduire ; les voici donc :

« Jusque dans ces derniers mois, nous n'avions jamais fait que de l'hydrothérapie hygiénique. Nous redoutions de compromettre l'hydrothérapie et la santé des malades par notre inhabileté. Nous

lui avons cependant soumis une urticaire chronique liée à une existence trop sédentaire, et elle
en a triomphé. Un sous-officier, qui avait depuis
vingt ans des réminiscences de fièvre intermittente, en a été complètement délivré. Les douches
ont rendu les fortes chaleurs de cet été suppor-
tables à plusieurs professeurs de l'Ecole, qui y
trouvaient tout le bienfait que d'autres vont chercher dans les villes d'eaux. Elles ont complètement échoué dans une gastrite chronique.

« Pour nous résumer nous dirons :

« 1° Que l'hydrothérapie plaît beaucoup aux
enfants ;

« 2° Qu'elle modifie rapidement, et dans un
sens favorable, plus de la moitié des incontinences d'urine qui lui sont soumises ;

« 3° Qu'elle est utile comme moyen préventif,
surtout des engelures ;

« 4° Qu'elle les aguerrit contre le froid et les
refroidissements ;

« 5° Qu'appliquée aux personnes saines, elle
n'offre absolument aucun inconvénient ;

« 6° Qu'elle est susceptible de rendre les plus
grands services comme moyen général de propreté,
pour remplacer les bains généraux pendant l'hiver ;

« 7° Qu'elle cadre merveilleusement, comme le
gymnase, la natation et les exercices militaires,
avec notre système d'éducation physique de l'enfant de troupe. »

Cette dernière appréciation générale, venant
d'un observateur impartial, ne peut qu'acquérir
des sympathies et des partisans à l'hydrothérapie.

Mais notre honorable confrère n'est-il pas un

peu sévère pour les pauvres incontinents en les
accusant de vice pur et simple et de vice d'éducation. Vice d'éducation ? Nous ne comprenons
pas. Est-ce qu'il existerait des parents qui encou-
ragent ou qui tolèrent avec complaisance l'incontinence volontaire ? Nous croirions inutile de
réfuter une pareille opinion. Ce que notre honorable confrère considère comme une preuve
péremptoire de ce vice, l'augmentation de l'incontinence pendant les froids rigoureux, est la
conséquence naturelle de ce fait physiologique
que le sommeil est plus profond, plus *lourd* aussi,
pour employer une expression vulgaire qui n'est
pas tout à fait synonyme de l'autre, et comme
l'incontinence se produit toujours pendant le
sommeil, souvent pendant un rêve qui fait croire
à l'enfant, — et parfois à l'adulte, — qu'il urine
contre un mur ou tout autre objet, il est très
naturel que l'incontinence s'accentue dans la saison rigoureuse, sans qu'il y ait le moindre vice
chez les infirmes, toujours malheureux de leur
infirmité quand ils ont atteint l'âge de raison.

Ce qui n'est pas vice de leur part, mais faute
plus certaine de la part de leurs parents et surtout de leurs médecins, c'est qu'il ait fallu l'intervention d'un spécialiste pour que l'hydrothérapie répandît ses bienfaits sur les enfants de
troupe de Belgique : c'est, en effet, aux sollicita-
tions de Fleury que l'inspecteur général Vleminkx
obtint du ministre de la Guerre belge l'introduc-
tion de l'hydrothérapie dans des établissements
du ministère de la Guerre. C'est un service signalé
rendu à l'humanité par Fleury.

ART. 45. — LARYNGITE CHRONIQUE·

Schedel rapporte qu'il a eu l'occasion d'observer
à Græfenberg un cas, un seul, de laryngite chronique chez une dame âgée de 28 ans, à laquelle
Priessnitz appliqua pendant longtemps sans succès
son traitement, et dans lequel la malade persévérait cependant, parce qu'elle avait vu, disait-elle,
guérir à Græfenberg un malade atteint de la
même maladie qu'elle, après qu'il avait été condamné par la Faculté.

Le D' Baldon, qui a publié plusieurs observations de laryngite chronique, dit qu'il a toujours
vu céder rapidement la maladie aux sudations,
bains entiers, compresses permanentes d'eau froide sur le cou, douches de pluie d'abord, puis des
douches en jet, pour empêcher que les sudations
affaiblissent les malades.

Personnellement, quoique la laryngite chronique ne soit pas très rare, les hasards de la clinique
ont fait que nous n'en avons jamais eu à traiter,
et, néanmoins nous pensons, avec Schedel et Baldou, que l'hydrothérapie pourrait rendre des services dans le traitement de cette maladie.

ART. 46. — MÉTRITE CHRONIQUE.

Priessnitz n'ayant jamais su diagnostiquer une
congestion chronique de l'utérus, on ne saurait

dire s'il a guéri ou même traité quelques cas de cette affection ; ce qu'il y a de sûr, c'est que Schedel n'en parle pas, non plus que Scoutetten ni Engel.

Mais Baldou traita plusieurs de ces affections plus ou moins graves, et en publia, le premier, croyons-nous, d'intéressantes observations :

« J'ai eu à traiter, entre autres, dit-il, une dame que tous les médecins avaient regardée jusque-là comme atteinte d'une affection organique de l'utérus. Depuis plus de *trois* ans, divers moyens n'avaient pu calmer les douleurs de cet organe, et la malade était arrivée à un tel état d'amaigrissement et de dépérissement, qu'elle effrayait toutes les personnes qui la voyaient... »

L'auteur entre ici dans des considérations intéressantes sur les antécédents de la malade et l'étiologie de la maladie ; puis, il trace ainsi qu'il suit l'histoire du traitement :

« Le premier jour, enveloppement dans les couvertures de laine, avec des linges mouillés sur la poitrine et sur le bas-ventre ; légère moiteur pendant trois quarts d'heure ; affusion à 20 degrés avec friction pendant une minute ; deux injections à 24 degrés. Malaise toute la journée ; toux un peu diminuée. » (La malade avait en même temps un catarrhe bronchique).

Baldou continue ainsi les sudations et les affusions auxquelles il associe bientôt, puis substitue les bains de siège et les applications froides sur les pieds, et arrive au *trente-sixième* jour du traitement, il note que la malade pouvait « *marcher quatre heures sans se fatiguer.* »

« Plus tard, dit-il, cette dame, ayant négligé les moyens hygiéniques qui devaient la maintenir en bon état, a été obligée de reprendre le traitement parce que sa toux était revenue et la fatiguait beaucoup. La matrice est restée saine. Pendant ce second traitement, la malade a vu reparaître des démangeaisons vaginales à côté de la place même, d'où une petite lèvre avait été extirpée ; des maux de tête violents, et, enfin, dans le gosier des ulcérations à fond jaunâtre, qui auraient beaucoup ressemblé à des ulcères syphilitiques, si les bords en eussent été plus élevés.

« Ces derniers symptômes pathologiques avaient existé quinze ans auparavant ; et, alors aussi, d'après le dire de la malade, la possibilité de l'existence d'un principe syphilitique s'était présentée à l'esprit du médecin.

« Après un mois de traitement, cette dame s'est trouvée dans un état satisfaisant. »

Après avoir rapporté ce beau fait thérapeutique, Baldou s'écrie, non sans un peu d'orgueil, qu'on se sent vraiment très disposé à lui pardonner :

« Je demanderai aux savants qui ont prétendu qu'il n'y avait rien de nouveau en hydropathie, ni dans ses procédés ni dans ses applications, je leur demanderai en quel lieu et en quel temps on aurait eu l'idée de traiter par les bains froids, d'une part, une maladie de matrice, que, depuis trois ans, plusieurs médecins avaient considérée comme très grave et traitée en vain par des cautérisations répétées et d'autres moyens compliqués, et, d'autre part des catarrhes comme celui dont était affectée cette dame. Je n'ai jamais vu de toux aussi fatigante, aussi opiniâtre : cette dame était obligée de passer toutes ses nuits sur un fauteuil, sans pouvoir goûter un instant de repos, tant les quintes étaient fréquentes. L'état de maigreur de la malade, son teint presque cadavérique, jetaient dans l'esprit de tous ses amis les plus vives alarmes... Pourtant le traitement hydrothérapique a été pour elle un régénérateur merveilleux... »

A ce fait thérapeutique, des plus beaux évidemment que l'on puisse observer, Fleury en a ajouté beaucoup d'autres ; nous-même en avons observé un assez grand nombre, et nous avons eu la vive satisfaction de rendre la santé à des femmes dont certaines faisaient depuis des années des traitements variés et étaient soumises à un repos énervant, qui détruisait toutes leurs forces, et, concurremment avec les pertes blanches dont elles étaient atteintes, les avait conduites à un état d'anémie profonde et de nervosité qui leur rendait la vie insupportable.

Ce n'est pas seulement dans les cas de congestion ou de métrite chronique simple que nous avons obtenu ces succès, mais aussi lorsque ce qu'on a désigné sous le nom *d'engorgement* produisait des déviations ou des flexions variées, ce qui est loin d'être rare.

Même après plus de quarante ans de date, ces succès ne sont pas inutiles à signaler, car M. le Dr Terrillon (1), énumérant une foule de traitements, ne fait même pas la moindre mention de

---

1. Terrillon. *La métrite parenchymateuse* Leçon faite à l'hôpital de la Charité.

l'hydrothérapie, qui est infiniment supérieure au meilleur des traitements qu'il énumère.

Fleury avait pourtant résumé depuis longtemps l'action de l'hydrothérapie sur les diverses formes de métrite chronique ou d'engorgement du col et du corps de l'utérus.

En résumé :

1° L'hydrothérapie, les douches froides, locales ou générales, ne guérissent point directement les ulcérations du col utérin.

2° Les douches froides permettent d'obtenir la résolution complète d'engorgements, soit hypertrophiques, soit indurés, de l'utérus, alors même que ces engorgements sont anciens considérables, et qu'ils ont résisté aux différentes médications usuelles, et notamment aux applications du fer rouge.

3° En résolvant l'engorgement de l'utérus, les douches froides rendent facile la cicatrisation d'ulcérations qui, liées à cet engorgement et entretenues par lui, ont résisté à des applications réitérées de divers caustiques ; elles permettent également d'obtenir le redressement complet et définitif de la matrice, lorsque ce déplacement est causé ou maintenu par l'augmentation de poids et de volume de l'organe.

4° L'action des douches froides s'exerce à la fois sur les accidents locaux et mécaniques et sur les symptômes généraux et sympathiques. Elle combat directement, et l'un par l'autre, ces deux ordres de phénomènes et amène ainsi une guérison solide.

5° En faisant disparaître l'engorgement et en

ramenant l'utérus à sa direction normale, les douches froides font disparaître une des causes de la stérilité.

6° Par l'action qu'elles exercent, d'une part, sur l'organe gestateur, et, d'autre part, sur l'organisme tout entier, les douches froides éloignent plusieurs causes d'avortement.

7° Les douches froides, convenablement administrées, sont le meilleur modificateur que l'on puisse opposer à l'hypéresthésie utéro-vulvaire.

8° Les douches froides constituent le meilleur modificateur qu'on puisse employer pour prévenir ou combattre la congestion utérine, cause si fréquente des engorgements, des déplacements et des ulcérations de la matrice.

9° Les douches froides sont le seul *traitement curatif* efficace des déplacements utérins simples, dégagés de toute complication d'engorgement et d'ulcération.

10° Leur efficacité doit être attribuée à leur action reconstitutive générale, et à leur action locale sur les ligaments supérieurs de l'utérus.

11° Les douches froides générales et *locales* peuvent être administrées pendant l'époque menstruelle, que l'utérus soit ou non malade, non seulement sans danger, mais encore avec avantages ; elles exercent sur la circulation générale une action régulatrice qui a pour effet de ramener le flux cataménial à ses conditions physiologiques, s'il en est écarté.

ART. 47. — MÉTRORRHAGIE.

On pourrait dire de l'application de l'hydrothé-rapie aux hémorrhagies utérines, ce que Becque-rel a dit de cette application à l'hystérie (1). Fleury a démontré ce fait par des observations.

M. le Dr Gallard (2), qui a étudié les divers trai-tements de la métrorrhagie a confirmé cette vérité; il a repoussé avec raison l'idée qu'ont eue certains hydrothérapeutes d'employer l'eau chaude contre les métrorrhagies, et s'est prononcé pour l'eau froide, dont il a pu apprécier plus d'une fois les excellents effets.

« La distinction scolastique que l'on a cherché à établir entre la métrorrhagie et la ménorrhagie, dit-il, me paraît trop subtile pour pouvoir trou-ver son application pratique ».

Il est entendu qu'une perte sanguine se montre plus communément aux environs de l'époque mens-truelle ; mais elle est toujours une perte et ne se distingue par aucun caractère des pertes produites à un autre moment.

« Les hémorrhagies sont en rapport habituel avec les lésions de l'utérus, cancer, fibrome, po-lypes ; mais une variété d'hémorrhagies sur la-quelle on insiste peu est surtout fréquente dans la métrite interne.

1. Voy. p. 255.
2. Gallard, *Leçons cliniques sur la menstruation et ses troubles*. Paris, 1885, p. 246.

« C'est à la métrite interne qu'il faut rapporter la majeure partie des descriptions consacrées par les auteurs à la métrorrhagie *essentielle*.

« Est-on d'ailleurs autorisé à admettre l'existence de cette hémorrhagie dite essentielle ? Quels sont les faits que l'on peut classer sous ce nom, lorsqu'on a retranché d'une part les altérations dyscrasiques du sang, dues aux diathèses, aux intoxications, à la chlorose ou à l'anémie ; d'autre part, les maladies diverses qui sont caractérisées par une altération anatomique soit du système circulatoire, soit du tissu utérin, soit des organes qui sont en connexion directe avec lui comme les ovaires, les ligaments de l'utérus?

« D'après Letellier, il ne s'est pas trouvé une métrorrhagie sur quatre-vingt-six observées, à laquelle on ait pu accorder la dénomination d'*essentielle;* la métrorrhagie essentielle n'existe pas ».

M. Gallard passe ensuite en revue quelques métrorrhagies, notamment celles qu'on observe souvent chez les prostituées et qu'on a à tort considérées comme essentielles, puis il ajoute :

« On ne peut davantage admettre comme hémorrhagies essentielles, comme le fait M. Marotte celles qui apparaissent chez les femmes atteintes de névralgie abdominale ou sciatique. Dans ces cas, l'hémorrhagie résulte de phénomènes congestifs réflexes, même si elle est attribuable à une lésion utérine ou péri-utérine méconnue, ce qui arrive souvent. »

Passant ensuite aux moyens préconisés pour arrêter les métrorrhagies, M. Gallard place au premier rang le froid et surtout les applications d'eau froide. Une longue expérience, dit-il, m'a confirmé dans la confiance que j'ai en cet excellent traitement. La médication tout opposée, l'action de la chaleur est, au contraire, dangereuse. Qu'elle soit appliquée sur la région lombaire au moyen des sacs de Chapmann ou plus topiquement au moyen d'injections ou de bains d'eau, portée à une température élevée à 50°, jamais elle n'a réussi entre mes mains à arrêter la métrorrhagie, mais a souvent contribué à l'augmenter.

En fait de médications, celui qui lui a le mieux réussi est la digitale donnée à la dose de 30 à 50 centigrammes de feuilles infusées dans 125 grammes d'eau et donnée par cuillerées à bouche dans la journée.

Il est encore un assez grand nombre de médecins qui pensent que si l'hydrothérapie peut être efficace dans des cas où la métrorrhagie est exempte de toute complication organique, elle est au contraire inutile, sinon même nuisible, lorsqu'elle est due à des ulcérations, à des polypes, à des productions organiques homologues ou hétérologues. C'est une grave erreur et des plus fatales à l'intérêt des malades : certes l'hydrothérapie n'a pas plus la prétention de guérir les dégénérescences de l'utérus que celles de l'estomac ; mais elle a la légitime prétention d'être, pour quelques-uns, des accidents dont ces productions sont la cause, un palliatif précieux, qui diminue les souffrances des malades et peut prolonger leur existence.

ART. 48. — MIGRAINE.

La migraine cause aux malades beaucoup de
souffrances et aux thérapeutistes beaucoup de
déboires. En revanche, elle fait la joie des charlatans, qui trouvent dans les migraines, appartenant le plus souvent au sexe faible, un aliment iné-
puisable à leurs appétits. Les panacées infaillibles
trouvent chez les migrainées des acheteuses achar-
nées ; nous en avons connu une qui, avec une
constance phénoménale, a acheté pendant vingt
ans une drogue prônée dans les journaux comme
infaillible contre la migraine, et quand nous avons
perdu de vue cette fanatique, ses accès de migraine
florissaient toujours.

Il est vrai que les pathologistes ne sont pas
beaucoup plus heureux dans les explications qu'ils
donnent de la migraine que les thérapeutistes
dans leurs tentatives de curation. Les descriptions que donnent nos traités de pathologie s'appliquent assez exactement à la grande majorité
des cas de migraine ; mais quand ils en arrivent
à vouloir préciser le siège de la maladie, ils diffèrent beaucoup les uns des autres. Sur les lésions
matérielles, ils sont assez d'accord, car, d'une
part, d'après les phénomènes qui constituent la
maladie, il est peu probable qu'elle soit caractérisée par des lésions matérielles et, d'autre part,
la maladie n'étant presque jamais mortelle, on
comprend que si ces lésions existaient, il serait à
peu près impossible de s'en assurer. Nous disons

que la migraine n'est *presque* jamais mortelle, et
non, « qu'on ne meurt pas de migraine », parce
que nous connaissons des exemples où il n'est pas
bien démontré qu'il n'ait pas existé des relations
plus ou moins intimes entre la migraine et la
maladie qui a causé la mort. Nous citerons même
à ce propos le cas de notre malheureux confrère
en hydrothérapie, Landry, le premier élève et
collaborateur de Fleury. Landry était, dès les
premiers temps de ses études médicales, sujet à
des accès de migraines très intenses et, en quelque sorte, types, sauf qu'il n'éprouvait que rarement des vomissements ; ces accès persistèrent
pendant toute la durée de son internat dans les
hôpitaux ; ils persistèrent pendant le temps qu'il
resta comme aide auprès de Fleury, à Bellevue,
et s'aggravèrent ; ils persistèrent encore après
qu'il prit la direction de l'établissement d'Auteuil,
où il eut la malencontreuse idée d'établir les douches chaudes, censé pour *perfectionner* l'hydrothérapie de Bellevue, et l'idée plus malencontreuse
encore de s'appliquer ces douches, qui, disait-il,
le soulageaient. Ce qu'il y a de sûr, c'est que peu
de temps après l'installation de ces douches, il fut
pris des premiers symptômes de la maladie qui
le conduisit au tombeau, symptômes qui étaient
probablement dus à un ramollissement cérébro-
spinal. Existait-il quelques relations entre ces
migraines intenses et l'affection qui a emporté
notre confrère? Nous n'oserions l'affirmer ; mais
nous pouvons dire que nous avons observé deux
autres cas fort analogues.

Ce qui n'est guère contesté et ne paraît guère

contestable, c'est que la migraine est bien une névrose dans laquelle est probablement intéressée une partie du grand sympathique et peut-être indirectement le nerf vague. Nous ne dirons pas avec Beau, qu'elle est une dyspepsie, malgré les vomissements dont elle s'accompagne si souvent, ni même qu'elle est consécutive à cette affection : sans doute la migraine est assez souvent compliquée d'autres affections plus ou moins graves, et dans les trois cas que Fleury rapporte et qu'il a guéris par l'hydrothérapie, l'affection était compliquée d'anémie grave et d'autres maladies. Mais nous devons le reconnaître dans beaucoup d'autres cas, dans la majorité même, les malades, quoique éprouvant des souffrances cruelles pendant les accès, restent pendant les intervalles dans un très bon état de santé, et la vie ne paraît presque jamais compromise par la maladie. Malgré cela, la méthode curative qui guérirait la migraine n'en serait pas moins un très grand bienfait.

Nous ne sommes pas un fanatique aveugle de l'hydrothérapie, et nous ne prétendrons pas qu'elle soit cette méthode si désirable dont nous venons de parler ; mais ce qu'on peut affirmer, c'est que la médication priessnitzienne, modifiée suivant les progrès de la science, est à peu près la seule qui procure quelques succès, toutes les médications tirées de la matière médicale étant à peu près constamment suivies d'insuccès.

ART. 49. — NÉVRALGIES.

L'hydrothérapie offre, dans bien des cas, des ressources précieuses contre des névralgies, ou affections douleureuses des nerfs, si souvent rebelles aux agents tirés de la matière médicale.

Nous renvoyons pour leur étude aux articles consacrés aux grandes névralgies, telles que la *sciatique*, et les *tics douloureux* ou *non douloureux*.

ART. 50. — NÉVROSES, ÉTAT NERVEUX, NERVOSISME.

« *Fere nullum remedium est quod non aliquando nervinum fuerit.* » Stoll a émis, en écrivant ces paroles, une profonde vérité médicale, et, parmi ces remèdes nombreux, l'eau froide a toujours fixé l'attention des médecins. »

Ainsi commence le remarquable chapitre consacré par Schedel à l'étude des névroses (1). Nous ferons une première remarque sur la proposition dont le savant auteur fait suivre le début que nous venons de citer : « Aussi, ajoute-t-il, se montrera-t-on peu incrédule à l'égard des effets avantageux attribués à l'hydrothérapie dans le traitement de ces affections. » Malgré l'aphorisme

1. Schedel, *Examen clinique de l'hydrothérapie.*

de Stoll, et, qui plus est, malgré l'expérience directe, qui a démontré par des faits éclatants que
l'eau froide est le premier des *antinévrosiques*,
le nombre est encore grand des médecins, sinon
incrédules, au moins indifférents, lesquels, s'ils
ne repoussent pas l'emploi de l'hydrothérapie, en
oublient l'efficacité ou n'y songent que lorsqu'ils
ont épuisé tous les agents de la matière médicale
dont ils attendaient une action utile.

Nous ne parlerons ici que des névroses véritables
et non des névroses spéciales : la *chorée*, l'*hypocondrie*, l'*hystérie*, qui sont des névroses, au
moins dans leurs formes simples (1). D'un autre
côté, la *sciatique*, le *tic douloureux de la face*,
sont des névralgies, et nous n'en parlerons pas
non plus ici, parce qu'à notre avis, les névralgies
ne sont pas des névroses, lesquelles ne peuvent
être que des affections intéressant les centres nerveux ou peut-être le grand sympathique.

Schedel nous apprend et déclare franchement
« qu'une foule de maladies nerveuses sont traitées
avec succès à Græfenberg, par les enveloppements
dans le drap mouillé, les frictions avec le même
drap, les immersions dans le grand bain froid, les
affusions, les ablutions froides, très souvent la
douche, souvent les bains de siège, rarement les
transpirations. » Nous avons, aujourd'hui, à la
suite d'une observation attentive, régularisé l'emploi de ces divers procédés, mais on ne pourrait,
sans être injuste, méconnaître ou nier qu'on ne

1. Voyez *Chorée*, p. 180. *Hypocondrie*, p. 254. *Hystérie*,
p 255.

doive à Priessnitz le meilleur traitement des névroses.

Les névroses ne sont pas seulement des affections habituellement fort rebelles, ce sont aussi
des maladies dont les variétés ou les formes sont
innombrables.

Quoique la plupart de nos confrères en hydrothérapie insistent peu sur le traitement des névroses, nous ne prétendons pas, cependant, inno-
ver en montrant par de nouveaux faits la supériorité de la méthode Priessnitzienne ; Schedel, après
avoir rappelé que plusieurs grands médecins, parmi nos prédécesseurs, avaient déjà constaté les
bons effets de l'eau froide dans la curation des névroses, raconte que Priessnitz avait obtenu à Græfenberg de merveilleux succès, quoiqu'il eût proscrit à tort sa propre méthode du traitement de
l'épilepsie (1).

Quant aux applications qui nous paraissent les
plus utiles contre les névroses, nous dirons que
les enveloppements par le drap mouillé, qui, d'a-
près Schedel, étaient très en honneur à Græfenberg, sont très insuffisants contre les névroses
opiniâtres ou à formes graves, et que les douches
variées sont nécessaires pour triompher de la
maladie. Quant aux sudations, Priessnitz les proscrivait généralement, et nous pensons que c'est
avec d'autant plus de raison que beaucoup de névroses s'accompagnent d'un affaiblissement plus
ou moins considérable des forces générales, parfois
d'un appauvrissement marqué du sang, et que,

1. Voy. *Epilepsie*, p. 221.

dans ces cas, les sudations sont plus nuisibles qu'utiles.

ART. 51. — OBÉSITÉ.

Beaucoup de nos malades atteints de dyspepsie, d'anémie, d'hypocondrie, de fièvres intermittentes, etc., avaient repris de l'embonpoint après leur guérison, et avaient déjà commencé à en prendre pendant le cours du traitement hydrothérapique. Comment donc pourrions-nous conseiller l'hydrothérapie comme un curatif ou tout au moins comme un auxiliaire puissant des moyens curatifs de l'obésité ? Ce ne serait pas, assurément, par l'étrange motif que sous son influence, *l'assimilation* des principes gras se trouve *activée avec bénéfice* (1).

Activer l'assimilation des principes gras pour diminuer l'obésité, c'est-à-dire, précisément, l'accumulation exagérée, intempestive, sinon maladive de ces mêmes principes, c'est, on en conviendra, une idée si originale qu'on se demande si celui qui l'a émise a vraiment compris le sens des mots qu'il a écrits ? Quoi qu'il en soit, c'est là un fait signalé par plusieurs hydrothérapeutes, mais qui, pourtant, chose assez extraordinaire, paraît avoir échappé à l'inventeur de l'hydrothérapie, lequel a pourtant fait de sa méthode une applica-

1. Beni-Barde, *Traité théorique et pratique d'hydrothérapie*, p. 373.

tion si étendue. Nous disons : paraît avoir échappé
parce que Schedel ne fait aucune mention de l'o-
bésité, malgré les judicieuses considérations qu'il
a présentées sur l'hydrothérapie, considérée comme « méthode altérante ou résolutive » ; Schedel
lui-même n'a point pensé à l'obésité, quoique les
considérations qu'il présente aient dû lui faire
toucher du doigt l'application de l'hydrothérapie à
cet état. Nous disons à cet état, non à cette maladie. Il s'en faut, en effet, que « toutes les fonctions »
ni même la plupart des fonctions soient « profondément troublées » dans l'obésité ; elles le sont
sans doute beaucoup, surtout celle de la respiration, quand l'obésité est parvenue à un grand développement ; mais ce trouble est le résultat d'une
action mécanique et non d'une véritable maladie ; la cause elle-même de l'accumulation de la
graisse, le défaut de combustion ou d'oxydation
des principes hydro-carbonés, facilement trans-
formables en produit adipeux, cette cause elle-
même est une disposition anormale, mais elle
n'est pas une véritable maladie, car tant que cette
disposition n'a pas occasionné une accumulation
considérable et, par conséquent, gênante des
principes gras, les individus chez lesquels elle se
présente sont généralement très bien portants et
jouissent de l'intégralité de toutes leurs fonctions ;
les diverses espèces d'assimilation, chez eux,
manquent d'harmonie, ce qui est l'indice d'une
aberration de l'action du système nerveux ; c'est
à tort, en effet, qu'on accuserait l'alimentation
d'être la cause de l'obésité ; sans doute, il y a des
régimes diététiques qui favorisent plus que d'au-

tres le développement de cet état, mais, parmi
des douzaines et même des centaines d'individus
soumis à un régime alimentaire identique, on en
voit un ou quelques-uns acquérir un embonpoint
exagéré, tandis que la plupart des autres restent
dans l'état ordinaire, et qu'un petit nombre offrent une maigreur plus ou moins considérable,
comme pour faire pendant à ceux qui se trouvent
dans un état opposé. Quant à la quantité d'aliments, si quelques obèses ont un grand appétit,
d'autres mangent peu, et nous croyons même que
la proportion de ceux-ci est supérieure à celle des
autres.

Nous croyons que c'est à cause de l'influence de
l'élément nerveux sur les actions intimes et diverses de l'assimilation et de la désassimilation
que l'hydrothérapie a une action puissante sur
l'accumulation de la graisse ; on a dit, il est vrai,
que cette désassimilation pouvait porter aussi
sur les autres systèmes et amener non seulement
l'amaigrissement graisseux, si nous pouvons ainsi
parler, mais aussi l'amaigrissement musculaire
et même glandulaire ; nous ne nions pas que la
chose ne soit possible, si l'on porte à un degré
extrême l'action des procédés hydrothérapiques,
mais nous affirmons que leur application rationnelle borne cette action au système adipeux et,
d'une manière plus générale encore, aux tissus
développés anormalement ; en effet, l'action de
l'hydrothérapie est une action essentiellement régulatrice, et, en cette qualité, *harmonisatrice* de
toutes les fonctions. Fleury a très bien expliqué
cette action en ce qui concerne l'obésité.

« Par l'usage combiné des sudations fréquentes, dit-il, des douches, de l'eau froide à l'extérieur et de l'exercice, on fait disparaître le tissu
adipeux et l'on diminue rapidement le poids du
corps sans altérer la santé, sans compromettre
les organes digestifs ou la nutrition, et malgré
une alimentation abondante et substantielle. A
ce point de vue, l'hydrothérapie est bien préférable à la *cura famis,* à l'entraînement et à toutes
les méthodes qui ont été préconisées.

« L'amaigrissement n'est point général, si je
puis m'exprimer ainsi ; il absorbe rapidement
les tissus adipeux et cellulaire ; mais à mesure
que ceux-ci disparaissent, le système musculaire
se développe, au contraire, acquiert une fermeté
et une force remarquables. J'ai vu des individus
affligés d'une obésité considérable, ne pouvant
faire quelques pas sans être essoufflés et fatigués,
n'ayant aucune force musculaire, digérant et dor-
mant mal, sujets à des congestions cérébrales
fréquentes, être transformés au bout de dix-huit
mois ou de deux ans de traitement, en hommes
maigres, mais robustes, agiles, infatigables à la
marche, et jouissant de la plus excellente santé. A
côté d'eux se trouvaient des individus que la maladie avait réduits au dernier degré de l'émaciation et de l'épuisement ; ceux-ci, sous l'influence
d'un traitement à peu près semblable, ne reve-
naient à la santé qu'après avoir acquis un embonpoint plus ou moins considérable. »

Cette dernière remarque est celle que nous avons
faite ci-dessus ; elle confirmait, comme on le voit,
ce qu'une longue expérience avait appris à Fleury.

Nous n'avons jamais mis deux ans ni dix-huit mois à guérir les obèses qui se sont confiés à nous, mais nous n'avons jamais vu non plus disparaître *rapidement* le tissu adipeux ; nous dirons plus, ou plutôt mieux : nous n'avons jamais cherché à le voir, et cela ne nous paraît pas désirable ; nous pensons qu'un état organique qui est depuis longtemps établi. qui s'est établi progressivement et lentement, ne doit jamais être modifié brusquement ; il n'y a à cela aucun avantage et il peut y avoir des dangers.

Nous ne pensons pas non plus que le traitement hydrothérapique ait *moins* d'inconvénients et *moins* de dangers que le traitement diététique, parce que nous ne pensons pas que ce dernier traitement offre des dangers ni des inconvénients quand il est sagement conduit, et que l'hydrothérapie elle-même peut en avoir quand elle est imprudemment administrée ; nous pensons seulement qu'elle a des avantages spéciaux ; car, ainsi que le dit Fleury, l'hydrothérapie ne guérit pas seulement l'obésité, elle remplace par la force la faiblesse qui l'accompagne assez souvent.

Au reste, nous croyons qu'on peut avec avantage associer à l'hydrothérapie un régime diététique rationnel, comme l'a montré M. le professeur G. Sée (1). Nous ferons seulement nos réserves sur ce qu'il dit de l'hydrothérapie, dont il reconnaît, d'ailleurs, l'action avantageuse ; mais ce qu'il dit de l'hydrothérapie s'applique surtout à la bal-

1. G. Sée, *Traitement physiologique de l'obésité*, Paris, 1885.

néothérapie; et l'action de cette dernière est bien moins avantageuse que la véritable hydrothérapie ; en ce qui concerne les bains chauds, et surtout les bains de vapeur, nous ajouterons même que la balnéothérapie peut être dangereuse, et dangereuse par elle-même et non pas seulement par la manière dont elle est appliquée.

Quant à l'hydrothérapie vraie, elle a des avantages, non seulement contre l'obésité, mais contre l'obésité localisée la plus dangereuse, c'est-à-dire celle qui a envahi le cœur. Toutefois, nous ne dissimulerons pas que, pour cette application, il faut redoubler de précautions, et que, suivant l'expression de M. le professeur Peter, il faut toujours *apprivoiser* la peau à la sensation de l'eau froide, afin de ne jamais causer une impression trop vive qui peut apporter du trouble brusque dans la respiration et dans la circulation des malades. On arrivera constamment à ce but en faisant des lotions à l'eau dégourdie, avec une éponge imbibée seulement et passée sur les parties de la peau les moins sensibles, visage, mains, membres inférieurs, peau du dos, etc. ; lotions de très courte durée, de 5 à 10 secondes, d'abord, immédiatement suivies de frictions vives avec un linge plus ou moins rude suivant la finesse de la peau ; la température de l'eau servant aux lotions sera progressivement et lentement abaissée, tous les deux, trois, quatre ou cinq jours, suivant la résistance plus ou moins grande à l'accoutumance ; on arrivera toujours ainsi à donner des lotions et même la douche en jet avec de l'eau à la tempé-. rature de 8 à 10°, et même moins, et à faire pren-

dre aux obèses un exercice qui ne contribuera
pas médiocrement à la désassimilation de la
graisse. Nous répétons d'ailleurs que la méthode
hydrothérapique n'exclut nullement, au contraire,
l'emploi du régime diététique.

ART. 52. — OPHTHALMIE.

« On sait depuis longtemps, dit le Dr Schedel,
quelle sédation on peut obtenir en recouvrant un
œil enflammé de linges imbibés d'eau froide et
renouvelés à mesure que le contact de la peau
élève leur température ; avec ce remède, on parvient presque toujours à prévenir toute inflammation. Dans beaucoup de cas, on pourra également employer ce moyen avec succès contre la
conjonctivite *plus* ou moins intense. »

Après avoir constaté ces bons effets des applications froides Schedel ajoute que les cas graves
réclament un traitement *bien autrement énergique*, et, « ce traitement consiste dans des émissions
sanguines locales et générales, dans la dérivation
puissante sur le canal intestinal par le calomel ;
les applications froides ne viennent, dit-il, qu'en
second ordre après ces grands moyens. »

Nous croyons qu'en cette circonstance, Schedel
s'est laissé égarer par la foi qu'il avait encore
dans l'influence antiphlogistique (?) des émissions
sanguines ; non seulement beaucoup de grands
chirurgiens, au nombre desquels Sichel, ont

reconnu la supériorité de l'eau froide « dans un grand nombre de maux d'yeux », mais Chassaignac obtenait de bons résultats des irrigations froides continues, dans une des plus graves inflammations oculaires, *l'ophthalmie purulente.* Nous avons été témoin de quelques-uns de ces résultats et nous pouvons les affirmer.

ART. 53. — PARALYSIES.

On a dit que l'hydrothérapie, « essayée indistinctement dans toutes les paralysies, a été quelquefois suivie de succès, mais le plus souvent inutile et quelquefois même *très nuisible.* » Nous ne relèverions pas cette erreur, si elle ne pouvait être fatale à l'intérêt des malades : il est possible que l'hydrothérapie essayée chez certains paralytiques ait été nuisible, mais c'est exclusivement quand elle a été mal dirigée ; nous affirmons qu'employée même contre des paralysies qu'elle ne pouvait guérir, elle n'a jamais été nuisible à un degré quelconque, quand elle a été appliquée par des mains prudentes et expérimentées. Au contraire, dans les cas de paralysies incurables, comme dans bien d'autres affections de même caractère, elle a souvent soulagé les malades et prolongé leur existence, à défaut de pouvoir les guérir. Il ne faut donc pas mettre sur le compte de la médication des accidents qui, s'ils sont réels, ne peuvent être attribués qu'à la maladresse ou à l'inexpérience de celui ou de ceux qui ont appliqué l'hydrothérapie.

Cela est d'autant plus utile à savoir que le diagnostic des paralysies est loin d'être facile, dans tous les cas, même avec l'aide de l'électricité dont on a beaucoup usé depuis quelques années, et que lorsque le diagnostic est douteux, il peut être utile et même nécessaire de recourir à l'hydrothérapie, surtout quand d'autres médications ont échoué, ce qui n'est pas rare. C'est précisément dans ces conditions qu'on obtient assez souvent, par la nouvelle méthode, des succès inespérés, qui émerveillent parfois les praticiens et font le bonheur des malades.

Cela dit, nous croyons superflu de nous étendre sur le diagnostic du nombre considérable de variétés de paralysies aujourd'hui admises ou proposées ; l'hydrothérapie peut être appliquée sans inconvénient à toutes les paralysies. et avec de grands avantages à beaucoup d'entre elles.

Nous avons observé un nombre considérable de cas de paralysies rhumatismales dont l'hydrothérapie a eu raison souvent avec rapidité et lorsque des traitements dirigés par des confrères expérimentés avaient échoué. Du reste, le nombre considérable de ces paralysies rhumatismales que nous avons observées − (presque aussi considérable que celui des paralysies hystériques), − nous porte à croire qu'un grand nombre de paralysies rebelles, de paraplégies qui passent pour incurables, entre autres, ont une origine rhumatismale ; on en aurait triomphé, sinon avec facilité, du moins sans trop de difficulté, si à une époque assez rapprochée de leur début, on les avait attaquées par l'hydrothérapie ; malheureusement, partant de ce fait que la nouvelle méthode a opéré de nombreuses cures merveilleuses, la plupart de nos confrères ne lui demandent que des miracles, et ils ne lui envoient que des malades sur lesquels tous les moyens ordinaires de traitement ont échoué. Nous sommes convaincus que, lorsque tous les praticiens seront décidés à appliquer l'hydrothérapie comme ils appliquent les autres médications, en temps opportun, quand ils le peuvent, nous verrons moins de paralytiques traîner par les rues et les chemins leur incurabilité.

ART. 54. — PHTHISIE PULMONAIRE.

Nous avons nous-même longtemps hésité à appliquer la véritable hydrothérapie au traitement de la phthisie, fortement influencé que nous étions par la réprobation à peu près universelle de nos confrères.

Priessnitz avait traité par une hydrothérapie trop sévère ou pour mieux dire trop peu rationnelle, certains phthisiques, qui étaient morts entre ses mains, sans qu'il eût su le prévoir, ce qui l'avait fait renoncer à appliquer sa méthode à tout malade affecté de la plus simple toux ; l'ingénieux paysan ne sachant pas distinguer une toux simple d'une toux de phthisique, même avancée, avait pris un parti radical pour éviter les accidents, c'était de s'abstenir de toute application hydrothérapique.

« L'espérance que l'hydrothérapie avait un instant fait concevoir », dit Sche.lel, « celle d'être un remède efficace contre cette funeste maladie, a été malheureusement déçue. Ce remède, néanmoins, me paraît être *celui qui offre le plus de chance de succès* pour le malade qui aurait le courage de l'entreprendre, la patience d'y persister, et le bonheur de rencontrer un médecin à la fois énergique et consciencieux qui pût en diriger l'application. Je vais donc considérer l'hydrothérapie d'abord comme moyen prophylactique de la phthisie, et ensuite comme agent auxiliaire dans le traitement de la maladie confirmée. »

Schedel entre ici dans quelques détails sur le siège précis des tissus où se développe primitivement l'élément tuberculeux ; il développe ensuite l'opinion que la tuberculose est toujours une affection générale, puis il continue :

« Or, si le dépôt même local du produit tuberculeux est l'expression d'un état général, ce n'est pas en agissant localement que l'on parviendra à détourner le mal ; ne vaudrait-il pas mieux recourir à quelque moyen qui agirait à la fois sur tous les organes, et qui modifierait profondément en même temps qu'il ramènerait à l'état de santé les tissus morbidement prédisposés ? L'effet avantageux que l'hydrothérapie, appliquée sans exagération, peut produire dans l'ensemble de l'économie, n'est plus douteux, et la possibilité de modifier favorablement par ce moyen la muqueuse pulmo-

naire jusque dans ses dernières ramifications, ne
paraît nullement chimérique, d'après ce que nous
voyons se produire dans les affections chroniques
de cette membrane et dans celles des autres mem-
branes muqueuses de l'économie. D'ailleurs, quelque faible que soit l'espoir de produire cette modification, nous devons nous y attacher avec d'autant
plus d'ardeur, que malheureusement il n'en existe
pas d'autres.

« Je ne pense pas qu'il soit nécessaire de m'é-
tendre ici sur le reproche adressé depuis fort longtemps à l'usage imprudent de l'eau froide comme
cause de la phthisie. Pour celui qui a étudié la
manière dont l'hydriatrie agit sur le corps humain,
il est évident que les résultats fâcheux qu'on a
signalés ne sont nullement à craindre, tant le
mouvement centrifuge que ce traitement développe est énergiqne. Le secret des avantàges de
cette méthode gît précisément dans le mouvement
qu'elle imprime aux fluides vers la surface, mouvement que l'eau froide administrée à l'intérieur
tend bien moins à supprimer qu'à augmenter.
Nous avons vu, en effet, en parlant de l'administration de l'eau froide à l'intérieur pendant les
transpirations forcées, que l'eau fraîche donnée
dans ce moment ne l'est qu'en petite quantité, et
de manière à augmenter les sueurs, en calmant
l'état fébrile, artificiellement produit par l'enveloppement dans les couvertures. L'expérience
prouve qu'en agissant ainsi, l'on maintient les
transpirations au lieu de les arrêter, et que l'on
peut ainsi faire prendre une très grande quantité
d'eau froide avec avantage, pourvu que l'on y pro-

cède graduellement et par petites doses. Je dirai même que l'impunité avec laquelle beaucoup de personnes prennent des glaces immédiatement après des valses prolongées, dépend en grande partie du soin qu'elles ont de ne pas avaler la cuillerée de glace à la fois, mais d'en prendre peu et de la laisser bien fondre dans la bouche avant de l'introduire dans l'estomac : *est modus in rebus·*

« Ces réflexions s'appliquent également aux procédés hydriatiques qui consistent dans l'application de l'eau froide à la surface du corps pendant la transpiration. Ces applications, loin d'arrêter le mouvement centrifuge, l'accélèrent d'une manière très remarquable, pourvu, toutefois, qu'elles soient dirigées avec habileté et en connaissance de cause. Ainsi donc, sans révoquer en doute les résultats trop bien constatés des effets nuisibles que l'eau froide prise à l'intérieur, et appliquée extérieurement, peut produire sur les poumons, nous ne les croyons nullement à craindre dans un traitement hydrothérapique bien dirigé. Il en est de l'eau comme de beaucoup d'autres agents thérapeutiques dont les effets diffèrent grandement suivant le mode de leur application; et les mêmes procédés qui, appliqués sans intelligence, pourraient avoir des suites fàcheuses, produisent, entre des mains exercées, les plus beaux résultats de l'hydrothérapie.

« Sydenham considérait l'équitation comme le remède par excellence de la phthisie déclarée : Ne serait-il pas mille fois préférable de chercher à prévenir son développement par l'emploi bien dirigé de la nouvelle méthode hydriatique ?

« L'hydrothérapie, appliquée dans ce but, offrirait encore l'immense avantage d'être parfaitement innocente.... En ayant égard aux prédispo-
sitions, aux conditions d'hérédité, on pourrait
soumettre aux pratiques hydrothérapiques des
enfants fort jeunes. J'ai vu à Græfenberg des enfants de trois à quatre ans exposés à toutes les
rigueurs du traitement hydrothérapique sans
inconvénient appréciable.

« Quant à la phthisie confirmée, ce qu'on sait de
sa curabilité jusqu'à présent accidentelle, il est vrai
(Rogée, Louis, etc.), me fait penser qu'en s'adres-
sant à l'hydrothérapie ce traitement pourrait offrir
autant de chances de guérison qu'aucun autre, et
j'en donne pour preuve un cas, dans lequel des
hémoptysies, causées évidemment par la présence
de tubercules, avaient cédé aux ablutions jour-
nalières faites sur tout le corps et sur la poitrine
en particulier, avec de l'eau à 20° R., puis graduellement réduite à la température de l'eau fraîche.
Le Dr Louis, qui constata, *vingt ans après*, la
présence d'une caverne au sommet d'un des poumons, et de qui je tiens le fait, ne met pas en doute
que ces hémoptysies n'aient été occasionnées par
l'affection tuberculeuse. Or, dans ce cas, l'hydrothérapie, au lieu d'augmenter le mal, l'a plutôt
diminué. Des faits de ce genre se multipliant, l'on
pourrait dire que l'hydriatrie présente un remède
avantageux, non seulement dans l'hémoptysie essentielle, mais encore dans celle qui est causée
par des tubercules pulmonaires. »

L'auteur cite ici l'exemple d'une dame de 35 ans,
qu'il vit à Freiwaldau (à l'établissemet de Priess-

nitz), très bien portante, qui, un an auparavant, offrait tous les symptômes rationnels de la phthisie moins l'hémoptysie, et que l'hydrothérapie avait remise dans l'état de pleine santé. Schedel cite ensuite l'opinion du D' Rush, de Philadelphie, qui confirme celle de Sydenham sur l'heureuse influence d'un exercice rude au grand air, dans le traitement de la phthisie, opinion que partageait aussi Chomel, car le meilleur conseil, disait-il, qu'il pouvait donner aux phthisiques, c'était de voyager sans répit, fût-ce dans une mauvaise carriole ou à cheval. Rush cite, d'après Franklin, l'opinion d'un phthisique qui, n'ayant pas les moyens d'avoir un cheval, se fit postillon et fit son service *pendant trente ans* dans toutes les saisons.

« Or, ajoute Schedel, l'hydrothérapie ne renferme-t-elle pas tout ce que Rush pourrait désirer? Ce médecin rapporte même un cas, d'après le D' Smollet, où l'usage du bain froid dans la phthisie pulmonaire, aurait été des plus salutaires, ainsi qu'un autre cas d'un nègre qui fut guéri de la même maladie par le même remède. Rush ajoute que, pour employer ce remède avec sûreté, il convient d'y ajouter l'exercice. N'est-ce pas là le traitement hydrothérapique convenablement appliqué? » — Schedel montre par une citation de Rush que ce médecin avait en quelque sorte prévu l'hydrothérapie.

Certes, on ne peut reprocher à l'honorable et impartial historien de la méthode et de l'établissement de Priessnitz d'être un enthousiaste et encore moins un enthousiaste intéressé de l'hydrothérapie ; de son temps même, sa réserve était plutôt exagérée qu'insuffisante ; aujourd'hui, elle serait complètement injustifiable. Depuis 1843, des observations plus circonstanciées ont été recueillies et publiées; plusieurs l'ont été par Fleury, qui ne sauraient être révoquées en doute, car l'une d'elles a été confirmée par le Dr Louis.

Quant à nous, il y a longtemps qu'aucun doute ne reste dans notre esprit sur l'efficacité de l'hydrothérapie, non pas, assurément, dans tous les cas, mais dans un assez grand nombre, et son utilité à un degré quelconque dans tous. Nous entendons parler de l'hydrothérapie rationnellement appliquée, et non de la balnéologie que tant de gens confondent encore avec la véritable hydrothérapie.

M. le Dr Sokolowski, médecin de l'hôpital de Gobersdof, en Silésie, a donné une statistique de 105 malades atteints de phthisie commençante, ayant presque tous eu, entre autres symptômes, des hémoptysies, et qui pour la plupart, éprouvèrent une grande amélioration par le traitement hydrothérapique.

Mais ce ne sont plus, aujourd'hui, les spécialistes et quelques médecins distingués sans doute, mais plus ou moins obscurs, comme le Dr Sokolowski, qui ont constaté l'efficacité de l'hydrothérapie contre la phthisie, ce sont des praticiens de premier ordre. Voici, par exemple, comment s'exprime un des premiers maîtres de la Faculté de Paris.

« Un admirable moyen hygiénique et thérapeutique à la fois, c'est *l'hydrothérapie;* mais

que de préjugés à vaincre, comme aussi que de précautions à prendre ? Les gens du Nord l'acceptent
et la pratiquent plus volontiers que nous : Bonnet
la conseille et on l'écoute. N'espérez pas un tel
bonheur. Néanmoins on peut y arriver. »

Le savant auteur indique ici la diplomatie dont
'il faut user quelquefois pour faire accepter l'hydrothérapie ; il décrit ensuite, avec une grande
justesse d'appréciation, les procédés d'application
qui lui paraissent devoir être préférés et leurs
effets physiologiques et thérapeutiques, puis,
arrivant aux faits :

« Je pourrais, dit-il, citer un assez grand nombre
de faits de la ville : un entre autres des plus intéressants est celui d'une demoiselle tuberculeuse,
qui, depuis trois ans, faisait des lotions froides sur
tout le corps : et depuis ce temps, les congestions
bronchiques et pulmonaires auquel elle était
sujette ont disparu ; les craquements secs persistent seuls, mais très limités. Un autre exemple
est celui d'un homme, chez lequel les lotions froides ont produit le plus grand bien-être et ont
certainement beaucoup ralenti la marche de la
tuberculose. En cas même d'ulcération du paren-
chyme pulmonaire, l'action de l'hydrothérapie
peut encore être bienfaisante, mais à un moindre
degré.

« Cependant, là encore, elle peut donner d'excellents résultats, surtout au cas de sueurs noc-
turnes : tel un monsieur atteint de tuberculose
infiltrée, qui a de nombreuses cavernes et un poumon à peu près anéanti, dont les sueurs noctur-
nes, qui contribueraient à l'épuiser, sont presque

chaque jour supprimées par les lotions froides à
l'éponge, du matin et du soir; c'est-à-dire qu'il
y a des nuits où il n'en a pas, et que, les autres,
il en a désormais très peu après chaque lotion;
d'ailleurs, il éprouve une véritable restauration
des forces (1). »

Cette dernière conséquence est un effet à peu
près constant de l'hydrothérapie, non seulement
dans la phthisie, mais dans toutes les maladies
d'épuisement, et prouve l'exactitude d'observation
de l'éminent professeur.

Nous aimons donc à croire que les observateurs
perspicaces et consciencieux ne douteront plus
que la méthode hydrothérapique n'offre contre la
phthisie une ressource d'autant plus précieuse,
qu'avec une bonne hygiène appropriée, cette ressource est avec l'huile de foie de morue à peu près
la seule qui ait de la valeur.

Maintenant, n'est-il pas vrai que la méthode
hydriatique puisse présenter de graves dangers?
Oh ! c'est incontestable, et c'est ici le cas de répéter avec M. le professeur Peter : « Que de précautions à prendre ! » Oui, la nouvelle méthode peut
avoir des dangers.... quand on ne prend pas toutes les précautions, c'est-à-dire quand elle est mal
appliquée. Mais ce qui est vrai de la phthisie est
vrai de beaucoup d'autres affections, et, à ce
compte, il faudrait conclure qu'il convient de
s'abstenir de l'application de l'hydrothérapie à
peu près dans tous les cas, et surtout dans tous

1. M. Peter. *Leçons de clinique médicale*, t. II, p. **520**
et suiv.

les cas graves, où, précisément, elle a les plus
beaux triomphes. Cette conclusion, toutefois, ne
sera pas la nôtre ; nous conclurons seulement, avec
un proverbe vulgaire : qu'il faut que chacun sache
son métier et que les vaches seront bien gardées ;
et que, dans ce cas, l'hydrothérapie sera exempte
de dangers, aussi bien dans la phthisie que dans
toute autre maladie.

Art. 55. — Pneumonie.

« Le traitement des inflammations du poumon
par l'hydrothérapie, écrivait, en 1856, le Dr Baldou, paraît une monstruosité à beaucoup de gens
et à beaucoup de médecins, mes confrères, parce
que beaucoup de gens et de médecins ne connaissent pas encore et ne comprennent pas l'hydrothérapie. » Ces paroles de Baldou sont encore presque entièrement vraies aujourd'hui : une grande
partie du public connaît de nom l'hydrothérapie,
mais il la confond généralement avec la balnéothérapie, et beaucoup de médecins, dont quelques-
uns des plus distingués, sont comme le public sous
ce rapport.

Pourtant, avant Baldou, Schedel nous a fait
connaître que, dans une réunion de médecins hydropathes tenue à Marienberg, en 1843, on agita
la question de savoir si l'hydrothérapie pouvait
s'appliquer aux inflammations pulmonaires et
pleurales, et il fut décidé, après que l'on eut rap-

porté beaucoup de faits à l'appui, que ces inflammations, lors même qu'elles étaient parvenues à un haut degré d'intensité, pouvaient être guéries par cette méthode à l'exclusion de toute autre. On différa seulement sur ses meilleurs procédés d'application.

Dans le congrès des médecins hydropathes, tenu en novembre 1844, la question resta au même point ; seul, le Dr Von Mayer rapporta onze cas d'inflammation du poumon, à diverses périodes, traités et guéris par lui, dans le courant de l'année précédente.

De ces faits et communications, Schedel conclut « que la sédation et les transpirations assurent le succès du traitement hydrothérapique *dans la pneumonie* comme dans beaucoup d'autres maladies aiguës où ce moyen réussit. »

Depuis, la méthode priessnitzienne a été appliquée dans plusieurs grands hôpitaux de l'Allemagne, et le professeur Niemeyer, de Tubingen, dit que « *le seul moyen* à diriger directement contre la maladie, consiste dans l'emploi du froid appliqué localement sous forme de compresses trempées dans de l'eau à basse température, bien exprimées et placées sur le côté malade, où elles doivent être renouvelées toutes les cinq minutes (1) ».

Malgré ces exemples encourageants, Fleury, dit qu'il « n'a pas osé prendre l'initiative de traiter une pneumonie ou une pleurésie par la méthode réfrigérante. »

____

1. Niemeyer, *La pneumonie et ses indications thérapeutiques.* (*Archives médicales belges*, mai 1865).

En Angleterre, le professeur Flint (1) a rapporté quatre cas de guérison rapide de pneumonie par l'hydrothérapie. Le procédé qu'il emploie ne nous paraît pas le meilleur ; il résulterait, en effet que les malades traités restaient *entièrement* enveloppés dans un drap mouillé sans couverture aucune, et étaient laissés exposés ainsi pendant un temps fort long, puisqu'on parle de l'arrosement du drap *toutes* les quinze ou *vingt* minutes, jusqu'à ce que la température de la bouche fût descendue à 38°,5.

Nous n'hésitons pas à déclarer que ce procédé serait éminemment dangereux : il est inévitable que, dans la situation où l'on place le malade, ses extrémités, surtout ses extrémités inférieures, se refroidissent à un degré extrême, et qu'un tel refroidissement provoque des congestions viscérales beaucoup plus qu'il ne les dissipe. Il serait inutile, croyons-nous, d'insister sur les dangers d'un procédé hydrothérapique aussi anti-rationnel, et nous croyons mieux faire en indiquant la véritable manière de procéder dans les cas dont il s'agit. Cette manière la voici :

Plusieurs fois par jour, on fait lotionner le corps du malade avec une éponge modérément imbibée d'eau à 15 ou 18° d'abord, de façon à ce que l'eau ne coule jamais dans le lit, puis avec de l'eau très froide en été, et à la température de la chambre du malade en hiver ; en même temps, des compresses d'eau froide, constamment renouvelées à mesure qu'elles s'échauffent, sont maintenues

1. Flint, *Therapeutic Gazette.*

sur la tête ; le plus souvent possible, toutes les 10,
15 ou 20 minutes, le malade boit de l'eau fraîche
par petites gorgées ; grâce à l'expression de l'é-
ponge et des compresses, un drap plié en quatre ou
même en deux, placé sous le malade, suffit pour
éviter l'inondation du lit, ce qui est essentiel ; on
maintient, d'ailleurs, autour du tronc un bandage
de corps. mouillé, recouvrant la partie supérieure
de l'abdomen, entouré lui-même, si l'on veut, d'un
taffetas ciré.

Du troisième au sixième jour de ce traitement
la température tombe au chiffre normal ; le pouls
de 90 à 120, descend à 70 ou 60, et la résolution de
l'hyperhémie commence aussitôt et marche sans
interruption.

Malheureusement, les familles et même beaucoup de médecins, comprenant mal les effets de
l'hydrothérapie scientifique, s'opposent généralement de tout leur pouvoir à ce traitement, et
pour ce motif, nous n'avons pu traiter qu'un nombre assez restreint de pneumoniques ; mais, chez
ceux que nous avons traités, le succès a été constant. Nous n'hésitons donc pas à conseiller à tous
nos confrères les procédés que nous venons de décrire, qui, sur une échelle restreinte, il est vrai,
ne nous ont donné que des succès.

ART. 56. — RAGE.

Nous n'avons jamais traité aucun hydropho-
bique, et d'un autre côté nous ne connaissons au-

cun cas de rage où l'hydrothérapie ait été appliquée avec succès ; les trois cas publiés par le Dr P. Delmas, dans lesquels les malades furent traités par les bains de vapeur, sont loin de lui paraître concluants, outre que les bains de vapeur ne sont pas de l'hydrothérapie.

Tout ce que nous pouvons dire, c'est que, dans une maladie constamment mortelle jusqu'ici, on ne risque rien d'essayer.

ART. 57. — RHUMATISME.

Nous avons déjà insisté (1) sur les relations de la goutte avec le rhumatisme ; nous devons parler des rapports qu'ont entre elles les diverses formes morbides qui portent le nom de rhumatisme. Nous avons écrit ce mot au singulier, et nous croyons bien que c'est ainsi qu'il faut l'écrire, quand on a égard à sa *nature*, si l'on entend par ce mot le groupe des phénomènes morbides, qui peuvent se substituer et se substituent souvent les uns aux autres ou bien marchent ensemble, de front ou successivement, comme par exemple ceux de la fièvre typhoïde ou de la syphilis.

Mais en se plaçant à ce point de vue, qui est, selon nous, le point de vue juste, nous croyons, qu'il faut retrancher du rhumatisme, unique au fond, le rhumatisme articulaire aigu, qui nous paraît avoir avec les rhumatismes chroniques et même les rhumatismes sub-aigus musculaires,

1. Voyez *Goutte.* p. 249.

muqueux, etc., beaucoup moins de rapports que ceux-ci n'en ont avec la goutte ; quelquefois le rhumatisme chronique succède au rhumatisme articulaire aigu, mais cette succession est rare, et même, quand elle a lieu, le rhumatisme chronique secondaire ne revêt que bien rarement ou même jamais l'allure, la physionomie, si l'on peut ainsi dire, du rhumatisme chronique ordinaire ; il persiste d'habitude sur les articulations et le plus souvent sur l'articulation unique où la transformation s'est opérée, et surtout ne passe que rarement dans les muscles ou même dans les viscères ; il y a une exception à cet égard, en ce qui concerne le rhumatisme articulaire aigu et le cœur ; mais encore, dans ce cas, y a-t-il entre le vrai rhumatisme c'est-à-dire le rhumatisme chronique et le rhumatisme articulaire aigu, cette différence, c'est que le rhumatisme du cœur, suite de rhumatisme articulaire aigu, cause, dans presque tous les cas, des lésions anatomiques persistantes, tandis que des articulations des muscles, des viscères peuvent souffrir dix, quinze, vingt, cent fois de rhumatisme chronique, sans que celui-ci laisse à sa suite de lésions matérielles, et quelquefois n'en laisse jamais, même quand les rhumatisants sont arrivés à une grande vieillesse.

Il y a autre chose à remarquer à propos du cœur : ce viscère est assurément un muscle, mais il n'est pas douteux que ce soit un muscle très spécial, différant beaucoup par ses sympathies comme par sa vitalité, des muscles de la vie de relation comme de ceux de la vie organique ; car le rhumatisme articulaire aigu ne sévit guère sur d'autres muscles que celui-là et n'y laisse, par conséquent, point de traces.

Mais il y a autre chose encore : le rhumatisme musculaire vrai peut revêtir une sorte de forme aiguë, qu'on a même décrite comme telle : qui ne connaît le lumbago, le torticolis et vingt autres affections rhumatismales d'un ou de plusieurs muscles ? Ce sont bien là, à la rigueur, des rhumatismes à marche aiguë, mais d'une marche bien différente de celle du rhumatisme articulaire ; ils ne provoquent que peu ou point de fièvre et ne laissent presque jamais de traces anatomiques; quelquefois seulement des paralysies qui disparaissent à peu près constamment en quelques jours ou quelques semaines.

Il serait superflu d'insister davantage sur ces considérations; ajoutons seulement que l'action thérapeutique de l'eau froide vient ajouter un élément de plus à la distinction que nous venons d'établir.

L'hydrothérapie a certainement une action curative très prononcée sur le rhumatisme articulaire aigu, mais c'est surtout dans les rhumatismes chroniques qu'elle obtient ses plus beaux triomphes; c'est sur des rhumatisants depuis longtemps perclus d'un ou plusieurs membres que Priessnitz opéra ces cures admirables qui émerveillèrent les nombreux étrangers de haut rang qui visitèrent son établissement.

Malgré l'utilité de l'hydrothérapie dans les deux maladies désignées sous le même nom, les procédés qu'on doit appliquer dans les deux cas sont assez différents pour établir eux-mêmes, d'après

l'aphorisme *naturam morborum*. .., une distinction radicale entre ces deux espèces pathologiques ;
dans l'une, c'est surtout l'action sédative, antipyrétique, calorifuge, que l'on recherche dans l'hydrothérapie ; dans l'autre, ce sont les actions sti-
mulantes, résolutives, reconstitutives même, suivant les cas particuliers.

Nous conclurons que, dans le traitement du rhumatisme articulaire aigu, l'hydrothérapie est une
des meilleures médications, si ce n'est la meilleure,
et que, dans le traitement du rhumatisme chronique ce n'est pas seulement la meilleure, mais presque la seule utile, avec quelques eaux minérales.

ART. 58. — SCARLATINE.

Nous avons depuis longtemps traité et guéri
des scarlatines par l'hydrothérapie, et nous avons
même obtenu des résultats assez prompts.

D'abord, nous proscrivons les bains qui n'ont
sur les lotions d'autre avantage que d'offrir des
dangers.

Ensuite, nous pratiquons les lotions avec de
l'eau aussi froide que possible, dès le troisième
ou le quatrième jour ; le premier et le second seulement, suivant la tolérance du malade, nous employons de l'eau à 18 ou 20°, jamais à 25, c'est au
moins inutile. De plus, nous répétons les lotions
quatre, six et jusqu'à dix fois par jour, en ayant
soin de mouiller préalablement la tête et d'y main-

tenir des compresses imbibées d'eau froide, pendant toute la durée des lotions. Enfin nous donnons à boire dans la journée, par quarts de verre, un litre à un litre et demi d'eau froide.

ART. 59. — SCIATIQUE.

Quoique la sciatique soit une des affections contre lesquelles l'hydrothérapie montre le mieux son action curative, Schedel n'en parle pas ; il est probable pourtant, pour ne pas dire certain, que Priessnitz en a traité un grand nombre ; Baldou en rapporte plusieurs cas, et Fleury en a publié cinq observations, dont une où la maladie datait de *39 ans*, et qui n'en a pas moins été guérie en deux mois par l'hydrothérapie. Nous-même en avons traité et guéri un grand nombre ; plusieurs malades atteints de cette affection, chez lesquels on avait pratiqué la cautérisation transcurrente avec le fer rouge le long du nerf, non seulement sans bénéfice, mais avec aggravation de la maladie, ont été délivrés de leurs douleurs, dans un temps relativement court.

ART. 60. — SCORBUT.

Le scorbut se développant à peu près toujours dans des conditions hygiéniques très spéciales, il

suffit de changer ces conditions pour que la maladie disparaisse d'elle-même ; cela n'arrive cependant pas toujours. Or, quand la maladie persiste
ou qu'elle laisse des suites, ce qui n'est pas rare,
l'hydrothérapie offre des ressources précieuses
pour rétablir la santé dans son intégrité. Schedel
nous apprend, en effet, que deux scorbutiques
gravement atteints furent guéris à Græfenberg
par Priessnitz.

ART. 61. — SCROFULE ET RACHITISME.

A en juger par la relation de Schedel, il semblerait qu'on n'ait pas traité beaucoup de scrofuleux
à Græfenberg ; il rapporte néanmoins les faits suivants, qui sont bons à méditer à bien des égards :

« Plusieurs tumeurs blanches, de nature scrofuleuse, étaient en traitement à Græfenberg, mais je
n'ai vu aucun cas de guérison. L'état d'un enfant
de huit ans, qui était à Græfenberg depuis deux
années, s'était, m'a-t-on dit, grandement amélioré.
La tuméfaction avait beaucoup diminué, mais je
l'ai trouvée encore assez prononcée ; des frag-
ments d'os nécrosés étaient déjà sortis par l'ouverture fistuleuse qui existait au-dessous et en dedans de la rotule ; mais celle-ci n'était pas mobile
et la jambe restait constamment dans la flexion, en
sorte que la malade marchait avec des béquilles.

. . . .

« Un jeune médecin affecté depuis six ans de tumeur blanche scrofuleuse au genou droit et qui avait employé une foule de remèdes, m'assurait que, depuis un an qu'on le traitait par l'hydrothérapie, la tuméfaction du genou avait diminué considérablement et qu'il avait l'espoir d'arriver à une guérison. Il est possible qu'avec le temps ses espérances ne soient point déçues. »

Pour juger l'influence que les préjugés peuvent avoir sur les esprits les plus sages, il faut citer ce que Schedel ajoute après ces deux constatations, évidemment favorables à l'hydrothérapie, dans une certaine mesure :

« L'expérience seule pourra décider jusqu'à quel point l'emploi de l'hydrothérapie est compatible avec celui des moyens dont se sert la médecine dans cette maladie si *souvent rebelle*. J'ai été témoin de guérisons très remarquables de scrofule, sans lésion du système osseux, par les préparations de feuilles de noyer, suivant les formules du Dr Négrier, d'Angers. »

La bonne foi de Schedel est trop entière pour qu'on puisse douter qu'il ait été témoin de guérisons de scrofuleux, qui prenaient des préparations de feuilles de noyer; mais nous ne trouverons certainement aucun contradicteur clinicien, quand nous dirons qu'il ne peut avoir été qu'abusé par des coïncidences, assurément très rares, et quand il conseille « d'adjoindre à ce médicament *énergique* quelques-unes des pratiques hydrothérapiques, » il nous fait exactement l'effet d'un hygiéniste qui, pour nourrir un individu, conseillerait d'ajouter à de l'eau claire une certaine quantité de pain et de viande ! La vérité est qu'à côté

de l'hydrothérapie les feuilles de noyer feraient
assez triste figure, même les « préparations iodu-
rées » dont Schedel signale d'ailleurs les inconvénients.

ART. 62. — SPASME DE LA GLOTTE.

Le spasme de la glotte, que certains auteurs ont
désigné sous le nom de *laryngite striduleuse*, ne
peut se présenter et ne se présente que rarement
à l'observatoire de l'hydrothérapeute, en raison
de sa rareté et de son caractère aigu ou même
suraigu.

ART. 63. — SPERMATORRHÉE.

Lallemand a tracé un éloquent et sombre tabl: au
de la spermatorrhée et de ce qui à une certaine période en est l'accompagnement inévitable,
l'impuissance (1). On a pu croire que le pinceau de
l'éminent écrivain avait un peu forcé les cou-
leurs, et il en est bien ainsi pour nombre de cas ;
mais, pour certains autres, le tableau est exact.

Fleury a divisé les pertes séminales en deux
classes :

« *Pertes sthéniques*, par réplétion, excitation,
irritation, inflammation des organes.

1. Lallemand, *Des pertes séminales*. Paris, 1842.

Pertes asthéniques, par faiblesse, atonie paralysie de ces organes. »

Et sur cette classification, ajoute-t-il, « *repose le
traitement* TOUT ENTIER. »

Mais la distinction n'est pas commode. Fleury
lui-même le reconnaît. « Il est parfois difficile, dit-
il, de décider si les pollutions sont sthéniques ou
asthéniques. » Aussi, ajoute-t-il, il y a « de fréquentes erreurs de diagnostic et de nombreuses
erreurs de traitement. » Et pour en convaincre
son lecteur, il répète : « Il n'est pas toujours facile
au médecin le plus instruit, le plus intelligent, le
plus sagace, le plus expérimenté de séparer ce qui
appartient à la physiologie et à l'hygiène de ce qui
est du domaine de la pathologie et de la thérapeutique. »

Ce que la clinique montre, aussi bien à l'aide
des faits publiés tant par nous que par beaucoup
d'autres confrères, c'est que l'immense majorité
des pertes séminales sont dues à une aberration
du système nerveux génital, résultat d'habitudes
extra-physiologiques, qui sont elles-mêmes un
trouble grave de la fonction ; quelquefois, mais
plus rarement, l'aberration peut résulter de l'exercice physiologique, mais excessif de la fonction,
et encore, dans ces cas, n'est-il pas bien certain
qu'à l'excès de l'exercice naturel il ne se soit pas
mêlé quelques manœuvres anti-physiologiques ? Car
les probabilités qu'on peut acquérir dans ces cas
reposent exclusivement sur la sincérité des malades, et ces probabilités équivalent bien rarement à
une certitude. Dans les *neuf* cas que Fleury cite,
il y en a *sept* qu'il attribue à un phimosis congé-

nital ; si cette étiologie est réelle, il est difficile de
l'attribuer à autre chose qu'à une irritation anormale du gland par la matière sous-prépuciale et à
la sensibilité de la muqueuse constamment en contact avec elle-même ; c'est encore, en définitive,
une aberration des excitations normales que la nature
a réservées au gland, et pas plus une sthénie
qu'une asthénie.

La spermatorrhée succède aussi quelquefois à la
blennorrhagie — (nous ne dirons pas maltraitée,
car nous ne croyons pas que son traitement influe
beaucoup sur les conséquences qu'elle peut avoir,
surtout au point de vue qui nous occupe), — et il
paraît probable que, dans ces cas, l'écoulement du
sperme est provoqué, soit par une irritation du canal de l'urèthre au voisinage ou aux orifices mêmes
des canaux éjaculateurs, soit par une inflammation des vésicules elles-mêmes ; mais il ne faudrait pas plus donner à ces pertes le nom de *sthéniques* qu'à toutes les autres, car elles ne sont
nullement un signe de force ni des vésicules ni du
canal auquel le mot de force, d'ailleurs, ne saurait
s'appliquer que d'une manière fort équivoque.

Les pertes attribuées à la constipation sont fort
douteuses, non que ce symptôme ne soit pas fréquent dans la spermatorrhée, mais il en est plutôt
la conséquence que la cause, en ce sens surtout
qu'il est aussi la conséquence des troubles gastriques et cérébraux dont les pertes sont presque
toujours accompagnées.

Quant aux pertes engendrées par la présence
d'oxyures vermiculaires dans le rectum, cette cause
paraît réelle ; mais elle est indirecte, et n'agit que

par suite des démangeaisons, des agacements, en un mot, des troubles nerveux qu'elle provoque dans les organes environnants, et elle a, en résumé, la même action que les manœuvres anti-physiologiques; seulement, cette action est beaucoup moins profonde, parce qu'il est facile de la faire disparaître dès qu'on l'a constatée, et que, dès lors, les troubles nerveux n'ont pas le temps de passer à l'état chronique, ou, si l'on veut, à l'état de seconde nature.

L'immense supériorité de l'hydrothérapie sur toutes les autres médications, dans le traitement de la spermatorrhée, ne prête pas un médiocre appui à cette doctrine ou plutôt à cette simple expression des faits; car la classe des affections nerveuses est une de celles dans lesquelles l'hydrothérapie a le plus de puissance, si ce n'est même la première.

L'hydrothérapie a obtenu des succès complets contre une maladie rebelle comme elle l'est presque toujours, et où d'autres médications avaient échoué.

S'il est difficile de trouver dans les faits des pertes sthéniques ou asthéniques, il est, en revanche, plus que facile d'y voir les perturbations nerveuses qui ont causé les pertes involontaires, après qu'elles avaient été plus ou moins longtemps volontaires, mais d'une volonté anormale.

Les troubles physiologiques qui résultent même de la masturbation modérée sont tellement fréquents, que, dans la majorité des cas, ils conduisent à l'impuissance avec ou même sans perte séminale, ce qu'on ne dit pas et ce qu'on ne sait

peut-être pas assez. Malheureusement, ces suites, si fréquentes qu'elles sont presque inévitables, ne se produisent qu'après un certain temps,
quelques années, le plus souvent, et l'on sait que
les dangers éloignés frappent peu ceux qui s'y
exposent, en sorte que les avertissements qu'on
peut donner aux imprudents atteignent rarement
leur but. Voilà pourquoi tant de spermatorrhéï-
ques et d'impuissants viennent invoquer les ressources de l'hydrothérapie, qui, par bonheur,
arrive presque toujours à réparer les tristes résultats de leurs erreurs et de leurs écarts.

ART. 64. — SUETTE MILIAIRE.

Giannini a préconisé l'eau froide contre les
fièvres éruptives en géné al et la suette en particulier; des hommes moins enthousiastes que
lui de l'eau froide ont reconnu son heureuse
influence sur la suette, Schedel rapporte l'observation, du plus haut intérèt, qui lui a été commu-
niquée par le Dr Hallmann, d'une jeune demoiselle de 23 ans, chez laquelle, au début d'un rhumatisme musculaire et articulaire sérieux, se
déveoppa une éruption miliaire générale avec
délire violent et vomissements, et où les bains
froids furent administrés avec succès et amenè-
rent, après sept jours, une desquamation qui
se fit très régulièrement, malgré une continua-
tion de la fièvre et des douleurs, dont l'eau froide

eut également raison. Il y avait, il est vrai, dans ce cas, une complication de rhumatisme ; mais ce n'était pas la complication qui pouvait contrarier l'action de l'hydrothérapie ; cette complication ne pouvait, au contraire, qu'en faire ressortir davantage la puissance, puisque la médication a triomphé à la fois des deux maladies.

Malgré ce beau succès, où une grande quantité de calorique fut évidemment soustraite à la malade, Schedel n'en pense pas moins, tout en croyant à l'utilité de l'hydrothérapie, qu'il ne faut pas, dans la suette, chercher à refroidir continuellement le malade, mais seulement « combattre la fièvre, et favoriser les sueurs que l'on excite par des ablutions d'eau dégourdie. » C'est un reste des préjugés du vieil humorisme, préjugés dont Schedel n'était pas encore délivré.

De nombreuses observations faites depuis Schedel par plusieurs praticiens ont cependant bien affaibli l'influence de ce préjugé. M. le Dr Jules Rochard, dans un rapport sur une épidémie de suette, fait à l'Académie de médecine, a écrit ce qui suit :

« Une épidémie de suette miliaire, qui a régné dans l'île d'Oléron pendant l'été de 1880, a fait cent quarante-deux victimes sur un millier de cas, et sur une population d'une vingtaine de mille âmes. Il y a trente ans environ qu'il ne s'est produit en France d'épidémie de cette importance.

Le rapport du Dr Ardouin, qui a observé cette épidémie, montre que c'est bien la suette des Picards, avec son début brusque, son évolution rapide, ses sueurs profuses, son éruption caracté-

ristique, l'anxiété respiratoire souvent poussée
jusqu'à la suffocation, la constipation et l'insom-
nie; sa marche, souvent foudroyante, ne dépas-
sant pas dans certains cas, douze heures ; l'aspect
caractéristique des convalescents, leur faiblesse
extrême et la lenteur avec laquelle ils se rétablissent. On a constaté également la promptitude avec
laquelle.les cadavres tombent en putréfaction.

« La température des malades, au début, était
de 38°,6 à 39° ; de 37° pendant la durée des sueurs
de 41, 42 et même 42°,3, lorsque la maladie s'ag-
gravait.

« Le traitement qui a paru produire les meilleurs résultats a été celui par l'ipéca et celui par
les affusions froides.

« Les affusions froides ont été mises en usage
avec un plein succès, dans deux cas d'hyperthermie exagérée avec sécheresse de la peau. Ces cas
paraissaient désespérés. Des linges trempés dans
un sceau d'eau froide, et passés rapidement sur
le malade, de la tête aux pieds, furent renouvelés
tous les quarts d'heure et produisirent le meilleur
résultat. La température tomba de 4 degrés, et,
trois jours après les malades entraient en convalescence.

« Je pense qu'il y aurait lieu de généraliser l'indication de l'eau froide dans tous les cas de fièvre
avec hyperthermie. Toutes les fois que la température dépasse 42° dans une maladie, quelle qu'elle
soit, elle met par elle-même la vie en péril ; il y a
lieu de se préoccuper de ce symptôme.

« L'hyperthermie par elle-même est un danger
quand elle dépasse une certaine limite, et peut

faire naître l'indication de l'eau froide, quelle que
soit la maladie dans laquelle on l'observe. »

Nous n'aurons qu'un mot à changer à la dernière phrase de notre éminent confrère pour être
complètement de son avis : M. Rochard dit : *peut*
faire naître ; nous, nous disons *doit* faire naître.

Seulement, nous ne nous bornerons pas tout à
fait là : l'hyperthermie est toujours un phénomène
grave, si grave que le Dr Ardouin avait considéré
comme désespérés les deux cas où il eut recours à
l'hydrothérapie ; mais dans la suette, le développement de l'hyperthermie, — et un développement
brusque, — est toujours à craindre ; à quoi bon
attendre le phénomène, quand on a entre les
mains le moyen de le conjurer ? Nous ne saurions
le deviner, si l'aphorisme est toujours vrai : *prin-
cipiis obsta*. Ce n'est donc pas dans les cas de
suette où la température atteint 42° qu'il faut
recourir à l'hydrothérapie, c'est dans tous les cas
d'apparence tant soit peu sérieuse, car on sait
bien qu'il en est un certain nombre qui sont assez
légers pour que l'expectation soit la seule médecine
à appliquer, si l'on veut continuer à appeler
l'expectation « de la médecine. »

Nous ferons, puisque l'occasion s'en présente,
une remarque analogue à propos d'une autre proposition du savant académicien : inspiré par le
succès de l'hydrothérapie dans deux cas *désespérés*, l'esprit si juste et si généralisateur de M. Rochard lui fait donner ce conseil, qu'il y aurait lieu
de généraliser l'emploi de l'eau froide toutes les
fois qu'il y a fièvre avec hyperthermie. Ce conseil
est excellent ; nous croyons seulement qu'il n'est

pas encore assez compréhensif : d'abord, nous
pensons qu'il n'y a à peu près jamais fièvre un
peu prononcée sans qu'il y ait plus ou moins hyperthermie ; mais l'hyperthermie n'existât-elle
pas d'une manière sensible, on devrait encore employer les affusions froides, jusqu'à ce que la fièvre fût, sinon complètement tombée, au moins
jusqu'à ce qu'elle fût très modérée, et l'on devrait
les reprendre dans le cas où la fièvre se relèverait
le moindrement. Nous avons la conviction que si,
dans l'épidémie d'Oléron, on avait appliqué l'hydrothérapie à cinq ou six cents malades, au lieu
de l'appliquer à deux, l'île envahie n'aurait pas eu
à déplorer cent quarante-deux décès sur mille individus atteints, ce qui est presque la mortalité des
épidémies de fièvre typhoïde.

Encore un mot sur le procédé appliqué par le
Dr Ardouin : ce n'est pas, selon nous, tous les
quarts d'heure que les affusions doivent être faites,
mais aussi souvent que l'exige la persévérance de
la fièvre et de l'hyperthermie ; c'est-à-dire que,
dans le cas où la fièvre est assez développée, on
peut être obligé de continuer les affusions une
heure de suite et plus, pour être reprises quand la
fièvre et l'hyperthermie elles-mêmes reprendront,
et sans qu'on puisse fixer d'avance un délai précis.

Quant à l'étendue des lotions, nous pensons
qu'on doit s'abstenir de les prolonger jusqu'aux
pieds, parce que les extrémités ont trop de peine
à se réchauffer, ce qui veut dire à rétablir une circulation active ; il faudrait, pour le rétablissement
facile de cette circulation, recourir à la douche

percutante, ce qui est impossible dans la circonstance ; on arrêtera donc les lotions au-dessus des genoux.

Ce sont là des détails bien minutieux ; mais, en thérapeutique, il n'y a pas de détails inutiles : le succès est au prix des précautions les plus minutieuses du clinicien.

ART. 65. — SYPHILIS.

Schedel avait été témoin à Græfenberg de plusieurs succès remarquables obtenus par Priessnitz. Mais, chose singulière, c'est surtout contre les accidents primitifs que Schedel croit à l'efficacité de l'hydrothérapie, tandis qu'il considère son action presque comme douteuse contre les accidents secondaires.

Nous n'avons appliqué qu'un très petit nombre de fois l'hydrothérapie au traitement des accidents primitifs, nous dirons seulement que, du moment qu'il est reconnu que le traitement mercuriel ne met pas à l'abri des accidents consécutifs, il nous paraît convenable d'appliquer l'hydrothérapie, conformément à l'opinion de Schedel, de préférence à une méthode qui introduit dans l'économie un métal dont l'action n'est peut-être pas exactement et complètement déterminée, mais qui ne peut être que nuisible et qui l'est souvent d'une manière manifeste. Mais nous reconnaissons volontiers, d'ailleurs, qu'au traitement géné-

ralement fort simple ou antiseptique, suffisant à
peu près dans tous les cas pour obtenir la guérison des accidents primitifs, il nous paraît peu
nécessaire de recourir à l'hydrothérapie.

Est-il aussi indifférent d'appliquer ou de ne pas
appliquer la méthode, quand il s'agit du traitement des accidents constitutionnels ? Ici, la réponse nous paraît devoir être beaucoup plus positive, et il suffit d'accentuer un peu l'opinion de
Schedel pour donner à cette réponse le véritable
sens qu'elle doit avoir : « Dans la syphilis consécutive, dit-il, il serait injuste de vouloir que l'hydrothérapie pût effectuer des miracles que nous
voyons journellement se produire par l'administration des composés iodurés et mercuriels ; mais
il sera toujours convenable de débuter par un traitement hydrothérapique, car si les résultats
n'étaient pas favorables, il n'y aurait qu'un peu
de temps de perdu, et encore, les faits semblent
prouver que la modification avantageuse que les
médicaments produisent sur l'économie est plus
sûrement obtenue après un traitement hydriatique. »

On voit que, pour Schedel, l'hydrothérapie est
en quelque sorte un traitement d'essai, qui ne
pouvant pas avoir d'inconvénient, doit toujours
être essayé d'abord, sauf à être remplacé par les
iodures et les mercuriaux s'il échoue. Ce n'est pas
tout à fait ainsi que la méthode nouvelle doit,
suivant nous, être envisagée. Son emploi offre
quelques variantes, suivant les cas. Voici comment nous avons procédé chez les syphilitiques
nombreux que nous avons traités.

Quand les malades souffrent de douleurs ostéocopes ou ayant un autre siège que les os, mais dont l'origine peut être rapportée à la syphilis, nous ne nous croyons nullement autorisé à faire de l'hydrothérapie d'*essai*, car se serait une expérience, et nous réprouvons vivement toute *expérience* sur les malades, à moins qu'il ne s'agisse de cas, ou tout à fait imprévus, à diagnostic impossible, ou bien chez lesquels tous les médicaments classiquement employés ont échoué. Chez les malades dont il s'agit, comme chez ceux qui sont affectés de tubercules syphilitiques à la peau, de gommes diverses, d'ulcères à la gorge ou ailleurs, nous administrons donc d'emblée des iodures, des bromures, des mercuriaux même ; mais nous administrons concurremment l'hydrothérapie.

Quand les syphilitiques ne présentent que peu ou point de symptômes locaux, que la diathèse ou même la cachexie syphilitique sévit seule ou presque seule sur eux, nous appliquons immédiatement l'hydrothérapie, non à titre d'essai ni même de méthode auxiliaire, mais comme médication exclusive, surtout quand des médications dites spécifiques ont déjà été mises en usage, ce qui est le cas presque sans exception.

Et comment, alors, l'hydrothérapie doit-elle être appliquée ? Quel est son rôle véritable ?

« De même que dans tout empoisonnement ordinaire, dit Fleury, le praticien ne s'occupe pas seulement d'administrer un antidote, mais encore de faire rejeter au dehors la plus grande quantité possible de substance vénéneuse, de même, dans l'intoxication syphilitique, la préoccupation du

médecin ne doit pas être seulement de chercher à
atteindre le virus au milieu de la masse du sang
qu'il infecte, mais, en outre, de s'efforcer de l'expulser au dehors par les divers émonctoires de
l'économie. Cette dernière indication s'est présentée naturellement à l'esprit de tous les praticiens ;
et de là le précepte d'associer aux médicaments
spécifiques les moyens et les agents qui poussent
à la perspiration cutanée, c'est-à-dire les sudori-
fiques.

« La mise en pratique de ce précepte a de grands
avantages, mais elle a aussi de graves inconvénients. Le premier, d'affaiblir les malades, dont
l'économie est déjà soumise à deux causes d'épuisement : la *maladie* et les *remèdes spécifiques*
(on ne supporte pas impunément l'administration
prolongée des préparations mercurielles, témoin
la cachexie hydrargyrique) ; un deuxième inconvénient, qui tient à l'emploi longtemps prolongé
des transpirations, dont l'effet est de fatiguer la
peau, de lui faire perdre son ressort et sa tonicité, etc.

« L'hydrothérapie est le moyen qui, tout en per-
mettant de mettre à profit les avantages des transpirations prolongées, ôte à celles-ci leurs inconvénients. Au sortir du bain d'étuve, où il est resté
une demi-heure à peine, le malade ruisselant de
sueur, reçoit immédiatement une douche froide,
sous l'influence de laquelle la sueur est instantanément arrêtée ; la peau se resserre et reprend
sa tonicité, momentanément perdue sous l'action
du calorique. L'hydrothérapie règle cette médication, permet de la doser autant qu'il est possible,

de régler l'exercice d'une fonction et d'en doser les effets. Elle devient ainsi la condition indispensable de l'emploi de la médication dépurative, si l'on tient à ce que cette médication ne produise que des résultats salutaires. »

Quoique l'application de la méthode, telle que Fleury l'indique, soit bien celle qu'à notre avis on doit suivre ; quoique les effets physiologiques sur la peau soient bien ceux qu'il indique, nous ne voudrions pas affirmer que le poison syphilitique soit sûrement expulsé au dehors par les divers émonctoires et notamment par l'émonctoire cutané. Nous n'avons jamais vu, par exemple, comme plusieurs de nos confrères le disent, et Schedel est du nombre, des chancres reparaître sur la peau quinze ans après leur cicatrisation, — et sans nouvelle infection, bien entendu ; — de pareils cas, Fleury n'en a pas vu non plus, et nous ne dissimulerons pas que, si nous en observions par hasard un ou deux, à moins que les sujets ne fussent dignes d'une confiance bien absolue, ces exemples nous paraîtraient fort suspects, et nous savons que nos doutes étaient partagés par Ricord. Nous employons donc les transpirations suivies des applications froides à titre de dépuratif, mais sans être autrement certain qu'elles expulsent le poison syphylitique, pas plus qu'en cas de rhumatisme, le poison ou le vice rhumatismal : c'est par suite d'une théorie un peu vague que nous agissons ; mais si la théorie est vague, l'expérience est précise, et c'est le cas de répéter, — comme cela n'arrive, hélas ! que trop souvent en pratique,— avec notre savant ami, M. le profes-

seur Peter : « Nous ne savons pas exactement ce
que font les transpirations et les douches, mais
nous savons qu'elles font du bien ; en attendant
mieux, cela nous suffit. »

Elles font, d'aillleurs, du bien d'une autre façon
que par l'expulsion hypothétique du poison ; cette
autre façon a été bien décrite par Fleury, dont
nous nous contenterons de reproduire les paroles :

« Un autre rôle non moins utile de l'hydrothérapie, c'est, en vertu de l'action tonique et reconstituante de l'eau froide, de soutenir les forces des
malades, ou de les relever quand elles sont abat-
tues.

« L'hydrothérapie, l'observation nous l'a démontré, est le moyen le plus efficace et le plus prompt
de combattre la cachexie dans laquelle tombe un
grand nombre de malades en proie à l'infection vé-
nérienne, soit que cette cachexie ait pour cause la
maladie elle-même, ou bien un traitement peu
convenablement dirigé. Elle prévient cette cachexie chez les individus de complexion délicate,
à tendance scrofuleuse, comme dit Ricord, et dans
les cas rebelles qui exigent l'usage longtemps prolongé des médicaments spécifiques ; en outre, elle
rend l'absorption de ces substances plus facile et
plus régulière, en vertu de l'activité qu'elle im-
p.ime à la circulation capillaire générale.

« Cette influence est extrêmement marquée chez
certains sujets ; nous avons vu des malades chez
lesquels dix centigrammes de proto-iodure de
mercure, pris quotidiennement, ne produisaient
aucun effet appréciable avant le traitement hydro-

thérapique, tandis que pendant l'application de celui-ci deux centigrammes et demi donnaient naissance à la salivation mercurielle. »

Ce dernier effet n'est peut-être pas le plus désirable, mais il met plus en évidence l'action de l'hydrothérapie ; il en est encore un autre qui est au moins aussi précieux ; c'est la tolérance que l'hydrothérapie donne à l'économie pour certains médicaments qu'elle ne pouvait supporter; et cela n'est pas seulement vrai pour la syphilis et les médicaments spécifiques, cela est vrai pour beaucoup d'autres maladies et pour d'autres remèdes ; rien n'est plus commun, par exemple, que de voir des chlorotiques ne pouvant tolérer aucune préparation ferrugineuse, les tolérer parfaitement après huit ou quinze jours d'applications hydrothérapiques.

ART. 66. — TÉTANOS.

Hippocrate connaissait déjà l'influence de l'eau froide contre la terrible maladie qui vient parfois et non rarement, surtout dans les pays chauds, compliquer les plaies traumatiques ; mais, malgré son immense et légitime autorité, et quoique Currie et ensuite Treille aient tenté de rajeunir la méthode, en lui adjoignant, il est vrai, l'opium, administré à des doses énormes, celle-ci n'en était pas moins tombée dans un oubli à peu près complet, quand le paysan de Silésie vint lui donner un

essor qui, désormais, la préservera d'un oubli nouveau : non seulement, elle ne sera plus oubliée, mais
on n'hésitera plus à y recourir contre le tétanos ;
même on l'emploira dès le début, d'une manière
plus rationnelle que Treille surtout, et d'après des
principes fixes, peu modifiables suivant les malades, car la gravité du mal domine toutes les idiosyncrasies.

Comme c'est l'action perturbatrice qu'on doit
produire ici au lieu de l'action sédative qu'on
chercherait en vain à obtenir, on pratiquera de
vives affusions ou mieux, si l'on est dans les conditions voulues (1), des douches fortement percu-
tantes, très courtes et avec de l'eau très froide, et
immédiatement suivies de frictions avec des linges
très secs, faites par plusieurs personnes, de façon
à ce que toute la surface cutanée soit séchée le
plus promptement possible ; on enveloppera ensuite le malade dans des couvertures de laine bien
sèches, de manière à provoquer la transpiration,
qu'on tâchera d'entretenir, en faisant boire au
malade, quand ce sera possible, de fréquentes
gorgées d'eau froide. Quand la transpiration cessera, ou aura beaucoup diminué, on recommencera
les mêmes opérations, surtout si les contradictions
tétaniques persistent, et si elles avaient cessé, il
faudrait reprendre les opérations hydrothérapiques aussitôt que les contradictions se repro-
duiraient.

1. On sait que dans notre établissement, nous faisons
transporter sous la douche les malades qui, pour causes diverses, ne peuvent pas s'y placer eux-mêmes.

Par un traitement analogue, mais non iden
tique cependant, Schedel n'a observé qu'une guérison sur huit cas de tétanos ; encore chez le malade qui est guéri, avait-on associé à l'hydrothérapie l'opium à haute dose.

Nous avons été plus heureux : nous avons obtenu
la guérison trois fois sur six cas, sans qu'on ait
associé aucun adjuvant à l'hydrothé.apie ; ce n'est
pas que nous jugions impossible l'association
d'une médication dans laquelle un praticien aurait
quelque confiance ; cependant, pour notre compte,
nous nous abstiendrions de la médication opiacée
celle qui est la plus accréditée, parce qu'il ne nous
est pas démontré que cette médication ne contrarie
pas la réaction hydrothérapique que nous croyons
nécessaire au succès de la méthode.

ART. 67. — TICS DOULOUREUX ET NON DOULOUREUX.

Nous avons vu des cas assez nombreux de tics
que nous avons presque toujours améliorés ou
guéris.

Nous nous contenterons de mentionner celui
d'une jeune personne, Mlle de X..., âgée de 18 ans,
atteinte depuis plusieurs années d'un mouvement
incessant et très disgracieux des deux yeux, qui con-
trariait d'autant plus la malade, que ce tic contras-
tait avec sa beauté, et la déparait singulièrement.
Un grand nombre de moyens, parmi lesquels l'électricité, avaient été employés en vain avec persévé-

rance. Après trois mois de douches, un mieux sensible se déclara, et finit par devenir une guérison.

Mlle de X... est aujourd'hui mariée ; le tic n'a jamais reparu, et l'ex-malade, — si l'on peut appeler son tic une maladie, — conserve pour l'hydrothérapie une reconnaissance, que nos confrères, et encore plus toutes les femmes, comprendront.

Nous croyons donc, appuyé sur l'expérience, que l'hydrothérapie peut être appliquée à ces névroses comme aux autres affections convulsives. Nous pensons que les applications utiles sont celles qui ont réussi dans les autres névroses (1).

———

ART. 68. — VERTIGES.

Il y a 40 ans, on entendait par vertige (de *vertere*, tourner) la sensation de tourner sur soi-même ou de voir, par illusion, les objets qui nous entourent tourner autour de nous. Aujourd'hui, on veut distinguer les vertiges d'après beaucoup de considérations et surtout d'après l'étiologie. Trousseau (2) a commencé ce système, en inaugurant un vertige *stomacal*, et les autres ont suivi.

Les vertiges constituent une des affections ou, si l'on veut, des affections très fréquentes, fort tenaces, contre lesquelles l'hydrothérapie offre un remède presque infaillible.

1. Voyez *Névroses*, p. 281.
2. Trousseau, *Clinique médicale de l'Hôtel-Dieu.* 7° édition, Paris, 1885.

Si les vertiges sont quelquefois le résultat d'un
travail cérébral excessif et s'accompagnent d'un
affaiblissement des facultés de cet organe, il s'en
faut qu'il en soit toujours ainsi ; ils peuvent être
la conséquence réflexe de la maladie d'un autre
organe, de l'estomac notamment, des organes de
l'audition, comme dans le vertige dit de Ménière,
parce que ce chirurgien a appelé l'attention sur
cette variété de vertige ; cette affection peut être
aussi la conséquence d'un état anémique ou cachectique, celle d'une diathèse rhumatismale ou goutteuse, compatible avec toutes les facultés intellec-
tuelles ; enfin les vertiges paraissent, dans d'autres cas, absolument idiopathiques, c'est-à-dire
qu'il est impossible de trouver une autre affection
à laquelle on puisse les attribuer ou même qui
coexiste avec eux, à titre de simple accompagnement ou de complication.

Quant aux vertiges eux-mêmes, ils offrent trois
variétés bien caractérisées : tantôt il semble aux
patients que les objets qui les entourent tournent
autour d'eux ; tantôt il leur semble qu'ils tournent
eux-mêmes ; dans ce dernier cas plus spécialement, il y a assez souvent un défaut de coordina-
tion de mouvements, qui fait que le malade a de
la peine à marcher droit devant lui, qu'il se dirige
involontairement à droite ou à gauche, et même
qu'il a de la tendance à tomber, ainsi que nous
l'avons dit ; il s'appuie contre un mur ou un objet
solide quelconque, pour éviter une chute ; cette
forme effraie généralement beaucoup les malades,
qui craignent non sans quelque apparence de raison, de faire des chutes graves ou d'être écrasés

par les voitures, quand ils sont dans les rues ;
cependant, nous avons observé beaucoup de malades qui avaient éprouvé, pendant nombre d'années,
ces menaces de chutes sans être jamais tombés. Les
cas de ce genre nous ont paru être le plus souvent
sous la dépendance de la diathèse rhumatismale ou
goutteuse, du moins nous les avons presque toujours observés chez des goutteux ou des rhumatisants. Les vertiges de ces diverses catégories peuvent être accompagnés d'une diminution plus ou
moins considérable et même complète de l'aptitude au travail intellectuel et d'autres symptômes
cérébraux ; mais ils peuvent coexister aussi avec
l'intégrité parfaite de toutes les facultés cérébrales
et de leur exercice parfois considérable, sinon
excessif.

L'hydrothérapie a une action curative sur ces
affections, quelle qu'en soit la forme.

Le vertige épileptique, — qui n'est point un vertige, — ne faisait pas complètement exception à la
règle, attendu que l'hydrothérapie a aussi une
action sur lui, moins grande sans doute que dans
les vrais vertiges, mais pourtant réelle.

Quelle que soit la gravité apparente de certains
vertiges et quelque effroi qu'ils causent parfois
aux malades, il est pourtant assez rare qu'ils s'accompagnent de céphalalgie, surtout de céphalalgie
violente et surtout continue ; le plus souvent aussi,
les vertiges sont permanents en ce sens qu'ils se
produisent constamment, ou à peu près, toutes les
fois que des conditions déterminées sont réunies.
J'ai vu non seulement une céphalée violente, mais
beaucoup d'autres phénomènes morbides accom-

pagner les vertiges, tous de date ancienne, et le tout céder à l'hydrothérapie, comme s'il y avait eu là une cause générale qui tenait sous sa dépendance tous les symptômes en apparence divers, et sur laquelle l'hydrothérapie avait agi et qu'elle avait dissipés.

ART. 69. — VOMISSEMENTS.

Les vomissements sont presque toujours un simple symptôme de diverses affections de l'estomac et souvent, par malheur, d'affections fort graves et audessus des ressources de l'art. Eh bien, même lorsque les vomissements ne sont qu'un symptôme d'une maladie incurable, un cancer par exemple, l'hydrothérapie parvient assez souvent à les calmer, pour un temps du moins, à rendre ainsi quelques forces aux malades, toujours plus ou moins anémiés dans ces cas, et à leur donner des espérances auxquelles ils avaient renoncé.

Mais en dehors de ces vomissements symptomatiques, il existe des vomissements chroniques, réellement idiopathiques ou qui, du moins, n'ont pu être jusqu'à présent rattachés à aucune affection locale déterminée, et d'autres qui sont manifestement dus à des actions réflexes, comme ceux qui accompagnent si souvent la grossesse, et qui sont parfois aussi opiniâtres que ceux qui sont dus à des affections incurables, et qui, sans lésions locales appréciables, peuvent, dans quelques cas, entraîner la mort.

A l'état aigu, si l'on peut ainsi parler, les exemples de vomissements par action réflexe sont connus de tous les praticiens, et sont assez fréquents.

Il n'est aucun de nous qui n'ait connu des individus qui, à l'aspect de certains objets, à la sensation de certaines odeurs, à un simple souvenir même, sentent leur « cœur se soulever », et vomir presque aussitôt ; pour notre compte, nous avons observé plusieurs fois des personnes que la vue d'une punaise faisait saliver abondamment d'abord, puis vomir ; le fait même de rappeler le souvenir de l'insecte, dans la conversation, suffisait à provoquer le vomissement ; tout le monde a observé des individus qui, après avoir éprouvé le mal de mer, voyaient les vomissements se renouveler pendant un, deux et même trois jours, au seul souvenir des accidents qu'ils avaient éprouvés. Les vomissements de cette catégorie, qu'on peut appeler *aigus*, sont fugaces et se dissipent tout seuls ; mais ils peuvent faire comprendre que d'autres puissent exister à l'état chronique, en l'absence de toute affection organique, voire de toute lésion anatomique appréciable.

C'est dans les cas de cette catégorie que l'hydrothérapie offre des ressources puissantes, parfois même la seule ressource de quelque valeur. Nous entendons parler seulement de la véritable hydrothérapie, telle que l'a fondée une observation attentive et intelligente.

Une autre catégorie de vomissements est celle des vomissements auxquels sont sujettes les femmes grosses ; les accoucheurs les connaissent bien comme pathologie du moins, car comme thérapeutique, tous semblent ignorer qu'ils ont dans l'hydrothérapie une ressource presque assurée de faire cesser cette complication de la grossesse, qui n'est assez souvent que pénible, mais qui, dans certains cas, compromet la vie des femmes.

Contre les vomissements graves de la grossesse, en effet, les accoucheurs ne conseillent et n'emploient que des moyens banals, et il est à notre connaissance que plusieurs femmes, une entre autres soignée par le Dr Campbell, ont succombé à cette terrible complication de la grossesse, circonstance d'autant plus étonnante, en ce qui concerne cet accoucheur, qu'il appréciait les ressources de l'hydrothérapie, la conseillait assez souvent et que nous avons soigné plusieurs de ses clientes auxquelles il l'avait prescrite.

Le Dr Mauny (1) a proposé un traitement qui n'est autre que la cautérisation du col de l'utérus gravide. Quoique l'auteur rapporte douze cas de succès, nous pensons que les manipulations pratiquées sur le col de l'utérus gravide provoquent si souvent l'avortement, qu'on ne devrait recourir à la cautérisation du col que dans le cas où les vomissements menacent les malades d'une mort imminente, et ajouterons-nous, qu'après avoir tenté l'hydrothérapie, qui, elle, — bien administrée, — est toujours exempte du plus petit inconvénient.

Les bons effets de l'hydrothérapie ont été signalés d'abord par Fleury :

1. Mauny, *Mémoire*, 1868, et *Congrès de l'avancement des sciences*, la Rochelle, 1885.

« A l'aide de la douche en cercles, écrivait Fleury, dès 1852. j'ai fait disparaître, dès le troisième jour, *chez une femme enceinte*, des vomissements très pénibles. N_e faudrait-il pas placer au rang des plus grands bienfaits de l'hydrothérapie le procédé qui donnerait un remède efficace contre le *vomissement des femmes* grosses, contre cet accident si fréquent, qui résiste presque toujours à toutes les ressources de la thérapeutique, qui est pour les femmes une source de si pénibles souffrances, et qui, trop souvent, devient une cause de mort. »

L'appel de Fleury ne fut pas vain : en 1856, M. le Dr Dezon, de Toulon, répéta l'application déjà tentée avec succès par Fleury, et il obtint de bons résultats.

CHAPITRE IV

DOCTRINE HYDROTHÉRAPIQUE

OU

DÉDUCTION DES FAITS CLINIQUES

Notre prétention n'est ni de fonder une doctrine médicale nouvelle, ni de résoudre ou même de discuter à fond les plus hauts problèmes de la pathologie ; nous voulons seulement rechercher jusqu'à quel point les résultats pratiques de l'hydrothérapie concordent avec les doctrines régnantes ou appelées à régner prochainement, et peuvent éclairer les unes et les autres.

N'ayant à défendre aucune théorie générale, mais seulement à établir des vérités de fait et d'observation, nous apporterons la plus complète impartialité dans la recherche et la discussion auxquelles nous allons nous livrer. Mais cette impartialité ne nous empêchera pas de critiquer et de condamner avec énergie ce que nous croirons être des erreurs ; car, par cela même que nous nous bornons aux questions pratiques, les erreurs que nous aurons à combattre intéressent nécessairement les malades, et les intérêts des malades sont ceux qui doivent principalement, nous dirions volontiers exclusivement, préoccuper le médecin.

Fleury a établi une doctrine *physiologique* de l'hydrothérapie, établie sur toutes les données les plus nouvelles et les mieux établies de la science, et qui ne s'applique pas seulement à l'hydrothérapie, mais à toute la thérapeutique et à toute la pathologie. Quelles sont donc ces données nouvelles et positives qui servent de base à la doctrine *physiologique?* On va le voir.

Quand un homme ou des hommes sont à la mode par leurs recherches, par leurs découvertes, ou par d'autres motifs, on ne fait guère de travaux sans que leurs noms y soient cités ; de ce nombre sont MM. Claude Bernard et Marey ; aussi Fleury ne manque-t-il pas de chercher à établir que sa doctrine est conforme aux idées de ces deux célèbres physiologistes ; seulement, il prétend qu'il ne les a pas suivis, mais qu'il les a devancés.

Voici d'abord la citation qu'il emprunte à M. Marey :

« La pathologie n'est pas soumise à des lois spéciales, car les maladies ne consistent qu'en un trouble souvent très léger dans l'harmonie des fonctions physiologiques... Il serait injuste d'exiger, dès aujourd'hui, que la physiologie explique tous les faits dont tant de siècles d'observation nous ont révélé l'existence...; mais un jour viendra, sans doute, où la physiologie pourra rendre un compte exact de ces altérations de la nutrition, qui, d'un simple trouble fonctionnel, conduisent par gradation insensible jusqu'à la lésion anatomique. »

C'est là un espoir que les hommes de progrès doivent partager avec l'éminent physiologiste, sans toutefois se croire bien sûrs que cet espoir soit près de se réaliser. En tous cas, le rapport de cette citation avec la doctrine hydrothérapique physiologique est assez vague pour qu'on ne comprenne guère ce que Fleury a voulu établir en citant M. Marey en cette occasion.

La citation de Claude Bernard a avec l'hydrothérapie un rapport plus visible :

« L'action médicamenteuse, dit l'illustre physiologiste, n'est au fond qu'un empoisonnement incomplet. C'est aux éléments intimes de notre organisation qu'il faut remonter pour saisir le mécanisme de toutes ces actions. Ces recherches sont longues et entourées de difficultés innombrables; mais les phénomènes de la vie ont leur déterminisme absolu comme tous les phénomènes naturels. La science vitale existe, elle n'a d'entraves que dans sa complexité, et s'il arrive un jour, ce qui n'est pas douteux, qu'à force de travail et de patience la physiologie soit définitivement fondée comme science, alors nous pourrons, par des modifications du milieu sanguin, exercer notre empire sur tout ce monde d'organismes élémentaires qui constituent notre être; en connaissant les lois qui régissent leurs rapports divers, nous pourrons régler et modifier à notre gré les manifestations vitales. Sans doute le principe des choses nous échappera toujours, et nous ne cherchons pas à connaître l'origine première de tous ces éléments organiques, pas plus que le physicien et le chimiste ne cherchent à trouver la cause créatrice de la matière minérale dont ils étudient les propriétés. Seulement, nous connaîtrons la loi des phénomènes de la substance vivante et organisée, et en nous soumettant à ces lois, nous pourrons faire varier les actions qui en dépendent. (1) »

Le passage de cette citation qui peut se rapporter à l'action de l'hydrothérapie est celui où le célèbre physiologiste dit que, *nous pourrons par des modifications du milieu sanguin, exercer...* etc., et Fleury a raison de rappeler qu'il avait écrit, dès 1848, bien avant le travail de Claude Bernard les paroles suivantes :

« L'hydrothérapie agit principalement sur la circulation capillaire et elle ne peut agir sur celle-ci que par l'intermédiaire du système nerveux, lequel, par action directe ou réflexe sur la contractilité des parois vasculaires, produit la contraction et le relâchement des vaisseaux.

« L'hydrothérapie, en rétablissant l'équilibre, l'harmonie, dans les phénomènes de la circulation capillaire et de l'innervation, dans les mouvements fonctionnels, en modifiant le sang, guérit des maladies rebelles ou réputées incurables.

« Donc le *système capillaire*, le *système nerveux*, les *mouvements fonctionnels*, jouent dans la pathogénie et dans la thérapeutique un rôle considérable qui est encore peu connu et mal apprécié. »

Ces paroles avaient un mérite réel, et les physiologistes comme Claude Bernard, qui ont professé

---

1. Claude Bernard. *La science expérimentale.* Nouvelle édition. Paris, 1890, p. 213.

des idées analogues auraient pu, dû peut-être, les rappeler et en rapporter le mérite à leur auteur, quoique pour d'autres médications que l'hydrothérapie, des idées analogues eussent été antérieurement émises. Mais un injuste oubli réparé, il nous faut bien constater que les paroles, toutes fondées qu'elles soient probablement, sont bien loin de constituer toute une médecine, toute une philosophie médicale nouvelle, ce qu'il reconnaît lui-même un peu naïvement, malgré son peu de naïveté, quand il termine en disant que le rôle thérapeutique considérable du système capillaire et du système nerveux est encore *mal connu et mal apprécié;* or, il est à peine utile de faire observer que ce qui est mal apprécié et *mal connu* ne saurait constituer une philosophie médicale nouvelle : quant aux mots *mouvements fonctionnels*, sur lesquels il revient sans cesse, et où il croit voir une découverte, on est un peu honteux d'être obligé de rappeler que tous les phénomènes physiologiques, comme tous ceux de la nature, sont des mouvements, et qu'à moins qu'on ne veuille appeler fonctionnels que les mouvements normaux, ce qui serait une manière particulière de voir que nous n'apprécions pas, il est évident que toute médication qui ramène au type physiologique une fonction dérangée ou un organe lésé, l'y ramène par des mouvements fonctionnels ; tout comme l'hydrothérapie, c'est par des mouvements fonctionnels que le quinquina fait disparaître la fièvre et ramène la rate à son état normal ; ce serait faire d'une question grave un jeu de mots puéril que de penser autrement.

Maintenant, cette philosophie médicale nouvelle a-t-elle empêché Fleury d'adopter, presque sans aucune modification, la classification surannée des médications, classification qui constitue elle-même une doctrine ou plutôt autant de doctrines qu'on admet de médications. Il admet une médication altérante, dépurative, excitatrice, tonique, reconstitutive, etc., en tout *quinze* médications, nous croyons inutile de nous attarder dans la discussion de toutes ces médications et de toutes les doctrines qu'elles impliquent.

M. Dujardin-Beaumetz a adopté à peu près les idées de Fleury sur le mode d'action de l'hydrothérapie, et son autorité en thérapeutique est trop considérable pour que nous croyions pouvoir nous dispenser de la faire connaître, quoique sur bien des points d'application pratique nous ayons des idées différentes des siennes, qui nous paraissent surtout inspirées par la théorie.

« Pour que les fonctions du système nerveux s'accomplissent d'une façon régulière, dit M. Dujardin-Beaumetz, il faut que non seulement il y ait intégrité complète de toutes les parties constituant ce système, mais encore qu'il reçoive d'une façon régulière et suffisante un sang artériel non altéré. Lorsque l'une de ces conditions n'est pas remplie, il se produit immédiatement des modifications plus ou moins profondes dans ce système. Ce premier fait acquis, nous pouvons immédiatement tirer les conséquences les plus positives au point de vue de l'hydrothérapie, qui agit sur le système nerveux, sur la circulation et sur la nutrition.

« Sur le système nerveux, par la perturbation brusque qu'elle amène dans le fonctionnement des phénomènes (1) sensitifs et moteurs, l'hydrothérapie rétablit le jeu régulier de l'axe cérébro-spinal ; elle met, de plus, en action les centres nerveux vaso-moteurs, et produit ainsi un équilibre entre le fonctionnement du cerveau et de la moelle d'une part, et du grand sympathique de l'autre ; enfin elle atténue, de plus, l'action exclusive de certaines affections locales, qui sont, grâce aux phénomènes réflexes, le point de départ d'une perturbation secondaire plus ou moins grande du cerveau et de la moelle.

« Par son action sur la circulation qu'elle régularise et qu'elle active, l'hydrothérapie vient encore modifier heureusement les fonctions du cerveau et de la moelle.

« Enfin, par ses effets généraux sur la nutrition, par son action directe ou indirecte sur les nerfs vaso-moteurs et vaso-dilatateurs, sur les nerfs sécréteurs et, enfin, sur les nerfs trophiques, l'eau froide agit sur la nutrition, favorise le jeu régulier des différents organes, et devient l'un des agents les plus actifs de la médication tonique reconstituante. Sous son influence, les globules deviennent plus riches en hémoglobuline, l'oxygénation du sang est activée, et c'est encore là une action dont nous devons tenir compte dans le traitement des affections du système nerveux.

« Tel est le véritable effet de l'hydrothérapie

---

1. Les phénomènes ne fonctionnent pas ; ils sont le résultat d'un fonctionnement.

dans la cure des maladies nerveuses. Je sais qu'on
a discuté longtemps pour savoir si l'action de
l'eau froide était ou sédative ou excitante ou perturbatrice. Les uns, avec Trousseau, ont prétendu
que l'eau froide était le meilleur des sédatifs ; les
autres, avec Fleury, ont affirmé son action excitante ; d'autres, au contraire, ont soutenu avec
Bloch, qu'elle était perturbatrice. Ce sont là, je
crois, des discussions un peu oiseuses, car selon
que l'on considère les effets de l'eau froide pendant
son application ou après son application, on voit
qu'elle produit des effets opposés, et qu'elle peut
être donc, tour à tour, perturbatrice, excitante et
sédative » (1).

Le savant auteur avait évidemment perdu le
souvenir de la lecture de Fleury quand il a écrit
ce passage où il ne fait guère que reproduire les
idées de Fleury en les étendant un peu pour les
mettre au niveau des découvertes dont le système
nerveux a été l'objet. Fleury, en effet, bien loin de
n'avoir admis qu'une action excitante de l'eau, lui
a reconnu au moins quinze modes d'agir, comme
nous l'avons rappelé, et il consacre, notamment,
d'assez grands développements à l'action *sédative*
et même à l'action *antiphlogistique*. Si nous n'a-
vons pas insisté davantage nous-mêmes sur toutes
ces actions, ce n'est pas que nous considérions
avec M. Dujardin-Beaumetz, ces discussions
comme oiseuses en elles-mêmes, mais seulement
parce que nous les considérons comme actuellement insolubles ; si l'on pouvait les résoudre,

1. Dujardin-Beaumetz. *Clinique thérapeutique*, t. I, p. 4 et
suiv.

nous croyons qu'elles auraient, au contraire, un haut intérêt.

En résumé, M. Dujardin-Beaumetz reconnaît à l'hydrothérapie une action des plus étendues, des plus importantes, et la méthode, au point de vue de son extension, de ses progrès, doit certainement s'applaudir et s'honorer beaucoup d'avoir fait une pareille recrue; mais la doctrine n'aura pas à y gagner. Quant aux applications particulières que conseille M. Dujardin-Beaumetz, le savant thérapeutiste nous paraît s'écarter en plus d'un point des préceptes de la véritable hydrothérapie, et commettre quelques erreurs ; mais cela n'empêche pas que son appréciation générale ne soit vraie, et que sa légitime autorité n'apporte à la méthode un appui important.

Cela dit, nous allons aborder l'examen sommaire de deux des doctrines dont l'hydrothérapie a été l'objet, et avant tout de la première, celle de Priessnitz.

Eh quoi! allez-vous dire, une doctrine de Priessnitz, du paysan inculte qui n'avait pas l'ombre d'une notion d'anatomie, pas l'ombre d'une notion de physiologie, qui savait à peine lire et écrire! Ce paysan inculte aurait une doctrine! Eh! oui, vraiment! et une doctrine qu'au point de vue philosophique, il nous paraît intéressant d'examiner, ne fût-ce que pour observer le développement et la marche de l'esprit humain, dans le concept qu'il se fait des phénomènes naturels, car parmi ces phénomènes, on n'a jamais nié et l'on ne pouvait nier que ceux dont s'occupe la médecine ne tiennent un rang important. Priessnitz était, sans

contredit, un esprit aussi inculte qu'on puisse
l'imaginer ; mais c'était non moins incontestablement un homme intelligent, un observateur sagace ; il est tout aussi curieux de voir quelle idée un
esprit de cette trempe peut se faire des phénomènes morbides, que de voir quelle idée les premiers
bergers ou même les premiers philosophes ont pu
se faire des phénomènes cosmiques. Priessnitz
avait donc une doctrine, et il est étrange que
Fleury, qui a de grandes prétentions à la philosophie, et qui reproduit, d'après Schedel, l'exposé
de cette doctrine, désigne sous le nom d'*empirique*
et la pratique de Priessnitz et celle de tous les
hydropathes qui ont suivi le paysan de Silésie et
qui l'ont précédé, lui, Fleury.

Et quelle était donc cette doctrine de Priessnitz,
que Fleury traite à tort d'empirique, car une doctrine, à la supposer aussi erronée que possible,
n'est pas l'empirisme. Celle-ci l'était d'autant
moins, qu'elle est aussi, celle de beaucoup de médecins, entre autres de Wertheim et Engel, les
véritables introducteurs de l'hydrothérapie en
France. Quoi qu'il en soit, voici comment Schedel
expose la doctrine de Priessnitz, que nous ne
connaissons que par le consciencieux historien des
pratiques de Græfenberg.

. « Priessnitz, tout en procédant d'abord avec
circonspection et, pour ainsi dire, par voie d'analyse, à l'application de ses divers procédés, qui
n'ont vu le jour que les uns à la suite des autres,
a cependant toujours agi en conformité avec la
théorie tout humorale qui constitue la base fonda-
mentale de sa *doctrine*, et qui dirige encore sa

conduite. Il suppose que chez tout malade, le sang
est plus ou moins chargé de matières peccantes,
que la nature parviendrait facilement à chasser,
si on lui venait en aide; expulsion qui constitue-
rait alors une *crise* salutaire plus ou moins violente. Mais il rejette, comme plutôt nuisible
qu'utile, l'emploi de tout médicament, et il en
considère les effets comme plutôt propres à faire
naître des obstacles qu'à favoriser les efforts de la
nature. Au contraire, selon lui, les sueurs forcées,
les diverses applications de l'eau à l'extérieur, et
son usage abondant à l'intérieur, conjointement
avec l'exercice au grand air, sont des agents qui
facilitent la production de ces crises salutaires au
moyen desquelles les humeurs peccantes sont ex-
pulsées, et l'économie soulagée. Il prétend que les
moyens innocents qu'il emploie n'agissent pas
par eux-mêmes, mais mettent la nature en état
d'agir, et il répond aux remerciements des malades guéris : « Remerciez plutôt la force de votre
constitution, qui a permis à la nature d'expulser
les humeurs que votre corps renfermait. » Les
impuretés tendent toujours, d'après lui, à se jeter
sur les parties faibles de l'économie, et y aggra-
vent souvent le mal pour un temps. C'est par ce
dernier principe qu'il encourage les malades re-
butés par l'augmentation des symptômes de leurs
maladies, dans les premiers temps du traitement.

« Toute réaction prononcée, un peu prolongée,
et qui survient pendant le cours du traitement, est
donc pour lui une *crise*, surtout lorsque cette
réaction est accompagnée ou suivie de quelque
évacuation excrémentitielle ou de quelque éruption

qui donne lieu à une sécrétion purulente plus ou moins abondante. Les mouvements fébriles qui persistent un certain temps lui paraissent également critiques, quand même ils ne sont pas accompagnés ou suivis d'évacuations ou d'éruptions quelconques. »

Ne faut-il pas être frappé d'aveuglement, pour répéter à satiété que la pratique de Priessnitz était de l'empirisme *pur* (?), voire de l'empirisme grossier (?), quand elle était, au contraire, dirigée par des idées théoriques erronées, nous le voulons bien, mais qu'on doit être jusqu'à un certain point émerveillé de rencontrer chez un paysan aussi inculte, éloigné pour ainsi dire de toute agglomération civilisée ! A Dieu ne plaise que nous comparions Priessnitz au divin Hippocrate, et à notre grand Ambroise Paré ! il n'en est pas moins vrai, cependant, que la théorie sortie du cerveau quasi-sauvage du paysan silésien est précisément dans ses lignes essentielles, celle qu'enfanta le cerveau du vieillard de Cos ! il n'en est pas moins vrai que la réponse de Priessnitz à ses malades est l'équivalent de cette grande parole de notre Paré : « *Je le pansay, Dieu le guarit.* » La similitude de la théorie hippocratique avec celle de Priessnitz n'a point échappé à Schedel, et il la constate avec la conscience qu'on devait attendre de son esprit, généralement si impartial et si juste. Schedel lui-même, du reste, n'est pas sans croire aux crises dans une certaine mesure, et Scouttetten n'admet pas qu'on puisse mettre en doute l'expulsion d'un agent nocif, qu'on l'appelle *humeur peccante* ou autrement : « Nous réservons le mot de *crise,* dit-il, pour désigner des accidents qui surviennent dans le cours des maladies aiguës ou chroniques, produites par un miasme ou un agent médicamenteux prix en excès : c'est l'expulsion hors de l'organisme d'un agent délétère..... Le doute aujourd'hui n'est plus permis ; les crises existent, elles se manifestent fréquemment quand on a recours au traitement hydriatique. »

Sans vouloir discuter la grande doctrine des crises, surtout dans les maladies aiguës, nous devons constater qu'en ce qui concerne l'hydrothérapie, cette doctrine n'est point fondée, et que Priessnitz s'en est laissé imposer par des coïncidences dont il semblait mieux, du reste, apprécier la valeur à mesure qu'il avançait dans la carrière, pendant laquelle les éruptions prétendues critiques étaient beaucoup moins fréquentes qu'au début ; c'est ce qui nous est arrivé à nous-même, en ce qui concerne les éruptions : nous les observions plus souvent qu'aujourd'hui, parce que nous faisons un usage plus fréquent du drap mouillé et des compresses froides avec frictions. Il est hors de doute, en effet, que les éruptions furonculeuses et même de toutes formes sont dues à l'action de l'eau froide combinée avec celle des frottements et surtout des frottements énergiques ; ces éruptions ne s'observent que rarement dans les diverses applications hydrothérapiques avec l'eau pure.

Il est également vrai que les guérisons ont lieu aussi bien, ni plus ni moins, en l'absence de toute éruption que lorsqu'une éruption légère ou forte se développe ; enfin, il est également vrai que les applications hydrothérapiques, surtout celles avec frictions, provoquent des éruptions chez les personnes saines, sinon aussi facilement que chez les malades, — nous n'avo.is pas assez d'observations comparatives pour affirmer le fait, — du moins assez fréquemment pour qu'il soit impossible d'y voir une crise.

Ne quittons pas le sujet sans ajouter, au profit de la sagacité d'Hippocrate et de celle de Priessnitz que la négation de la doctrine des crises en hydrothérapie ne préjuge nullement la solution de la doctrine en général, et encore moins celle de la doctrine des humeurs peccantes, qui a des rapports avec celle des crises, mais qui ne lui est pas identique, tant s'en faut. Si même la grande doctrine, — prétendue nouvelle quoiqu'elle soit fort ancienne, — de la pathologie animée vient à être démontrée pour un grand nombre de maladies, il faut bien reconnaître que la doctrine des humeurs peccantes, — ou si l'on veut l'expulsion des substances, des agents délétères, les mots ne changent pas les choses, — renaîtrait de ses cendres, plus vivante que jamais ; car, enfin, pour guérir la maladie, c'est-à-dire pour délivrer l'économie de ces corps vivants étrangers qui la troublent dans ses fonctions, il n'y a que deux moyens: ou forcer ces agents délétères à sortir eux-mêmes en leur rendant désagréable ou impossible le séjour dans nos tissus, ou les y tuer par des substances toxiques pour eux, et alors l'économie en expulsera elle-même les détritus, car ces détritus ne sauraient rester dans l'écono-

mie en état de santé ; de toutes façons, on aura
donc chassé des humeurs peccantes.

Nous ne nous appesantirons pas davantage sur
cette question, et nous rentrerons, pour en terminer, dans celle des doctrines exclusives à l'hydrothérapie. Et à ce propos nous serons heureux d'avoir
à citer avec éloge notre honorable confrère, le docteur Beni-Barde. Donc M. Beni-Barde a voulu
s'occuper aussi de doctrine, et, après avoir donné
une place qui nous paraît beaucoup trop grande
aux vieilles *médications* qu'il a eu la singulière
idée de désigner sous le nom *d'effets*, il s'exprime
en ces termes :

« Avant de terminer ces considérations, il nous
paraît convenable de traiter, ne fût-ce qu'en quelques mots, cette question que certains auteurs ont
désignée sous le nom de doctrine hydrothérapique. Et d'abord, nous dirons que cette appellation
est prétentieuse et fausse. Il n'y a pas de doctrine
hydrothérapique, et les tentatives synthétiques qui
ont été faites, même dès l'origine de cette méthode
n'ont abouti qu'à des théories erronées et incomplètes. Cette méthode thérapeutique est constituée
par un ensemble de modificateurs qui exercent sur
l'organisme des effets physiologiques et des effets
curatifs dont le médecin tire un grand parti et que
nous avons essayé d'exposer le plus complètement
possible. Nous n'aurons le droit d'édifier une théorie que lorsque l'observation clinique et l'expéri-
mentation physiologique réunies nous auront livré
tous les secrets qui entourent encore l'action physiologique et curative de cette méthode de traitement. »

DUVAL, Hydr.   21.

Ce modeste aveu d'impuissance devant une question de doctrine hydrothérapique est vraiment bien, et mérite une approbation complète.

Nous sommes plus embarrassé vis-à-vis de notre honorable confrère, M. P. Delmas, qui, lui, bien loin de reculer devant les difficultés que paraît offrir l'édification d'une doctrine, en formule une qu'il croit irrévocable et claire, et qu'il fonde sur ce qui paraît être une des grandes lois de la nature, la loi de l'équivalence des forces, dite aussi théorie mécanique de la chaleur. Les expériences, très laborieuses, très consciencieuses de M. P. Delmas, sont complètement insuffisantes pour servir de base solide à une doctrine hydrothérapique quelconque dépendant de la théorie mécanique de la chaleur ou autre.

Quoique Claude Bernard ne se soit jamais, que nous sachions, préoccupé, dans ses expériences ni ailleurs, de théorie mécanique de la chaleur, notre honorable confrère a cru devoir faire observer qu'il se trouvait en conformité avec les préceptes et la pratique de Claude Bernard. Nous avons cité (1) les difficultés à surmonter pour arriver à déterminer la loi des phénomènes de la substance vivante; M. Delmas cite de son côté un des passages du célèbre physiologiste où il parle des conditions qu'il faut réunir pour pouvoir se flatter d'avoir, sinon découvert cette loi, du moins entrevu et d'être sur le chemin pour la découvrir. Nous trouvons nous-même trop d'intérêt à ce fragment pour ne pas le reproduire à notre tour, en

1. Voyez, p. 832, du *traité pratique et clinique d'hydrothérapie.* Paris, 1888.

le recommandant même à tout lecteur qui aime la science exacte, c'est-à-dire la vraie science.

« On est assez généralement convaincu aujourd'hui, dit Claude Bernard, de la nécessité d'avoir de bons instruments pour expérimenter en physiologie ; mais on est beaucoup moins pénétré de l'idée que la véritable exactitude dans la science des phénomènes de la vie, réside particulièrement dans la *détermination* rigoureuse des conditions organiques dans lesquelles on opère. Il ne faut, en effet, jamais perdre de vue un seul instant que l'organisme vivant, surtout celui des animaux à sang chaud, est le terrain le plus instable et le plus mobile que l'on puisse imaginer. Toutes les excitations du système nerveux amènent incessamment des variations de pression sanguine, des ébranlements plus ou moins profonds dans les appareils fonctionnels et, à chaque instant, à chaque minute, les tissus et les fluides animaux changent et se modifient comme les manifestations vitales elles-mêmes ; c'est pour toutes ces raisons que, dans les procédés d'investigations physiologiques, il faut chercher constamment à réunir ces conditions essentielles : la précision et la célérité. »

La conséquence naturelle, nécessaire, de ces excellents préceptes, c'est ce qu'on a appelé, et Claude Bernard avec d'autres, *déterminisme*, c'est-à-dire la détermination de toutes les conditions dans lesquelles se produit un phénomène, de telle sorte qu'en réalisant ces conditions, on puisse reproduire ce phénomène à volonté. C'est ce qu'a fait Berthelot pour la formation, on pourrait dire la création, de plusieurs corps organiques, la mannite entre autres, avec des éléments minéraux, produits admirables de cette admirable synthèse chimique, qui est une des plus belles conquêtes de la chimie contemporaine.

Eh bien, comment notre honorable confrère a-t-il formulé finalement son déterminisme, qui le met censément en complète conformité de doctrine avec Claude Bernard ? Le voici.

« La transformation des forces, leurs diverses manifestations et leur équivalence mécanique, quoique s'affirmant de plus en plus chaque jour dans l'ordre physique et dans l'ordre chimique, comme de simples modalités de mouvement, n'a pas encore sa solution *complète* dans l'ordre bio-logique.

« Mais il n'en reste pas moins démontré que la mise en jeu des impressions sensitives et senso-rielles se réfléchit sur les centres nerveux et qu'elle y produit sur place des modifications pro-pres qui sont la traduction physiologique de la vi-bration moléculaire ou tonique impulsive, froid, chaleur, électricité, lumière, c'est-à-dire d'un seul et même agent se présentant sous des modalités diverses.

« Secondairement, le système nerveux réfléchît à son tour ces impressions sur les autres organes et fonctions de l'économie.

« Or, ces impressions, puissamment développées dans l'emploi thérapeutique du froid et de la cha-leur, ont une influence d'autant plus profonde et plus durable sur le système nerveux, que celui-ci est solidaire dans toutes ses parties. Toute com-motion intercellulaire perçue par l'une d'elles, se propage instantanément à la masse entière et s'y traduit par des altérations fonctionnelles ou durables, dont les variations dans la chaleur animale, les sécrétions, la circulation générale et les circulations locales ne sont que les signes les plus apparents (1) ».

Dans ces paroles M. le Dr Delmas n'a pas fait autre chose que répéter, en termes à peu près équivalents sinon semblables, ce que Fleury a écrit sur le mode d'action de l'hydrothérapie, ce que M. Dujardin-Beaumetz a répété avec quelques développements, sans la prétention d'expliquer complètement l'action hydrothérapique, et ne serait-on pas tenté de terminer ces explications transcendentales par *vibration moléculaire ou atomique,* par cette conclusion célèbre : voilà pourquoi votre fille est muette! Où est donc le déterminisme, dans cette application prétendue de l'équivalence des forces, de la théorie mécanique de la chaleur? Nous craignons bien que personne ne le devine. Notre confrère a sans doute guéri par l'hydrothérapie quelques cas de dyspepsie, de rhumatisme chronique, d'infection paludéenne, et il a échoué aussi dans quelques cas. Est-ce qu'il pourrait, grâce à la théorie mécanique de la chaleur, nous dire *toutes* les conditions des cas qu'il a guéris et de ceux dans lesquels il a échoué. Evidemment non, car il aurait sûrement prévu les échecs et n'aurait pas appliqué la médication avec la certitude d'échouer. A quoi donc lui a servi sa théorie? Thérapeutiquement, à rien.

1. P. Delmas, *Physiol. nouv. de l'hydroth.,* p. 89.

Tenterons-nous, à notre tour, d'édifier une nouvelle théorie, philosophie ou non ?

Si, à notre avis, il y a de l'honneur à entreprendre une tâche périlleuse et utile, dont le succès est à la rigueur possible, avec de la ténacité, du courage et de l'intelligence, nous n'en voyons aucun à tenter une entreprise dont la réussite paraît impossible, et qui ne peut avoir d'autre résultat que d'encombrer le chemin déjà si obstrué de la science d'embarras aussi fastidieux que nuisibles au progrès, par l'obligation où elle met les chercheurs sérieux de consacrer à déblayer d'abord le terrain, un temps et des forces qui pourraient être beaucoup mieux employés. Nous n'essayerons donc pas une nouvelle doctrine hydrothérapique ; nous nous bornerons à dire comment il nous semble que l'eau froide agit dans les applications qui constituent la méthode à l'exposé de laquelle nous nous sommes consacrés. Nos explications ne différeront pas essentiellement de quelques-unes qui ont été données déjà, notamment par Fleury, et d'une manière plus développée, par M. Dujardin-Beaumetz ; mais elles apporteront, nous l'espérons, plus de précision dans le langage, ou du moins en écarteront ce vague dont l'habitude est si universelle en médecine, et dans lequel se reposent, avec tant de quiétude, les théoriciens.

Nous serions enchanté de savoir pourquoi et comment nous guérissons ; mais nous avouons que nous nous tenons pour très satisfait quand nous guérissons sans savoir comment, et que nous en sommes réduits à répéter avec M. le professeur Peter, qui n'est pas absolument une mauvaise compagnie : « Je ne sais pas au juste ce qu'ils font (les vésicatoires dans l'hypertrophie du cœur), mais je sais qu'ils font du bien (1). »

Maintenant, sommes-nous, pour cela, un empirique *absolu*, voire même aveugle et grossier ? Peut-être ; mais qu'on nous entende et qu'on nous juge.

Il est, par exemple, une des applications de l'hydrothérapie qui ne nous paraît pas trop entachée d'empirisme : qu'un corps brûlant soit appliqué sur la peau ; une douleur violente de chaleur se développe aussitôt, et qui, si la surface est très étendue, peut aller jusqu'à causer la mort ; vous plongez la partie brûlée dans l'eau froide ou vous appliquez sur elle des compresses de cette eau constamment renouvelées, et la douleur disparaît et ne reparaît plus, pourvu que vous prolongiez l'application du remède assez longtemps. Nous avons la faiblesse de croire que, s'il est quelque chose de rationnel au monde, c'est de se mettre au froid pour se préserver du chaud, et au chaud pour se préserver du froid.

Cette hydrothérapie n'est pas, il est vrai, la grande hydrothérapie ; ce n'est que l'hydrothérapie sédative, qui est celle qui trouve, à beaucoup près, le moins d'applications, mais, enfin, elle a son cercle d'action, où règne évidemment le rationalisme.

Quant à la grande hydrothérapie, à l'hydrothérapie pertubatrice, il faut bien avouer que nous

_____

1. Peter, *Traité clinique et pratique des maladies du cœur.* Paris, 1883, p. 129.

ne sommes pas aussi avancés : nous savons bien
que l'impression extrêmement vive produite sur
les épanouissements nerveux périphériques est
instantanée (1); nous sentons vaguement que cette
impression répercutée, par action dite réflexe, et
sans doute aussi en partie par action directe, dans
le réseau sanguin où se passent les mouvements
intimes de nutrition et de dénutrition, y causent
des mouvements contraires à ceux qui y ont été
déterminés par la cause morbigène; mais ces
mouvements, aussi bien les morbides que les
curatifs, quels sont-ils? nous l'ignorons, et par
conséquent nous ne pouvons expliquer clairement,
rationnellement, si l'on veut, pourquoi les applications hydrothérapiques guérissent la spermatorrhée, la dyspepsie et la fièvre intermittente rebelle;
et, ne pouvant donner cette explication positive et
claire, si l'on nous présente cent spermatorrhéiques, cent dyspeptiques et cent paludiques, nous
pourrons bien dire que nous en guérirons un grand
nombre, tant pour cent peut-être, mais nous ne
pourrons pas dire lesquels ; par conséquent, le
fameux déterminisme n'est pas réalisé, nous l'a-
vouons sans honte. Par conséquent, *la doctrine
hydrothérapique n'est pas fondée.*

Mais si la doctrine ou, si l'on veut, la théorie
hydrothérapique n'est pas fondée, en est-il différemment de toutes ces doctrines ou théories par-

---

1. Nous disons instantanément, quoique nous n'ignorions
pas que la vitesse de cette transmission a été évaluée à 70,
voire même 72 mètres par seconde ! Mais, *pratiquement*, la
transmission peut être considérée comme instantanée.

ticulières, que Fleury, tout en admettant une doctrine hydrothérapique, avait amalgamées, pour
la plupart, ensemble, afin de les faire rentrer dans
sa théorie rationnelle, et qui, conséquemment, ne
doivent pas être moins rationnelles qu'elle? Nous
ne nous chargerons pas d'expliquer par quelles
raisons il a pu ou voulu justifier cet amalgame,
il n'y aurait à cela aucun intérêt; mais ce que
nous croyons devoir dire, c'est que toutes ces mé·
dications, systématisées surtout par Trousseau et
Pidoux, et encore admises, en totalité ou en partie,
par la plupart des thérapeutistes, reposent sur
des théories aussi rationnelles que celle de Fleury,
et qu'elles doivent aller rejoindre la sienne dans le
pays des fantaisies. Il faut faire une exception en
faveur de la médication sédative, on en pourrait
faire une aussi pour la médication dépurative,
s'il était démontré qu'une médication quelconque,
hydriatrique ou autre, eût jamais expulsé de l'économie une matière morbigène; comme cette démonstration n'a pas été faite et ne le sera probablement pas de longtemps, on doit reléguer dans
le domaine des chimères, — sans respect pour
Priessnitz et même pour le divin vieillard, qui ne
croyait pas moins que le paysan de Silésie aux
humeurs peccantes, — la dépuration, la dérivation,
la révulsion, la reconstitution, et la foule de leurs
accompagnatrices.

Eh quoi! même la reconstitution, même la répulsion serait une chimère? Entendons-nous : la
reconstitution, non; la médication reconstitutive,
oui : il y a une reconstitution, mais il n'y a pas de
médication reconstitutive, ou si vous aimez mieux,

il y en a autant que de médications qui guérissent, et toutes ne sont pas bonnes pour recons-
tituer tous les corps délabrés ou déconstitués, si
l'on nous passe le mot. Le bon pain, le bon vin
et les bons biftecks sont d'excellents reconstituants
pour un corps déconstitué par l'abstinence; ils sont
de détestables reconstituants pour tous ou presque
tous les gastralgiques; les hypocondriaques et
bien d'autres sont dans le même cas, et chez tous
ou presque tous, l'hydrothérapie est un reconsti-
tuant souverain. On pourrait faire sur le fer, le
quinquina et d'autres reconstituants les mêmes
observations que sur les biftecks; sur les altérants,
sur les antiphlogitiques, sur les révulsifs, malgré
l'aphorisme universellement admis, *duobus dolo-
ribus*....? Oui, malgré cet aphorisme, la théorie de
la révulsion n'est justifiée par aucune série de
faits rigoureusement observés.

Ainsi, sans nous appesantir davantage sur toutes ces médications en particulier, il appert suffisamment déjà que, si les hydrothérapeutistes sen-
sés n'ont pas découvert et ne croient pas avoir
découvert l'oiseau rare, la théorie *rationnelle*,
scientifique, c'est-à-dire *démontrée*, de l'hydrothérapie, ils ne sont pas, sous ce rapport, dans une
pire position que les autres thérapeutistes ; il est
même probable que la situation des uns et des
autres marchera de concert, et que les théories
des médications spéciales — s'il en est de spéciales, — ou sera la conséquence de la théorie générale on en fera partie ; or, il s'en faut à peu près
du tout au tout que celle-ci soit fondée.

CONCLUSIONS

Nous avons dit (1) que ce livre serait exclusivement pratique, autant du moins que cela se peut,
et que son unique ambition était de faire connaître les résultats d'une pratique de plus de trente
années, et de propager ainsi les bienfaits d'une
médication puissante qui n'est pas encore appréciée à sa juste valeur. Nous croyons avoir tenu
parole et rempli notre programme. Après avoir
exposé rapidement l'historique et les procédés qui
nous paraissent les meilleurs d'appliquer la grande
médication, nous avons exposé la clinique de l'hydrothérapie, d'après les 6 à 700 observations plus
ou moins remarquables que nous avons publiées
dans la *Médecine contemporaine ;* ces observations, en même temps qu'elles montrent l'efficacité
de la méthode, peuvent servir de guide aux praticiens, encore inexpérimentés, qui voudront l'appliquer.

A la fin seulement, nous avons dû aborder la
discussion des théories, et examiner si la science
permettait d'expliquer clairement, ou, si l'on préfère, scientifiquement, les beaux succès de la pratique hydrothérapique, et nous avons dû conclure
franchement et modestement par la négative. Mais
nous avons dû examiner par la même raison, si
l'hydrothérapie était, sous ce rapport, inférieure

1. Voy. p. 9.

aux autres médications, et nous avons dû conclure de même.

Nous répèterons donc, et c'est par là que nous conclurons et terminerons :

Non.

L'hydrothérapie ne possède pas encore une doctrine RATIONNELLE OU DÉMONTRÉE, qui explique clairement son mode d'action précis, et qui permette de dis tinguer sûrement d'avance, sauf dans les brûlures, où elle est vraiment spécifique, les cas dont elle triomphera de ceux où elle restera impuissante.

Mais par la beauté et dans certains cas, le merveilleux de ses cures comme par l'étendue de ses applications.

ELLE OCCUPE INCONTESTABLEMENT LE PREMIER RANG PARMI TOUTES LES MÉDICATIONS DONT SE COMPOSE LA THÉRAPEUTIQUE.

Et elle le conservera jusqu'à ce que la prédiction de C.aude Bernard (1) soit accomplie, ou jusqu'à ce que l'expérience soit parvenue, — comme on y est parvenu pour la gale, — à réaliser les espérances de la doctrine parasitaire, et à trouver un spécifique pour chaque maladie ou catégorie de maladies.

Deux espérances qui ne se réaliseront probablement jamais et, dans tous les cas, pas avant que de nombreuses générations de travailleurs se soient succédé.

1. Voy. ci-dessus, p. 340.

INDEX DES AUTEURS CITÉS

Nous avons eu l'occasion de montrer plus d'une fois, malheureusement, que l'hydrothérapie n'est pas encore appréciée comme elle le mérite par beaucoup de médecins et des plus éminents et que, même parmi ceux qui l'apprécient, il en est qui l'oublient souvent, et qui ne pensent à utiliser les ressources qu'elle offre que lorsqu'on appelle leur attention sur elle.

Mais il est heureusement de nombreuses exceptions à cette catégorie de réfractaires, et les quelques noms que nous citons parmi ceux qui nous ont adressé des malades pour que nous les soumissions aux applications hydrothérapiques, prouvent que ces exceptions ne se trouvent pas parmi les moins éminents de nos confrères. Qu'ils veuillent bien nous permettre de leur adresser ici tous nos remerciements, en notre nom personnel d'abord, et aussi, nous nous permettrons de le dire, au nom du progrès de la thérapeutique, et des malades qui leur sont redevables de leur guérison.

Dans notre *Traite d'Hydrothérapie*, nous avons dù nous restreindre et nous n'avons reproduit que deux cents observations environ sur plus de six cents que nous avons publiées dans la *Médecine contemporaine ;* nous n'avons donc pu citer tous les honorables confrères qui nous ont confié leurs clients ; nous ne leur témoignons pas moins toute notre gratitude pour leur marque de confiance, et, parmi ceux qui se présentent à notre mémoire, car nous ne saurions avoir la prétention de nous les rappeler tous, nous citerons MM.

TABLE DES MATIÈRES

CHAPITRE III

Clinique de l'hydrothérapie   143

CHAPITRE IV

Imp. de l'Ouest, A. NÉZAN, Mayenne.